中国气象灾害年鉴

(2023)

中国气象局

2023

气象出版社
China Meteorological Press

内容简介

本年鉴是中国气象局主要业务产品之一。全书共分为6章，第1章重点描述和分析2022年重大气象灾害和异常气候事件；第2章按灾种分析2022年对我国国民经济产生较大影响的干旱、暴雨洪涝、台风、冰雹和龙卷、沙尘暴、低温冷冻害和雪灾、雾和霾、雷电、高温热浪、酸雨、农业气象灾害、森林草原火情、病虫害等发生的特点、重大事例，并对其影响进行评估；第3章、第4章分别从月和省（区、市）的角度概述气象灾害的发生情况；第5章分析2022年全球气候特征、重大气象灾害；第6章介绍2022年中国气象局防灾减灾重大气象服务事例。本年鉴附录给出气象灾害灾情统计资料和月、季、年气候特征分布图以及港澳台地区的部分气象灾情。本书比较全面地总结分析了2022年我国气象灾害特点及其影响，可供从事气象、农业、水文、地质、地理、生态、环境、保险、人文、经济、社会其他行业以及灾害风险评估管理等方面的业务、科研、教学和管理决策人员参考。

图书在版编目（CIP）数据

中国气象灾害年鉴. 2023 / 中国气象局编著. 北京 : 气象出版社, 2025. 1. -- ISBN 978-7-5029-8404-5

Ⅰ. P429-54

中国国家版本馆CIP数据核字第202510MM22号

出版发行：气象出版社
地　　址：北京市海淀区中关村南大街46号　　邮政编码：100081
电　　话：010-68407112（总编室）　010-68408042（发行部）
网　　址：http://www.qxcbs.com　　E-mail：qxcbs@cma.gov.cn
责任编辑：陈　红　　终　　审：张　斌
责任校对：张硕杰　　责任技编：赵相宁
封面设计：王　伟
印　　刷：北京地大彩印有限公司
开　　本：889 mm×1194 mm　1/16　　印　　张：13.75
字　　数：410千字
版　　次：2025年1月第1版　　印　　次：2025年1月第1次印刷
定　　价：200.00元

中国气象灾害年鉴(2023)

序　言

气象灾害是指由气象原因直接或间接引起的，给人类和经济社会造成损失的灾害现象。20世纪90年代以来，在全球气候变暖背景下，气象灾害呈明显上升趋势，对经济社会发展的影响日益加剧，给国家安全、经济社会、生态环境以及人类健康带来了严重威胁。随着我国社会经济发展进程的加快，气象灾害的风险越来越大，影响范围也越来越广。因此，必须把加强防灾减灾作为重要的战略任务，不断提高气象服务水平和服务手段，提升气象灾害的监测、分析、预警能力和水平，为我国经济社会可持续发展提供科技支撑。

气象灾害信息是气象服务的重要组成部分，也是气象灾害预测与评估的基础资料。中国气象局立足于经济社会发展，为适应提高防灾抗灾能力、保护人民生命财产安全和构建和谐社会的需求，发挥气象部门优势，从2005年开始组织国家气候中心、国家气象中心、国家卫星气象中心、中国气象局气象探测中心、中国气象科学研究院以及各省（区、市）气象局共同编撰出版《中国气象灾害年鉴》。《中国气象灾害年鉴》为研究自然灾害的演变规律、时空分布特征和致灾机理等提供了宝贵的基础信息，为开展灾害风险综合评估、科学预测和预防气象灾害提供了有价值的参考。

2022年，我国气候状况总体偏差，暖干气候特征明显，旱涝灾害突出。年内区域性和阶段性干旱明显，南方夏秋连旱影响重；暴雨过程频繁，华南、东北雨涝灾害重，珠江流域和松辽流域出现汛情；登陆台风异常偏少，首个登陆台风"暹芭"强度强，台风"梅花"先后四次登陆，强度大、影响范围广；高温日数多，夏季我国中东部出现1961年以来最强高温过程，南方

“秋老虎”天气明显；寒潮过程明显偏多，2月南方出现持续低温阴雨雪和寡照天气，11月末至12月初强寒潮导致多地剧烈降温；强对流天气过程偏少，但局地致灾重；北方沙尘天气少，出现晚。2022年，全国因气象灾害导致受灾人口约1.1亿人次，死亡失踪279人；农作物受灾面积1206.3万公顷，绝收面积135.1万公顷；直接经济损失2147.3亿元。气象灾害造成的农作物受灾面积、死亡失踪人口和直接经济损失均少于近5年平均。

《中国气象灾害年鉴(2023)》系统地收集、整理和分析了2022年我国所发生的干旱、暴雨洪涝、台风、冰雹和龙卷、沙尘暴、低温冷冻害和雪灾等主要气象灾害及其对国民经济、社会发展和生态系统的影响，还收录了港澳台地区的部分气象灾情及全球重大气象灾害；给出全年主要气象灾害灾情图表、主要气象要素和天气现象特征分布图。希望通过本年鉴对2022年气象灾害的总结分析，能为有关部门加强防灾减灾工作和减少气象灾害损失提供帮助。

国家气候中心主任

巢清尘

编写说明

一、资料来源

本年鉴气象资料来自我国各级气象部门的气象观测整编资料、天气气候情报分析、气候影响评估报告，灾情数据主要来源于应急管理部等部门会商核定的数据以及地方各级应急管理部门上报的数据。气候常年值采用1991—2020年平均值。

二、气象灾害收录标准

1. 干旱

干旱指因一段时间内少雨或无雨，降水量较常年同期明显偏少而致灾的一种气象灾害。干旱影响到自然环境和人类社会经济活动的各个方面。干旱导致土壤缺水，影响农作物正常生长发育并造成减产；干旱造成水资源不足，人畜饮水困难，城市供水紧张，制约工农业生产发展；长期干旱还会导致生态环境恶化，甚者还会导致社会不稳定，进而引发国家安全等方面的问题。

本年鉴收录整理的干旱标准为一个省（区、市）或约5万平方千米以上的某一区域，发生持续时间20天以上，并造成农业受灾面积10万公顷以上，或造成10万以上人口生活、生产用水困难的干旱事件。

2. 暴雨洪涝

暴雨洪涝指长时间降水过多或区域性持续的大雨（日降水量25.0～49.9毫米）、暴雨（日降水量大于或等于50.0毫米）以上强度降水以及局地短时强降水引起江河洪水泛滥，冲毁堤坝、房屋、道路、桥梁，淹没农田、城镇等，引发山洪、地质灾害，造成农业或其他财产损失和人员伤亡的一种灾害。

华西秋雨是我国华西地区秋季（9—11月）的特殊天气现象。秋季频繁南下的冷空气与暖湿空气在该地区相遇，使锋面活动加剧而产生较长时间的阴雨天气。华西秋雨的降水量虽然少于夏季，但持续降水也易引发秋汛。华西秋雨主要涉及的行政区域包括湖北、湖南、重庆、四川、贵州、陕西、宁夏、甘肃等省（区、市）。

本年鉴收录整理的暴雨洪涝标准为某一地区发生局地或区域暴雨过程，并造成洪水或引发泥石流、滑坡等地质灾害，使农业受灾面积超过5万公顷，或造成死亡10人以上，或造成直接经济损失1亿元以上的暴雨洪涝灾害过程。

3. 台风

台风是热带气旋的一种。热带气旋是生成于热带或副热带洋面上，具有有组织的对流和确定的气旋性环流的非锋面性涡旋的统称，分为热带低压、热带风暴、强热带风暴、台风、强台风和超强台风六个等级。热带气旋底层中心附近最大平均风速达到10.8～17.1米/秒（风力6～7级）为热带低压，达到17.2～24.4米/秒（风力8～9级）为热带风暴，达到24.5～32.6米/秒（风力10～11级）为强热带风暴，达到32.7～41.4米/秒（风力12～13级）为台风，达到

41.5～50.9 米/秒(风力14～15级)为强台风，达到或大于 51.0 米/秒(风力 16 级或以上)为超强台风。热带气旋尤其是达到台风强度的热带气旋具有很强的破坏力，狂风会掀翻船只、摧毁房屋和其他设施，巨浪能冲破海堤，暴雨能引发山洪。在我国，通常将热带风暴及以上强度的热带气旋统称为“台风”。

本年鉴收录整理的台风标准为中心附近最大风力大于或等于 8 级，且对我国造成 10 人以上死亡或直接经济损失 1 亿元以上的热带气旋。

4. 冰雹和龙卷

冰雹是指从发展强盛的积雨云中降落到地面的冰球或冰块，其下降时巨大的动量常给农作物和人身安全带来严重危害。虽然冰雹出现的范围小、时间短，但来势猛、强度大，常伴有狂风骤雨，因此，往往给局部地区的农牧业、工矿企业、电信、交通运输以及人民生命财产造成较大损失。龙卷是一种范围小、生消迅速，一般伴随降雨、雷电或冰雹的猛烈涡旋，是一种破坏力极强的小尺度风暴。

本年鉴收录整理的冰雹和龙卷标准为在某一地区出现的风雹过程，使农业受灾面积 1000 公顷以上或造成 3 人以上死亡的灾害过程。

5. 沙尘暴

沙尘暴指由于强风将地面大量尘沙吹起，使空气浑浊，水平能见度小于 1 千米的天气现象。水平能见度小于 500 米为强沙尘暴，水平能见度小于 50 米为特强沙尘暴。沙尘暴是干旱地区特有的一种灾害性天气。强风摧毁建筑物、树木等，甚至造成人畜伤亡；流沙埋没农田、渠道、村舍、草场等，使北方脆弱的生态环境进一步恶化；沙尘中的有害物及沙尘颗粒造成环境污染，危害人们的身体健康；恶劣的能见度影响交通运输，并间接引发交通事故。

本年鉴收录整理的沙尘暴标准是沙尘暴以上等级，并且造成 3 人及以上死亡的灾害过程。

6. 低温冷冻害和雪灾

低温冷冻害包括低温冷害、霜冻害和冻害。低温冷害是指农作物生长发育期间，因气温低于作物生理下限温度，影响作物正常生长发育，引起农作物生育期延长或使生殖器官的生理活动受阻，最终导致减产的一种农业气象灾害。霜冻害指在农作物、果树等生长季节内，地面最低温度降至 0 ℃以下，使作物受到伤害甚至死亡的农业气象灾害。冻害一般指冬作物和果树、林木等在越冬期间遇到 0 ℃以下(甚至－20 ℃以下)或剧烈降温天气引起植株体冰冻或丧失一切生理活力，造成植株死亡或部分死亡的现象。雪灾指由于降雪量过大，使蔬菜大棚、房屋被压垮，植株、果树被压断，或对交通运输及人们出行造成影响，导致人员伤亡或经济损失的现象。白灾是草原牧区冬、春季由于降雪量过大或积雪过厚，加上持续低温，雪层维持时间长，积雪掩埋牧场，影响牲畜放牧采食或不能采食，造成牲畜饿冻或因而染病，甚至发生大量死亡的一种灾害。

本年鉴收录整理的低温冷冻害和雪灾标准为影响范围 1 万平方千米以上并造成农业受灾面积 1000 公顷以上，或造成 2 人以上死亡，或造成死亡牲畜 1 万头(只)以上，或造成经济损失 100 万元以上的灾害过程。

7. 雾和霾

雾是指近地层空气中悬浮大量小水滴或冰晶的乳白色集合体，使水平能见度降到 1 千米以下的天气现象。雾使能见度降低会造成水、陆、空交通灾难，也会对输电、人们日常生活等造成影响。

霾是一种对视程造成障碍的天气现象，大量极细微的干尘粒等均匀地浮游在空中，使水平能见度小于 10 千米，造成空气普遍浑浊。由于霾发生时气团稳定，污染物不易扩散，严重威胁人体健康。

本年鉴收录整理的雾、霾标准为影响范围 1 万平方千米以上，持续时间 2 小时以上，并因雾、霾造成 2 人以上死亡，或造成经济损失 100 万元以上的灾害过程。

8. 雷电

雷电是在雷暴天气条件下发生于大气中的一种长距离放电现象，具有大电流、高电压、强电磁辐射等特征。雷电多伴随强对流天气产生，常见的积雨云内能够形成正、负电荷中心，当聚集的电量足够大时，形成足够强的空间电场，异性电荷中心之间或云中电荷区与大地之间就会发生击穿放电，这就是雷电。雷电可能导致人员伤亡，建筑物、供配电系统、通信设备、民用电器的损坏，引起森林火灾，造成计算机信息系统中断，致使仓储、炼油厂、油田等燃烧甚至爆炸，危害人民财产和人身安全，同时也严重威胁航空、航天等运载工具的安全。

本年鉴所收集整理的雷电灾害事件标准为雷击死亡 3 人及以上的灾害过程。

9. 高温热浪

本年鉴将日最高气温大于或等于 35 ℃定义为高温日；连续 5 天以上的高温过程称为持续高温或“热浪”天气。高温热浪对人们日常生活和健康影响极大，使与热有关的疾病发病率和死亡率上升；加剧土壤水分蒸发和作物蒸腾作用，加速旱情发展；导致水、电需求量猛增，造成能源供应紧张。

本年鉴收录整理的高温热浪标准为对人体健康、社会经济等产生较大影响的高温热浪过程。

10. 酸雨

pH 小于 5.6 的雨、冻雨、雪、露等大气降水称为酸性降水。酸雨是最常见的一种酸性降水。酸雨的形成是由于大气中发生的错综复杂的物理和化学过程，但其最主要原因是二氧化硫和氮氧化物在大气或水滴中转化为硫酸和硝酸所致。酸雨的危害包括森林退化、湖泊酸化，导致鱼类死亡、水生生物种群减少，农田土壤酸化、贫瘠，有毒重金属污染增强，粮食、蔬菜、瓜果大面积减产，建筑物和桥梁损坏，文物遭受侵蚀等。

本年鉴按照大气降水 $pH \geq 5.6$ 为非酸性降水、$4.5 \leq pH < 5.6$ 为弱酸性降水、$pH < 4.5$ 为强酸性降水的标准对酸雨基本情况进行分析和整理。

11. 农业气象灾害

农业气象灾害是指不利的气象条件给农业生产造成的危害。农业气象灾害按气象要素可分为单因子和综合因子两类。由温度要素引起的农业气象灾害包括低温造成的霜冻害、冬作物越冬冻害、冷害、热带和亚热带作物寒害以及高温造成的热害；由水分因子引起的有旱害、涝害、雪害和雹害等；由风力异常造成的农业气象灾害包括大风害、台风害、风蚀等；由综合气象要素引起的农业气象灾害有干热风、冷雨害、冻涝害等。此外，广义的农业气象灾害还包括畜牧气象灾害（如白灾、黑灾、暴风雪等）和渔业气象灾害等。

本年鉴收集整理的农业气象灾害标准为对农作物生长发育、产量造成不利影响，导致作物减产、品质降低、农田或农业设施损毁等影响较大的灾害过程或事件。

目　录

概　述

2022 年，全国平均气温 10.51 ℃，较常年(9.89 ℃)偏高 0.62 ℃，为 1961 年以来历史次高(图 1)，仅比 2021 年低 0.02 ℃；除 2 月和 12 月气温较常年同期偏低外，其余各月气温均偏高或接近常年同期，其中 3 月、6 月和 8 月气温均为历史同期最高，7 月、9 月和 11 月为历史同期次高。全国平均降水量 606.1 毫米，较常年偏少 5.0%，为 2012 年以来最少(图 2)。降水阶段性变化明显，1—6 月及 11 月降水偏多，7—10 月及 12 月降水偏少。

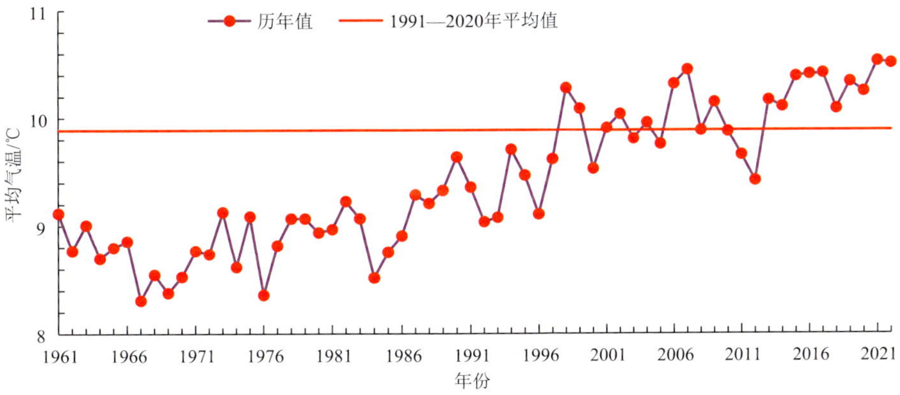

图 1　1961—2022 年全国年平均气温变化

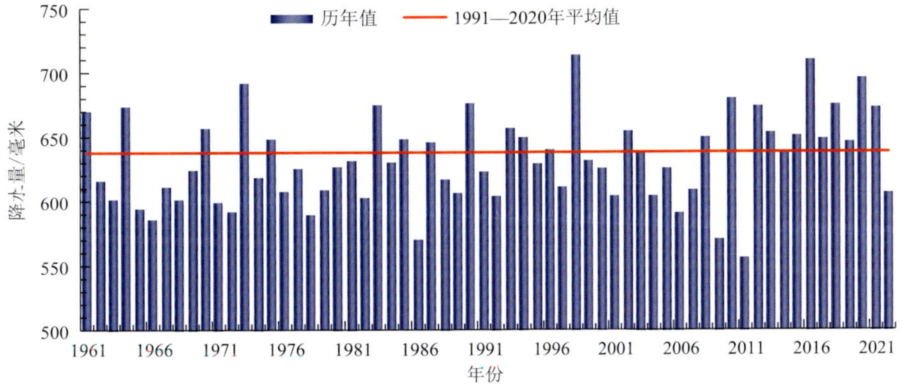

图 2　1961—2022 年全国平均年降水量变化

2022 年，全国区域性和阶段性干旱明显，南方夏秋连旱影响重；暴雨过程频繁，华南、东北雨涝灾害重，珠江流域和松辽流域出现汛情；登陆台风异常偏少，首个登陆台风“暹芭”登陆强度强，台风“梅花”先后 4 次登陆，强度大、影响范围广；高温日数多，夏季我国中东部出现 1961 年以来最强高温过程，高温结束时间晚，南方“秋老虎”天气明显；寒潮过程明显偏多，2 月南方出现持续低温阴雨雪和寡照天气，11 月末至 12 月初强寒潮导致多地剧烈降温；强对流天气过程偏少，但局地致灾重；北

台风 2022 年，西北太平洋和南海共有 25 个台风(中心附近最大风力≥8 级)生成，接近于常年平均(25.1 个)，其中 4 个登陆中国，较常年(7.1 个)偏少 3.1 个，与 1982 年、1997 年和 1998 年并列为 1949 年以来历史最少。登陆台风的平均最大风速 30.6 米/秒，较常年(31.2 米/秒)略偏弱。首个登陆台风“暹芭”登陆强度强；“梅花”登陆次数多、强度大、影响范围广。全年台风共造成 3 人死亡(含失踪)，直接经济损失 54.2 亿元。2022 年台风造成的死亡人数和直接经济损失均少于 1990—2021 年平均值(图 8)。

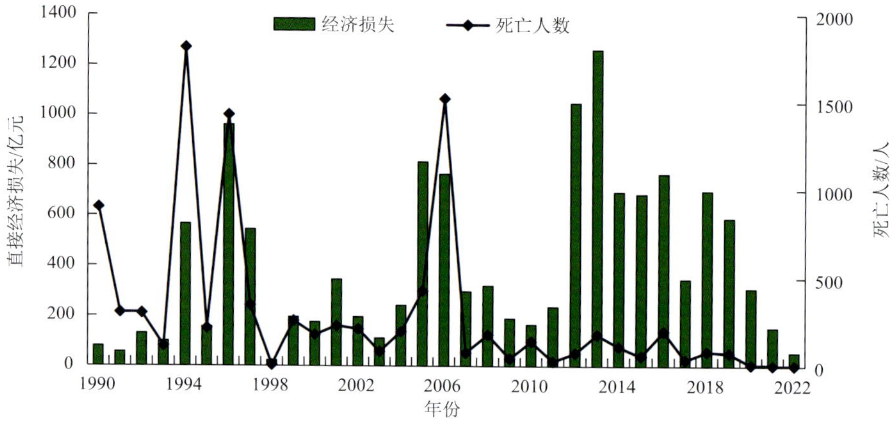

图 8 1990—2022 年全国热带气旋直接经济损失和死亡人数变化

局地强对流 2022 年，大风、冰雹、龙卷及雷电等局地强对流灾害共造成 930.6 万人次受灾，死亡失踪 88 人，直接经济损失 166.7 亿元。与近 5 年平均值相比，2022 年风雹灾害损失偏轻。

低温冷冻害及雪灾 2022 年，全国因低温冷冻害和雪灾共造成农作物受灾面积 87.1 万公顷，直接经济损失 124.6 亿元，为低温冷冻害及雪灾偏轻年份。2 月，南方地区出现持续低温阴雨雪和寡照天气，对农业、电力、交通造成不利影响；初春，北方暴雪和南方暴雨影响大；秋末冬初，两次寒潮过程降温幅度大、影响范围广，多地出现低温冷冻害和雪灾。

沙尘暴 2022 年，全国共出现了 10 次沙尘天气过程。春季北方地区共出现 8 次沙尘天气过程，比 2000—2021 年同期(10.7 次)偏少。沙尘首发时间为 3 月 3 日，较 2000—2021 年首场沙尘天气平均出现时间(2 月 15 日)偏晚 16 天，较 2021 年(1 月 10 日)偏晚 52 天。春季，北方地区平均沙尘日数为 3.2 天，比常年同期偏少 0.5 天。3 月 13—16 日的沙尘暴天气过程是 2022 年强度最强的一次过程。

第1章　重大气象灾害和气候事件

1.1　夏季高温日数为1961年以来历史同期最多，中东部出现最强高温过程

2022年夏季，全国高温（日最高气温≥35 ℃）日数为14.3天，比常年同期偏多6.3天，为1961年以来历史同期第1多。四川东部、重庆、湖北大部、湖南、江西、安徽大部、江苏南部、上海、浙江、福建大部、陕西南部等地高温日数达40～50天，大部地区较常年同期偏多20～30天，浙闽川渝等13省（区、市）高温日数均为1961年以来历史同期最多。

6月13日至8月30日，全国中东部地区出现了大范围持续高温天气过程，具有持续时间长、范围广、强度大、极端性强的特点。过程持续时间长达79天，为1961年以来最长。四川盆地、江淮、江汉、江南等地35 ℃以上高温日数达30～65天；35 ℃以上覆盖1692站，占全国总站数70%，为1961年以来历史第二多；37 ℃以上覆盖1445站，占全国总站数60%，为1961年以来最多；有361站日最高气温达到或超过历史极值，重庆北碚连续2天日最高气温达45 ℃。评估结果显示，此次高温过程综合强度为1961年有完整气象观测记录以来最强。持续高温天气给人体健康、农业生产和电力供应等带来不利影响，浙江、上海等南方多地用电创历史新高，浙江、江苏、四川等地多人确诊热射病。

1.2　南方遭遇严重夏秋连旱，时间长、范围广、程度重

7月至11月上半月，长江中下游及川渝等地持续大范围高温少雨，遭遇罕见夏秋连旱。长江流域中旱及以上干旱日数77天，较常年同期偏多54天，为1961年以来历史同期最多，过程最大影响面积（163万平方千米）、单日最大影响面积（133万平方千米，2022年8月24日）及重旱站数比例（91%）、特旱站数比例（76%）等多项指标均为历史之最。持续的高温干旱对长江流域及其以南地区农业生产、水资源供给、能源供应及人体健康产生较大影响，对当地生态系统也造成了一定的负面影响。

1.3　春末夏初龙舟水强袭珠江流域，出现汛情

5月21日至6月21日龙舟水期间，珠江流域出现6次强降雨过程，大部地区累计降水量超过400毫米，其中广西中北部、广东中北部及湖南南部、江西南部等地部分地区为600～900毫米，广西桂林、柳州、贺州和广东清远、韶关等地超过900毫米，广西桂林临桂区局地1616毫米。上述大部地区降水量较常年同期偏多5成以上，广东北部、广西东北部等地偏多1～2倍。珠江流域平均降水量为440毫米，较常年同期偏多53%，为1961年以来历史同期第二多。受强降雨影响，珠江流域逾45条河流超警戒水位，6月21日，珠江防总将防汛应急响应提升至Ⅰ级；广东、广西多地出现城乡积

涝，给交通及农业生产等带来不利影响。

1.4 6—7月东北地区雨日多、雨量大，松辽流域现汛情

6—7月，东北三省平均降水量334.1毫米，较常年同期偏多39%，为1961年以来历史同期第二多；吉林降水量414.2毫米和降水日数37.8天均为历史同期最多，辽宁降水量420.6毫米，比常年同期偏多7成，超过常年夏季降水总量，为近30年历史同期最多，降水日数为历史同期第二多。受强降雨影响，松辽流域有40条河流发生超警戒以上洪水，8月初辽宁绕阳河盘锦段出现堤坝溃口；部分公路基础设施出现损毁或中断；吉林、辽宁部分低洼农田出现短时渍涝，加上日照时数偏少，一季稻、春玉米、大豆等农作物生长受到不利影响。

1.5 台风“梅花”4次登陆，强度大、影响范围广

9月14—16日，2212号台风“梅花”先后登陆我国浙江、上海、山东和辽宁，是1949年以来第三个4次登陆我国的台风，且4次登陆地点为不同省(市)，为1949年以来首次。台风“梅花”在浙江舟山普陀登陆时强度为40米/秒，是2022年登陆我国最强的台风；台风“梅花”在上海奉贤登陆的强度为35米/秒，是1950年以来登陆上海的最强台风；台风“梅花”还是1949年以来最晚登陆山东、辽宁的台风，打破了1949年以来秋台风登陆地的最北纪录。受台风“梅花”影响，浙江绍兴、宁波、舟山及山东青岛、烟台等地部分地区累计降水量普遍有250～500毫米，绍兴上虞和嵊州、宁波余姚局地达600～707毫米，共23个国家级气象观测站日降水量突破9月极值，山东福山日降水量有183.5毫米，突破建站以来历史极值。最大阵风出现在浙江舟山徐公岛(16级，53.6米/秒)。一方面，台风“梅花”造成浙江、上海、江苏、山东等地航班大面积取消、部分列车停运、海上航行停航，浙江、江苏等局地农作物受淹倒伏、设施农业受损、树木倒伏、电线杆折断；另一方面，台风“梅花”带来的降雨也缓解了江苏南部、上海、浙江北部、安徽南部等地的干旱。

1.6 高温过程结束时间晚，南方秋老虎天气明显

9月至10月上旬，南方出现3次区域性高温过程。其中，9月27日至10月4日，南方出现1961年以来第二晚高温过程，结束时间较常年(8月30日)偏晚35天。9月5—13日、9月27日至10月4日的高温过程综合强度均达到特强，影响范围内分别有229个和485个国家级气象站日最高气温达到或者超过37 ℃，贵州沿河、安徽青阳分别达到40.3 ℃和40.9 ℃。高温过程增加了供电压力，加剧了长江流域的干旱，加之夏季持续高温少雨，对当地生态系统造成了负面影响。

1.7 2月，南方雨雪天气过程多，出现持续低温寡照天气

2月1—23日，南方地区多次出现低温雨雪天气过程，长江以南大部气温较常年同期偏低2～4 ℃，其中广东和广西大部、江西南部、湖南南部、贵州东南部等地偏低4～6 ℃；累计降水量较常年同期偏多5成至2倍以上；浙江、江西南部、湖南南部、贵州中南部、广东、广西和海南大部降水日数较常年同期偏多5～10天，日照时数偏少4～8成，局部偏少8成以上。17—23日，南方大部地区雨雪交加且强度大、持续时间长，浙江大部、安徽南部、福建中部和北部、湖南大部、江西大部、广东东部、广西北部、云南东部、贵州东部等地有10～25毫米的降雪，局部25～50毫米，湘浙桂闽赣黔滇粤8省

(区)区域平均过程降水量 60.2 毫米，为 1961 年以来历史同期最多，平均过程降雪量 14.2 毫米，为 1961 年以来历史同期第二多，仅次于 1964 年(20.1 毫米)。湖南中部、贵州西南部、云南东北部等地部分地区最大积雪深度有 5～10 厘米，贵州和湖南局部超过 20 厘米。持续低温阴雨雪和寡照天气对南方地区农作物生长不利，对交通和电力也造成不利影响。

1.8 11月末至12月初寒潮过程导致多地剧烈降温

11 月 26—28 日和 11 月 30 日至 12 月 1 日两次寒潮过程接连影响我国，其中 11 月 30 日至 12 月 1 日的寒潮过程为 2022 年最强。受寒潮影响，我国大部地区出现剧烈降温并伴有雨雪和大风天气，14 ℃以上降温范围超过国土面积一半以上，局地降温超过 18 ℃；陕西、河南、湖北、安徽、江西、浙江、山东等多地出现降雪，安徽南部等局地有大雪，长江以南部分地区出现大到暴雨，浙江丽水和温州局地大暴雨，贵州、湖北、湖南等局地出现冻雨；此次寒潮低温天气对新疆、内蒙古等地的畜牧业以及多地设施农业造成不利影响。

第2章　气象灾害分述

2.1　干旱

2.1.1　基本概况

2022年，全国平均降水量606.1毫米，较常年偏少5.0%，为2012年以来最少；北方降水“东多西少”，南方地区大部偏少。降水阶段性变化明显，1—6月及11月降水量偏多，其中，2月偏多56.2%；7—10月及12月降水量偏少，12月偏少36.9%，7月偏少20.6%，其中，7月降水量为历史同期第二少。

2022年，全国有11个省（区、市）降水量较常年偏多（图2.1.1），其中，辽宁偏多39%，为1961年以来第三多，吉林偏多35%，为历史最多；20个省（区、市）较常年偏少，其中，上海偏少21%，安徽和宁夏均偏少20%。

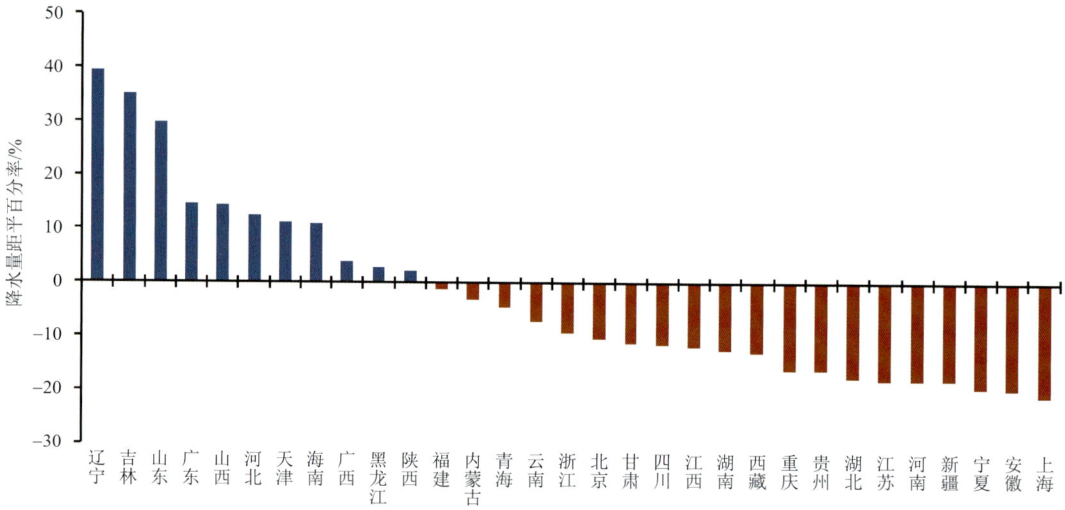

图2.1.1　2022年各省（区、市）平均年降水量距平百分率

Fig. 2.1.1　Percentage of annual precipitation anomalies in different provinces of China in 2022

2022年，全国干旱影响总体偏重，区域性和阶段性干旱明显。华东、华中等地出现阶段性春夏连旱；南方遭遇严重夏秋连旱，范围广、时间长、程度重（表2.1.1）。

2022年，全国农作物受旱面积609.0万公顷，绝收面积61.2万公顷，受旱面积较常年偏少（图2.1.2）；但损失较重，达512.9亿元，较过去10年直接经济损失偏多约70亿元。2022年全国因旱造成5245.2万人受灾，其中，饮水困难475.2万人，均较常年偏少。

表 2.1.1 2022 年我国主要干旱事件简表

Table 2.1.1 List of major drought events over China in 2022

时间	地区	程度	旱情概况
3 月初至 6 月中旬	华东、华中等地出现阶段性春夏连旱	3 月初，华东中北部、华中北部等地气象干旱持续发展，3 月 17 日后旱区出现降水，气象干旱明显缓解；4—5 月，由于温高雨少，华东中北部、华中北部等地气象干旱再次露头并发展，至 5 月 31 日，黄淮以及河北北部、甘肃南部等地存在中度及以上气象干旱；6 月 21—24 日、26—27 日，北方旱区出现明显降水，气象干旱得到明显缓解	由于干旱持续时间较长，造成北方部分地区土壤墒情偏差，对农业生产造成一定影响，不利小麦籽粒灌浆以及夏玉米、夏大豆等作物播种出苗和幼苗生长
7 月至 11 月中旬	南方遭遇严重夏秋连旱	7 月至 11 月中旬，长江中下游及川渝等地持续高温少雨，遭遇夏秋连旱。长江流域中旱及以上干旱日数 77 天，较常年同期偏多 54 天，为 1961 年以来历史同期最多，过程最大影响面积(163 万平方千米)、单日最大影响面积(133 万平方千米，2022 年 8 月 24 日)及重旱站数比例(91%)、特旱站数比例(76%)等多项指标均为历史之最	持续的高温干旱对长江流域和以南地区农业生产、水资源供给、能源供应及人体健康产生较大影响，对当地生态系统也造成了一定的负面影响

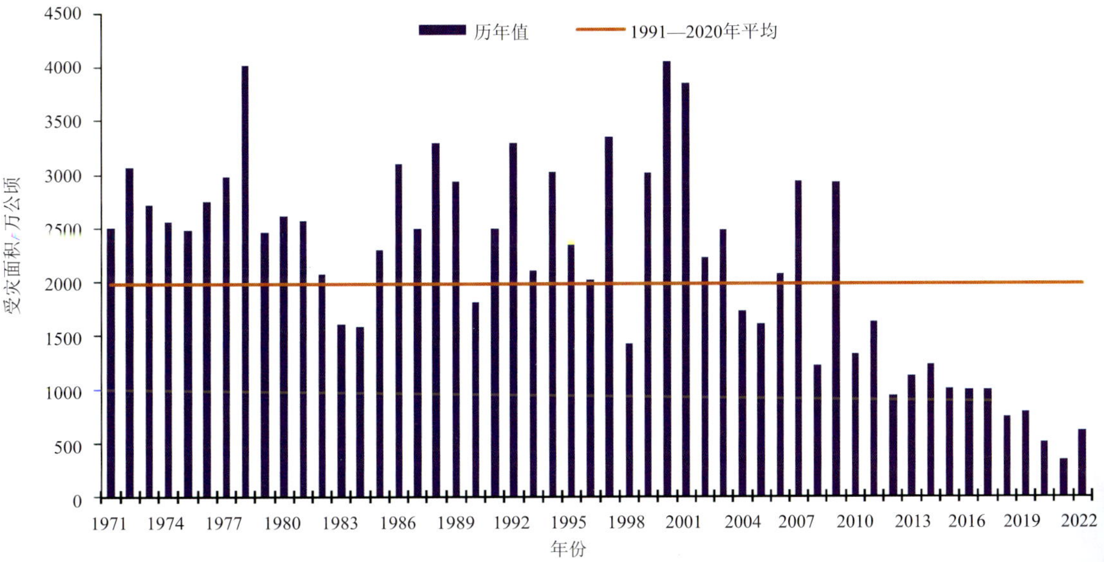

图 2.1.2 1971—2022 年全国干旱受灾面积变化

Fig. 2.1.2 Drought areas in China during 1971—2022

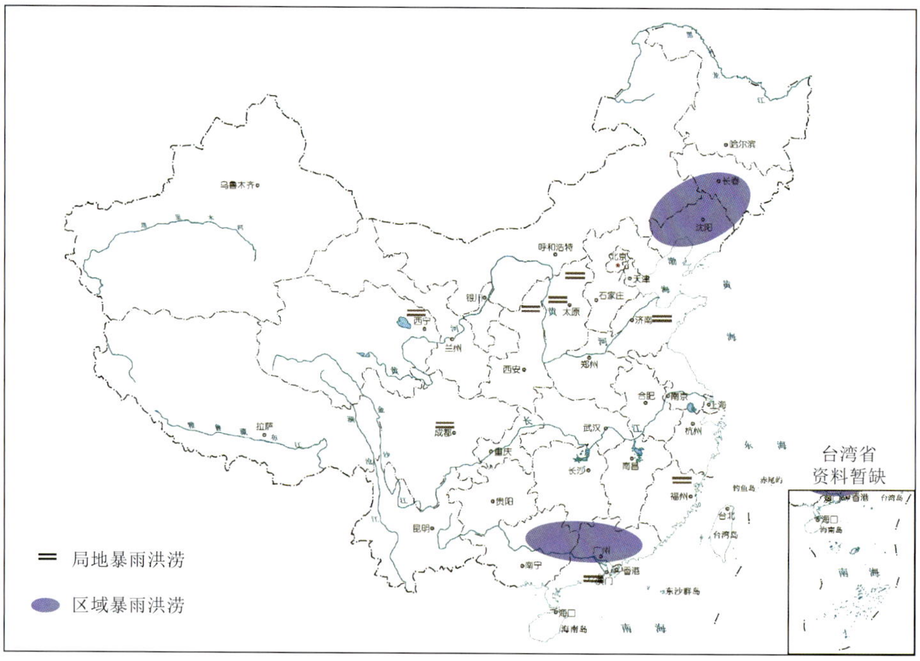

图 2.2.1　2022 年全国主要暴雨洪涝示意图

Fig. 2.2.1　Sketch map of major rainstorm induced floods over China in 2022

2.2.2)。其中,6 月 3—14 日和 6 月 16—21 日两次区域暴雨过程综合强度较强。上述大部地区降水量较常年同期偏多 5 成以上,广东北部、广西东北部等地偏多 1～2 倍。珠江流域平均降水量为 440 毫米,较常年同期偏多 53%,为 1961 年以来历史同期第二多。受强降雨影响,珠江流域逾 45 条河流超警戒水位,6 月 21 日,珠江防总将防汛应急响应提升至Ⅰ级;广东、广西多地出现城乡积涝,给交通及农业生产等带来不利影响。

广东　6 月 2—12 日,韶关、茂名、梅州、清远、佛山等 11 市 40 个县(市、区)3.7 万人受灾,1900 余人紧急转移安置;200 余间房屋不同程度损坏;农作物受灾面积 2200 公顷;直接经济损失 9800 余万元。

广西　6 月 17—19 日,柳州、桂林、梧州、河池、钦州等 8 市 37 个县(市、区)21.7 万人受灾,1.2 万人紧急转移安置,8100 余人需紧急生活救助;100 余间房屋倒塌,近 700 间不同程度损坏;农作物受灾面积 9500 公顷,绝收面积 1200 公顷;直接经济损失 2.7 亿元。

2. 6—7 月东北地区雨日多、雨量大,松辽流域现汛情

6—7 月,东北三省平均降水量(334.1 毫米,偏多 39%)为 1961 年以来历史同期第二多(图 2.2.3);吉林降水量(414.2 毫米,偏多 65%)和降水日数(37.8 天)均为历史同期最多,辽宁降水量 420.6 毫米,比常年同期偏多 7 成,超过常年夏季降水总量,为近 30 年历史同期最多,降水日数为 1961 年以来历史同期第二多。受强降雨影响,松辽流域有 40 条河流发生超警戒以上洪水,8 月初辽宁饶阳河盘锦段出现堤坝溃口;部分公路基础设施出现损毁或中断;吉林、辽宁部分低洼农田出现短时渍涝,加上日照时数偏少,一季稻、春玉米、大豆等农作物生长均受到不利影响。

吉林　6 月 27—29 日,四平、辽源、白山、松原、吉林等 8 市 12 个县(市、区)2.7 万人受灾,农作物受灾面积 5500 公顷,直接经济损失 2600 余万元。7 月 13—16 日,长春、松原、辽源、四平、吉林等 6 市 10 个县(市、区)2.6 万人受灾;农作物受灾面积 6500 公顷,绝收面积 200 余公顷;直接经济损失 2800 余万元。

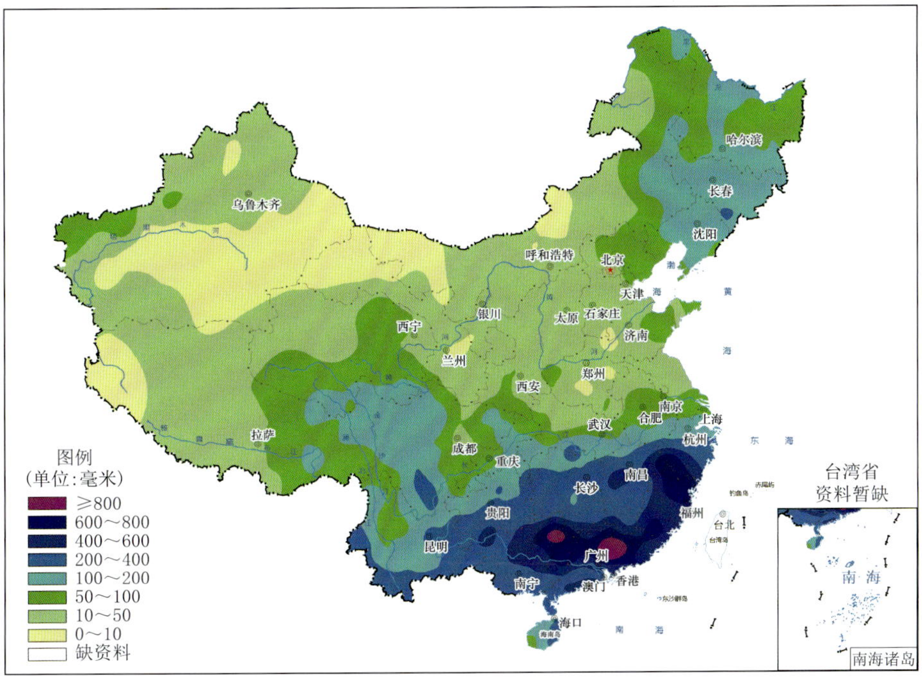

图 2.2.2　2022 年 5 月 21 日至 6 月 21 日全国降水量分布

Fig. 2.2.2　Distribution of precipitation over China from May 21 to June 21, 2022

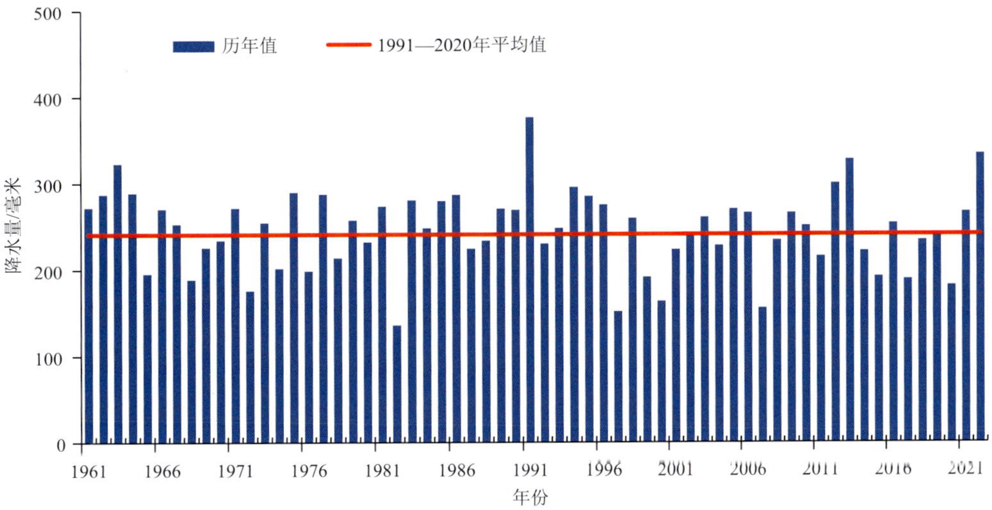

图 2.2.3　1961—2022 年 6—7 月东北三省平均降水量变化

Fig. 2.2.3　Average precipitation in Liaoning, Jilin and Heilongjiang from June to July during 1961—2022

辽宁　7 月 13—16 日，铁岭、朝阳、盘锦 3 市 7 个县(市、区) 6.6 万人受灾，100 余人紧急转移安置;农作物受灾面积 9300 公顷，绝收面积 1400 公顷;直接经济损失 8600 余万元。7 月 28 日至 8 月 1 日，锦州、阜新、鞍山、朝阳、葫芦岛等 8 市 26 个县(市、区)35.7 万人受灾，2.8 万人紧急转移安置，200 余人需紧急生活救助;1100 余间房屋不同程度损坏;农作物受灾面积 9.3 万公顷，绝收面积 2.6 万公顷;直接经济损失 11 亿元。

3. 8月中下旬四川、青海等局地短时强降雨致灾重

8月中下旬，我国西部地区暴雨过程频繁、区域叠加，四川、青海、甘肃、陕西等地发生洪涝灾害。8月13日，四川彭州龙槽沟附近受上游降水影响突发山洪，多人被洪水卷走。8月17日夜间，青海省西宁市大通县出现短时强降雨，1小时最大累计降水量达40.6毫米，暴雨引发山洪灾害，道路、桥梁、水利等基础设施受损严重，造成27人死亡、4人失踪。

2.3 台风

2.3.1 基本概况

2022年，西北太平洋和南海共有25个台风（中心附近最大风力≥8级）生成，生成个数接近常年（25.1个）平均值。其中，2203号“暹芭”(Chaba)、2207号“木兰”(Mulan)、2209号“马鞍”(Ma-On)、2212号“梅花”(Muifa)共4个台风先后在我国登陆。与常年相比，2022年台风生成个数持平，起编时间偏晚，停编时间偏早；登陆个数偏少、登陆比例偏小，初台登陆时间偏晚、末台偏早，全年台风平均登陆强度偏弱。

2022年，影响我国的台风带来了大量降水，对缓解南方部分地区的夏伏旱和高温天气以及增加水库蓄水等十分有利，但由于登陆或影响时间集中，部分地区因降水强度大、风力强，造成了一定的人员伤亡和经济损失。据统计，全国共有476.4万人受灾，3人死亡失踪，转移安置75.2万人；16.1万公顷农作物受灾；倒塌房屋800余间；直接经济损失54.2亿元（表2.3.1）。2022年，台风造成的死亡失踪人数和直接经济损失均少于1992—2021年平均值。其中，影响较大的是2203号“暹芭”(Chaba)。总体而言，2022年为台风灾害损失较轻年份。

表2.3.1 2022年我国台风主要灾情表

Table 2.3.1 List of tropical cyclones and associated disasters over China in 2022

国内编号及中英文名称	登陆时间（月.日）	登陆地点	最大风力(级)(风速/(米/秒))	受灾地区	受灾人口（万人）	死亡人口（人）	失踪人口（人）	转移安置（万人）	倒塌房屋（万间）	受灾面积（万公顷）	直接经济损失（亿元）
2203“暹芭”(Chaba)	7.2	广东电白	12(35)	广东	98.8		1	3.6	0.0	7.4	18.7
				广西	80.2			2.6	0.1	3.0	8.9
				海南	3.6	2		0.8		0.1	1.8
				江西	3.7			0.0		0.4	1.7
2207“木兰”(Mulan)	8.10	广东徐闻	8(20)	广东	8.0			0.1		0.0	0.3
				广西	4.6				0.0	0.1	0.1
				海南	0.1			0.1			
2209“马鞍”(Ma-On)	8.25	广东电白	11(30)	广东	50.7			0.7	0.0	0.1	0.9
				广西	2.9			0.1		0.4	0.6
				海南	0.1			0.0			
2211“轩岚诺”(Hinnamnor)				浙江	37.7			14.1		0.1	0.5
				江苏	0.7						
				上海	0.5						0.0

续表

国内编号及中英文名称	登陆时间（月.日）	登陆地点	最大风力（级）（风速/（米/秒））	受灾地区	受灾人口（万人）	死亡人口（人）	失踪人口（人）	转移安置（万人）	倒塌房屋（万间）	受灾面积（万公顷）	直接经济损失（亿元）
2212“梅花”（Muifa）	9.14	浙江舟山	13(40)	浙江	109.9			35.4		2.8	18.1
	9.15	上海奉贤	12(35)	上海	42.4			15.0		0.4	0.7
	9.16	山东青岛	9(23)	江苏	18.1			1.6		0.3	0.3
	9.16	辽宁大连	9(23)	山东	5.1					0.6	0.2
				辽宁	1.6			0.1		0.1	0.4
2216“奥鹿”（Noru）				海南	1.6			0.2			0.0
2220“纳沙”（Nesat）				海南	4.3			0.7		0.2	0.8
2222“尼格”（Nalgae）				广东	1.9			0.1		0.1	0.2
全年合计					476.4	2	1	75.2	0.1	16.1	54.2

2.3.2 主要台风灾害事例

1. 2203“暹芭”(Chaba)

2203号台风“暹芭”于6月30日08时在南海北部生成，7月2日15时，台风“暹芭”以台风级强度(12级，35米/秒)在广东电白沿海登陆，登陆时中心最低气压为965百帕。7月4日08时，台风“暹芭”被中央气象台停止编号。

台风“暹芭”为2022年登陆中国的首个台风，是继2015年“彩虹”台风以来，登陆粤西的最强台风。作为南海“土台风”，具有结构不对称，云系环流范围庞大，移动缓慢，影响时间长、范围广等特征。受其影响，7月1—3日，海南、广东中西部和南部沿海、广西东南部、湖南南部、福建东南部等地出现大暴雨或特大暴雨，海南西南部、广东西南部等局地累计降水量达400～500毫米，海南昌江达581毫米；海南、广东、广西等地超过50个测站的日雨量达到特大暴雨量级，海南三亚国家级气象观测站突破当地日雨量历史极值。

台风“暹芭”登陆后实力依然强劲，给华南多地带来强风暴雨，使得部分地区降水创下历史极值，并诱发了多个龙卷，导致多地遭受不同程度的经济损失。据统计，共造成江西、广东、广西和海南186.27万人受灾，2人死亡，1人失踪，转移安置人口近7万；房屋倒塌600间；农作物受灾面积10.9万公顷；直接经济损失31.16亿元。

广东 台风“暹芭”于7月2日下午以台风级(35米/秒，12级)登陆，是近20年来登陆广东省的最强南海“土台风”，与2001年登陆湛江的台风“榴莲”强度相当，也是2015年台风“彩虹”以来登陆粤西的最强台风。受台风“暹芭”影响，广东中西部海面、粤西沿海市县出现了10～12级大风，阳江阳西县大树岛录得最大阵风45.8米/秒(14级)。7月1日08时至6日08时，全省平均雨量达182.2毫米，其中，茂名和阳江平均雨量分别达269.4毫米、255.2毫米；茂名、清远、阳江、云浮、汕头最大累计雨量超过500毫米，茂名信宜大成镇录得全省最大累计雨量(695.6毫米)。

受台风“暹芭”及其外围环流影响，广东省先后出现了5个陆地龙卷(广州花都和黄埔、佛山三水和西樵、潮州潮安)和2个海上龙卷(汕头南澳、湛江吴川)，历史罕见。受持续强降水影响，广东各地的城乡积涝、滑坡、泥石流、塌方等地质灾害和北江流域再度出现流域性洪水的气象风险极高；海面持续风力大，海面作业和过往船只风险高。

据统计，共造成广东 98.82 万人受灾，1 人失踪，3.6 万人紧急转移安置；房屋倒塌 100 间；农作物受灾面积约 7.4 万公顷；直接经济损失 18.73 亿元。

广西　台风“暹芭”是 2022 年首个影响广西的台风，影响时间接近常年初台影响时间，台风“暹芭”从 7 月 2 日 22 时进入广西境内到 4 日 08 时停编，其在广西境内滞留时间长达 34 小时。受其影响，7 月 1 日 20 时至 5 日 08 时，累计雨量超过 400 毫米的有钦州、玉林等 2 个市 2 个县(区)的 2 个乡镇(浦北县石埇镇 435.5 毫米、北流市沙垌镇 413.2 毫米)，250～400 毫米有 8 个市 17 个县(区)的 41 个乡镇(占比 3.3%)，100～250 毫米有 11 个市 59 个县(区)的 349 个乡镇(占比 28.2%)，50～100 毫米有 14 个市 76 个县(区)的 269 个乡镇(占比 21.7%)；全区 1 小时降雨量超过 50 毫米的有 5 个市 7 个县(区)10 个乡镇。钦州市钦南区犀牛脚镇平山站 1 小时降雨量 137.6 毫米(4 日 02—03 时)，3 小时降雨量 311.7 毫米(4 日 00—03 时)，6 小时降雨量 368.7 毫米，均刷新钦州市气象观测历史纪录；全区大部出现 8～10 级大风，除贺州外 13 个市 46 个县(区)85 个乡镇出现 8 级以上大风，北流、岑溪、桂平市有 11 级以上大风，最大为北流民乐大容山山顶 33.8 米/秒(12 级)。

据统计，共造成广西 80.23 万人受灾，2.6 万人紧急转移安置；房屋倒塌 500 间；农作物受灾面积 3 万公顷；直接经济损失 8.87 亿元。

海南　7 月 1 日 08 时至 3 日 06 时，受台风“暹芭”影响，昌江、三亚、乐东、东方、白沙、儋州和琼中 7 个市县共 24 个乡镇(区)雨量超过 300 毫米，昌江、三亚、乐东和东方 4 个市县共 12 个乡镇(区)雨量超过 400 毫米，最大为昌江县王下乡(581.4 毫米)。此外，三亚日雨量突破当地有记录以来历史极值，儋州和乐东分别为当地 7 月日降水量第二大值和第三大值。本岛四周沿海陆地及近海普遍出现 8～10 级大风，最大阵风出现在文昌七洲列岛为 13 级(40.9 米/秒)。

据统计，共造成海南 3.55 万人受灾，2 人死亡，7700 人紧急转移安置；农作物受灾面积 1380 公顷；直接经济损失 1.83 亿元。

江西　7 月 4—6 日受台风“暹芭”外围云系影响，江西西部和南部部分地区出现了分散性暴雨到大暴雨和局部短时强降水天气，造成局部早稻田块出现倒伏。

据统计，共造成 3.67 万人受灾，200 人紧急转移安置；农作物受灾面积 3620 公顷；直接经济损失 1.73 亿元。

2. 2207“木兰”(Mulan)

2022 年，台风“木兰”于 8 月 9 日 10 时在南海生成，10 日 10 时 50 分前后在广东徐闻沿海登陆，登陆时中心附近最大风力 8 级(20 米/秒)，中心最低气压为 995 百帕，11 日 04 时 30 分前后，“木兰”登陆越南东北部沿海，登陆时最大风力有 8 级(18 米/秒)，登陆后继续减弱西行并于 11 日 08 时停编。

台风“木兰”作为典型南海“空心”台风，具有生命周期短、影响范围广、外围风雨大、局地雨强强等特点。据统计，共造成广东、广西、海南等地 12.65 万人受灾，1200 余人紧急转安置；房屋倒塌 100 间；农作物受灾面积 6800 公顷；直接经济损失 3600 万元。

广东　受台风“木兰”影响，8 月 8—11 日，粤西、珠三角南部和粤东市县出现了暴雨到大暴雨，其中，阳江的阳春和阳西、茂名的电白和高州出现了特大暴雨。8 日 20 时至 11 日 16 时，全省平均雨量 74.9 毫米，阳江阳西县新圩镇录得全省最大过程累计雨量 424.3 毫米，阳江阳西县程村镇 10 日 15 时录得最大小时雨量 71.7 毫米，该站也录得超过 400 毫米累计雨量(406.2 毫米)。此外，全省海面和沿海市县出现了平均 7～9 级、阵风 10～11 级的大风，江门台山市川岛镇录得最大阵风 34.8 米/秒(12 级)。

据统计，台风“木兰”导致广东韶关、珠海、湛江、茂名、梅州、汕尾、阳江、云浮等8市33县250乡镇近7.97万人受灾，紧急转移安置700人；农作物受灾面积100公顷；直接经济损失2600万元。

广西 受台风“木兰”影响，桂南部分地区出现大到暴雨、局地大暴雨。据广西气象站雨量资料统计，8月9日20时至12日08时，累计雨量超过250毫米为玉林市博白县宁潭镇(270毫米)，100～250毫米有8个市19个县(区)110个乡镇，50～100毫米有11个市49个县(区)175个乡镇，最大1小时雨量出现在梧州市蒙山县夏宜乡(62.1毫米)；北海、钦州、防城港、玉林、南宁、来宾、柳州、桂林、梧州、百色、贵港11个市出现8级以上的大风，最大为防城港三牙航道气象观测站(30.1米/秒，11级)。8月9日20时至12日20时，全区共出现暴雨10站日，大暴雨2站日，大风4站日。

据统计，北海、防城港、钦州、玉林4市10县(市、区)因台风灾害有4.55万人受灾；农作物受灾面积590公顷；倒塌房屋100间；直接经济损失1000万元。

海南 受台风“木兰”影响，8月8日08时至11日08时，全岛17个市县共113个乡镇(区)雨量超过50毫米，其中，儋州、昌江、东方、白沙、澄迈、临高、海口、三亚和万宁9个市县共42个乡镇(区)雨量超过100毫米，儋州和昌江两个市县共8个乡镇雨量超过200毫米，最大为儋州市木棠镇(269.6毫米)。海南四周沿海陆地及近海普遍出现7～9级大风，最大阵风出现在文昌七洲列岛10级(27.9米/秒)。此外，三沙市部分岛礁出现大到暴雨，最大雨量出现在三沙市永暑礁(72.5毫米)；岛礁最大阵风出现在东门礁(25.2米/秒，10级)。

受台风“木兰”影响，琼州海峡于8月9日14时起全线停航，8月10日23时起海口三港恢复作业。据统计，共造成1300人受灾，紧急转移安置500人。

3. 2209“马鞍”(Ma-On)

2022年，台风“马鞍”于8月22日11时在菲律宾吕宋岛以东洋面生成，23日上午加强为强热带风暴级，24日加强为台风级，25日上午10时30分前后在我国广东电白沿海登陆，登陆时中心附近最大风力11级(30米/秒)，中心最低气压为982百帕。25日傍晚移入北部湾北部海面，以后继续西行，21点前后再次在越南广宁省沿海登陆，登陆时最大风力有8级(20米/秒，热带风暴级)，中心最低气压992百帕。登陆越南后，强度进一步减弱，中央气象台于26日08时对其停止编号。

受台风“马鞍”影响，广东沿海、广西南部、海南岛等地出现大到暴雨；广东湛江、广西防城港及海南岛北部和西部等地部分地区大暴雨，广西防城港、海南乐东局地特大暴雨。强风暴雨致广东、海南等地遭受一定损失，但丰沛的降水对增加水库蓄水、缓解部分地区高温干旱有利。据统计，台风“马鞍”共造广东、广西、海南等地53.65万人受灾，紧急转移安置8700人；农作物受灾面积5040公顷；房屋倒塌100间；直接经济损失1.48亿元。

广东 台风“马鞍”是2022年第一个登陆广东的西太平洋台风，也是2022年第四个(含一个未编号的热带低压)登陆广东的热带气旋，具有移动速度快、结构不对称、风雨不均匀的特点。受其影响，8月24日至26日早晨，粤西市县和江门出现了暴雨到大暴雨局部特大暴雨，其中，特大暴雨集中在湛江徐闻，珠江三角洲南部和粤东市县出现了大雨到暴雨局部大暴雨，其余市县出现了阵雨局部大雨。24日08时至26日08时，全省平均雨量31.3毫米，湛江徐闻县角尾乡录得全省最大过程累计雨量275.7毫米，同时于25日11时录得最大小时雨量85.1毫米。另外，24日夜间至26日早晨，广东中西部沿海市县和海面、南海北部海面出现了平均风9～12级、阵风13～14级的大风，江门台山市川岛镇录得海岛最大阵风48.9米/秒(15级)，阳江阳东区东平镇录得陆地最大阵风45.8米/秒(14级)。

受台风“马鞍”影响，8月24日08时至25日14时，广东沿海出现了10～152厘米的风暴增水，累计有17个潮位站水位超警戒，部分站点出现10～30年一遇高潮位，其中，黄金站、三江口站出现30年一遇的最高潮位，北津港站出现2.45米的最高潮位(10年一遇)，过程最大增水150厘米。

据统计，台风“马鞍”造成广东 50.72 万人受灾，紧急转移安置 7400 人；房屋倒塌 100 间；农作物受灾面积 1100 公顷；直接经济损失 8500 万元。

广西 台风“马鞍”具有移动速度快、大风范围广、局地降雨强的特点，对桂南及北部湾海面影响较大。据广西气象观测站资料统计，8 月 24 日 20 时至 26 日 20 时，13 个市 58 个县(区)的 150 个乡镇出现 8 级以上大风，最大为防城区那梭镇 38.5 米/秒(13 级)；累计雨量超过 250 毫米的有防城港、钦州 2 个市 3 个县(区)的 9 个乡镇，最大为防城区那梭镇(341.9 毫米)，100～250 毫米有 6 个市 13 个县(区)的 31 个乡镇，50～100 毫米有 10 个市 44 个县(区)的 184 个乡镇，25～50 毫米有 13 个市 78 个县(区)的 384 个乡镇，1 小时降雨量大于 50 毫米有 3 个市 7 个县(区)的 16 个乡镇，最大为防城区那梭镇(82.4 毫米)。另外，据广西国家级地面气象观测站雨量资料统计，8 月 24 日 20 时至 26 日 20 时，广西共出现暴雨 11 站日，大暴雨 2 站日，大风 38 站日。

据统计，受台风“马鞍”影响，南宁、北海、防城港、玉林、崇左 5 市 17 县(市、区)，有 2.87 万人受灾，紧急转移安置 1100 人；农作物受灾面积约 3910 公顷；直接经济损失 6300 万元。

海南 受台风“马鞍”影响，8 月 24 日 20 时至 26 日 08 时，海南岛北部、西部和南部地区普降暴雨到大暴雨，东部和中部地区出现大到暴雨。海口、澄迈、定安、儋州、临高、乐东、东方、三亚、昌江、琼海、保亭和陵水 12 个市县共 78 个乡镇(区)雨量超过 100 毫米，海口、澄迈、东方和乐东 4 个市县共 8 个乡镇(区)雨量超过 200 毫米，最大为乐东县莺歌海镇(259.7 毫米)，其中，25 日 12 时东方市八所镇最大小时雨强为 103.8 毫米。本岛四周沿海陆地及近海普遍出现 7～9 级大风，最大阵风出现在琼海潭门镇近海浮标站 10 级(27.3 米/秒)。

受台风“马鞍”影响，琼州海峡于 8 月 24 日 20 时起全线停航，8 月 26 日 00 时起海口新海港、秀英港、铁路南港恢复作业；海口多个路段出现严重积水。据统计，共造成海南 600 人受灾，紧急转移安置 200 人。

4. 2212“梅花”(Muifa)

2022 年，台风“梅花”于 9 月 8 日 08 时在西北太平洋洋面生成，进入东海海域后长时间维持强台风强度，于 11 日达到最强(强台风级，50 米/秒)，14 日 20 时 30 分前后在浙江舟山普陀沿海登陆，登陆时中心附近最大风力 13 级(40 米/秒，强台风级)，中心最低气压 965 百帕；15 日 00 时 30 分前后在上海奉贤沿海再次登陆，登陆时中心附近最大风力 12 级(35 米/秒，台风级)，中心最低气压 975 百帕；16 日 00 时前后在山东青岛崂山区沿海第三次登陆，登陆时中心附近最大风力 9 级(23 米/秒)，最低气压 990 百帕；16 日 12 时 40 分前后在辽宁大连金普新区沿海第四次登陆，登陆时强度与第三次持平。之后逐渐减弱变性为温带气旋，中央气象台 16 日 20 时对其停止编号。

台风“梅花”为 1949 年有气象记录以来首个四次登陆不同省(市)的台风，也是 1949 年以来最晚登陆山东、辽宁的台风。

受台风“梅花”影响，浙江绍兴、宁波、舟山及山东青岛、烟台等地部分地区累计降水量达 250～500 毫米，绍兴上虞和嵊州、宁波余姚局地达 600～707 毫米，浙江(2 个)、山东(8 个)、辽宁(11 个)、吉林(2 个)共 23 个国家级气象观测站日降水量突破 9 月极值，山东福山日降水量(183.5 毫米)突破建站以来历史极值。上海沿海、浙江沿海及部分岛礁阵风有 12～15 级，最大阵风出现在浙江舟山徐公岛(16 级，53.6 米/秒)，浙江东北部沿海海面 12 级以上大风累计时长达 12 个小时。一方面，台风“梅花”造成浙江、上海、江苏、山东等地航班大面积取消、部分列车停运、海上航行停航，浙江、江苏等局地农作物受淹倒伏、设施农业受损、树木倒伏、电线杆折断；另一方面，台风“梅花”带来的降雨也缓解了江苏南部、上海、浙江北部、安徽南部等地的干旱。

据统计，台风“梅花”造成浙江、上海、江苏、山东、辽宁等地 177.15 万人受灾，紧急转移安置近 52 万人；农作物受灾面积 4.27 万公顷；直接经济损失 19.68 亿元。

浙江　2212号台风“梅花”生成后其倒槽与冷空气结合，造成外围云系南北横跨上百万米，11日夜里台风“梅花”未进入东海时，浙江省东北部局部就出现暴雨和大风，至15日上午影响结束，影响时间3天有余。台风“梅花”在进入东海前后强度有所减弱，进入东海后，强度再度加强，登陆时强度为1949年以来浙江9月登陆象山港以北最强。在6个登陆舟山台风中，强度最强，次强为2021年7月25日登陆舟山的台风“烟花”(38米/秒，965百帕)。

14日傍晚到上半夜即台风“梅花”登陆前后，浙中北沿海海面出现12～14级局部15～16级大风，浙中北沿海地区10～12级，最大为嵊泗徐公岛53.6米/秒(16级)、嵊泗白节51.8米/秒(16级)。

受台风“梅花”影响，11日20时至15日08时，全省面雨量66毫米，其中，宁波市283毫米、舟山市191毫米、绍兴市146毫米，有110个乡镇(街道)累计雨量超过300毫米，其中，13个超过500毫米，单站最大为余姚市大岚镇夏家岭(707毫米)。台风“梅花”强降雨主要集中在宁波、舟山和绍兴东部等地，最强降雨时段是14日白天到上半夜，单日雨量有21个乡镇(街道)超过300毫米，最大为余姚市鹿亭乡日雨量达439毫米。台风带来的大暴雨及局部特大暴雨，一方面，影响居民出行与生活，给农业更是带来不小影响：沿海部分农业设施被摧毁，草莓、柑橘等作物受损，水产养殖受到较大损失；但另一方面，台风带来的降水也缓解了部分地区前期干旱对农业的不利影响。据统计，共造成浙江109.87万人受灾，紧急转移安置35.4万人；农作物受灾面积2.83万公顷；直接经济损失18.14亿元。

上海　2022年，台风“梅花”先后在浙江省舟山市普陀沿海、上海奉贤沿海 、山东省青岛市沿海和辽宁省大连市沿海登陆，其中，15日00时30分前后在上海市奉贤沿海登陆，登陆时中心附近最大风力12级(35米/秒，台风级)，中心最低气压为975百帕。9月12—15日各站累计雨量在115.8(宝山)～172.3(崇明)毫米，最大小时雨量81.6毫米(12日15时12分至16时12分)出现在浦东祝桥镇；市区最大阵风10级、沿江沿海地区和洋山港区14～15级。

台风“梅花”对上海各行各业影响较大。暴雨导致多处房屋进水、小区和道路积水、车辆抛锚进水，大风致使几百颗树木倒伏及吹倒吹掉各种杂物，砸坏车辆，影响人们交通出行，造成居民生活基础设施受损，停电停水等。据统计，共造成42.44万余人受灾，紧急转移安置人15万人；农作物受灾面积约4200公顷；直接经济损失7000万元。

江苏　2022年，台风“梅花”9月8日08时于西北太平洋洋面上生成(热带风暴级)，14日20时30分前后在浙江省舟山普陀沿海登陆(强台风级)，15日00时30分前后在上海奉贤沿海再次登陆(台风级)，03时10分前后进入太仓境内(台风级)，经崇明岛，05时前进入海门(强热带风暴级)，经通州、如东、东台、大丰、盐城市区，13时前后由射阳县入海(热带风暴级)。台风“梅花”以“台风-强热带风暴-热带风暴”强度在江苏省境内停留约9个小时，台风“梅花”入海后继续北上，15日21时前后对江苏省的影响基本结束，影响长达80小时。

台风“梅花”影响期间，共出现30个暴雨站日，1个大暴雨站日。全省平均雨量58.5毫米，其中江淮之间75.2毫米，苏南地区71.9毫米，有效缓解了前期旱情。从暴雨站日来看，近10年(2012—2021年)秋季台风中仅次于2016年台风“莫兰蒂”、台风“海马”和2013年台风“菲特”。

经统计，12日12时至15日21时全省常规站中共有30站出现暴雨，有15站过程累计降水量在100～150毫米，极端最大日降水量出现在盐城为113.1毫米，最大降水过程出现在东山为146毫米。从加密站累计降水过程来看，中东部大部分地区超过50毫米，其中，连云港、盐城、南通、常州、无锡和苏州等市有305个乡镇(街道)超过100毫米(占全省18.6%)，南通和无锡有4个乡镇(街道)超过200毫米，最大为275.0毫米(南通启东寅阳镇圆陀角)。台风“梅花”影响期间，中东部内陆地区最大风力普遍达7～9级，太湖及沿海海面10～12级，最大风速34.8米/秒(12级，南通如东阳光岛)。

台风“梅花”影响期间，有效缓解了前期旱情，但也给居民生产生活带来不小影响，农业设施受损、树木及作物倒伏、停工停学等。据统计，共造成江苏18.1万人受灾、紧急转移安置近1.6万人；农作物受灾面积3140公顷；直接经济损失3200万元。

山东 9月14日02时台风“梅花”开始影响山东，16日00时前后从青岛崂山进入山东境内，穿过半岛地区后于16日08时前后从烟台移入渤海海峡，该台风为有记录以来9月登陆和影响山东最强的台风。受其影响，山东大部地区出现降水，中东部及沿海地区出现强降水和强风天气，降水持续时间53小时，海上8级以上大风持续时间达62小时。全省累计暴雨40站次，大暴雨19站次，半岛地区有10站连日出现暴雨，其中，栖霞、蓬莱、长岛、莱西15—16日连日出现大暴雨。全省平均降水量43.1毫米，烟台、青岛和威海等3市平均达100毫米以上。渤海、渤海海峡、黄海北部和中部阵风达9～12级，沿海地区风力8～9级，其他内陆地区7～8级，阵风9～10级的偏北大风。

14—16日，受台风“梅花”影响，半岛大部、鲁中和鲁东南的部分地区出现强降水和大风天气，造成水库开闸泄洪、多处景区关停，渔船、游客船进港避风，部分农田积水、作物倒伏，日照、烟台、青岛等地城市街道严重积水，部分地区出现山体滑坡，交通运输严重受阻，学校停课、工厂停工。据统计，共造成5.12万人受灾；农作物受灾面积5900公顷；直接经济损失1600万元。

辽宁 2022年，台风“梅花”于9月16日12时40分前后在大连市金普新区登陆，为1949年以来登陆辽宁最晚的台风、1995年以来首个以热带风暴级登陆辽宁的台风。受其影响，9月14日午后至16日夜间，全省出现强风雨天气，中东部和南部地区出现暴雨到大暴雨，全省平均降雨量达71.8毫米，为常年9月总降雨量(52.0毫米)的1.4倍；大连金普新区大李家街道正明寺村出现过程最大降雨量(307.6毫米)，9个国家级气象观测站日降雨量突破9月历史极值。最大瞬时风力达11级(31.1米/秒)，出现在大连长兴岛区长兴岛港。

14—16日的大范围强降水增加作物水分，不利于后期的脱粒和晾晒，部分地块出现农田积水和大风倒伏，不利于机械进地作业，秋收受阻。据统计，共造成1.62万人受灾、紧急转移安置600人；农作物受灾面积1200公顷；直接经济损失3600万元。

2.4 冰雹和龙卷

2.4.1 基本概况

据不完全统计，2022年全国共有26个省(区、市)593个县(市、区)次出现冰雹，20个县(市、区)次出现龙卷。受冰雹、龙卷等强对流天气影响，全国累计930.6万人次受灾，88人死亡失踪；700余间房屋倒塌，9.7万间房屋不同程度损坏；农作物受灾面积152.8万公顷，绝收面积17.5万公顷；直接经济损失166.7亿元。与2007—2021年平均值相比，2022年全国因强对流天气造成的受灾人口、受灾面积和经济损失均偏少，倒塌、损坏房屋数明显偏少。其中，云南、内蒙古、江苏、青海等省(区)灾情较为突出。

2.4.2 冰雹

1. 主要特点

(1)降雹次数偏少

2022年，全国26个省(区、市)遭受冰雹袭击。据统计，共有593县(市、区)次出现冰雹。

(2)初雹时间偏早，终雹时间偏晚

2022年，全国最早一次冰雹天气出现在1月4日(贵州省黔南州龙里县、安顺市平坝区)，初雹时间较常年(平均出现在2月上旬)偏早；最晚一次冰雹天气出现在12月29日(云南省普洱市江城县)，终雹时间较常年(平均出现在 11 月中旬)偏晚。

(3)降雹主要集中在春季和夏季

从 2022 年冰雹发生的地区分布来看，发生降雹超过 50 县次的为云南、内蒙古、贵州，分别占全国降雹县次的 13.5%、12.3%、9.6%；湖北、新疆、四川、河南、广西、福建、湖南降雹超过 20 县次，分别占全国降雹县次的 6.9%、6.4%、6.0%、5.4%、5.2%、4.1%、3.9%；山东、辽宁、陕西、吉林、青海、宁夏、浙江降雹超过 10 县次，共占全国降雹县次的 17.9%；其余各省降雹县次不足 10 县次。

2. 部分风雹灾害事例

(1)1 月 4—5 日，贵州省安顺、黔南、贵阳、毕节 4 市(自治州)5 个县(市、区)遭受风雹灾害，贵安新区(花溪区)在雷雨中夹降冰雹，黔南布依族苗族自治州龙里县冰雹最大直径 10 毫米。全省共计 1.8 万人受灾；农作物受灾面积 3100 公顷；直接经济损失 1100 余万元。

(2)1 月 19—21 日，云南省普洱、玉溪、红河、保山、西双版纳等市(自治州)遭遇大风、冰雹、局部暴雨等强对流天气。其中，玉溪市峨山彝族自治县冰雹最大直径约 15 毫米，累计降雹时间约 1 小时。全省共计 4.8 万人受灾；200 余间房屋不同程度损坏；农作物受灾面积 4600 公顷；直接经济损失 3300 余万元。

(3)2 月 5—6 日，云南省临沧、保山、普洱、玉溪、红河、德宏等市(自治州)遭遇短时强降水、冰雹、大风、雷暴等强对流天气。其中，最大降水为德宏州芒市双坡(31.3 毫米)，临沧市临翔区冰雹直径 5～10 毫米，玉溪市红塔区极大风速为 16.6 米/秒。全省共计 6.2 万人受灾；农作物受灾面积 4100 公顷；直接经济损失 5000 余万元。

(4)2 月 19—28 日，云南省临沧市云县境内栗树乡、后箐乡、晓街乡遭遇雷暴、大风、冰雹等强对流天气，此次天气造成栗树乡、后箐乡、晓街乡多个村委会部分房屋和农作物受灾。直接经济损失 32.1 万元。

(5)3 月 14 日，安徽省黄山市歙县出现冰雹灾害天气，森村乡出现直径 25 毫米的冰雹；长陔乡瞬时风速 14.1 米/秒。此次冰雹灾害天气过程造成 1.2 万余人受灾；直接经济损失约 363 万元。

(6)3 月 14 日，四川省乐山、绵阳、眉山、宜宾、凉山 5 市(自治州)7 个县(市、区)遭受大风、冰雹等强对流灾害，冰雹最大直径超过 12 毫米，乐山市夹江县国家级气象观测站出现极大风速 17.1 米/秒，最大降水量为 55.7 毫米。共造成 6400 余人受灾；1300 余间房屋不同程度损坏；农作物受灾面积 200 余公顷；直接经济损失 400 余万元。

(7)3 月 14 日，重庆市石柱、丰都、南川区等县(市、区)遭受大风、冰雹等强对流灾害，最大降水量为 52.8 毫米，冰雹最大直径约 10 毫米。共造成 5400 余人受灾；100 余间房屋不同程度损坏；农作物受灾面积近 400 公顷；直接经济损失 900 余万元。

(8)3 月 14—16 日，云南省昭通、红河、文山 3 市(自治州)5 个县(市、区)遭遇冰雹、大风等强对流天气，红河州绿春县冰雹最大直径 20 毫米。此次过程造成 4200 余人受灾；农作物受灾面积近 200 公顷；直接经济损失 600 余万元。

(9)3 月 16 日，湖南省湘西土家族苗族自治州龙山县出现一次较强降水过程，并伴有短时强降水、雷雨大风、冰雹等强对流天气。据统计，全县共出现受灾点 40 处；直接经济损失约 45.3 万元。

(10)3 月 16—17 日，湖北省恩施、孝感、武汉、鄂州、黄冈等 10 市(自治州)26 县(市、区)出现区域性暴雨过程及大风、冰雹、雷电等强对流天气。全省国家级气象站共 98 站次出现≥12 米/秒大风，29 站次≥17 米/秒，浠水极大风速 31.9 米/秒，武汉、鄂州、黄冈、襄阳等地局部出现冰雹，最大直径达 30～50 毫米。此次过程共造成 17.6 万人受灾；农作物受灾面积 9650 公顷；倒塌房屋 45 间，不同程度损坏 2885 间；直接经济损失 1.5 亿元。

(11)3 月 16—17 日，贵州省毕节、安顺、遵义、贵阳、黔南等市(自治州)遭遇暴雨、大风、冰雹等

分地区发生大风灾害，导致部分民房损坏，部分农作物、经济作物不同程度受灾，共造成全县直接经济损失 82.3 万元；西双版纳景洪市勐龙镇、勐旺、橄榄坝农场、东风农场等乡镇出现大雨并伴有大风、冰雹天气，直接经济损失共计 28.8 万元；普洱市墨江县那哈、文武等乡镇因出现雷雨、大风、冰雹等强对流天气导致房屋、农作物受损，直接经济损失 38.4 万元。

(37)4 月 17 日，受冷空气和西南气流影响，云南省红河自治州绿春县境内出现强降雨和冰雹灾害天气，冰雹最大直径约 10 毫米。全县直接经济损失 22.7 万元。

(38)4 月 17—19 日，因受短时强降雨、大风、冰雹等强对流天气影响，云南省临沧市永德县崇岗乡、勐板乡、勐底农场遭受风雹灾害，导致玉米、豆角、橡胶树、芒果、烤烟不同程度受灾，造成 2161 人受灾；农作物受灾面积 548 公顷；直接经济损失 1350.8 万元。

(39)4 月 18 日，受强对流天气影响，云南省西双版纳勐腊县关累镇、易武镇、勐仑镇、勐醒农场出现雷电、大风、冰雹、短时强降水天气，农作物不同程度受灾，农房不同程度受损，直接经济损失 152.6 万元。

(40)4 月 19 日，受局地强对流云团影响，云南省保山市腾冲市部分乡镇出现了雷雨、大风、冰雹等强对流天气，造成芒棒镇、北海乡、曲石镇、猴桥镇 4 个乡镇部分作物不同程度受灾减产。芒棒镇冰雹直径达 10～15 毫米。此次冰雹灾害共 9343 人受灾；农作物受灾面积 475 公顷；直接经济损失 692.7 万元；德宏州芒市出现强对流天气过程，勐戛镇、风平镇局部出现了强度不同的冰雹天气，4076 人受灾，农作物受灾面积 444 公顷，直接经济损失 540.8 万元；德宏州梁河县河西乡、芒东镇出现雷暴、大风、冰雹等强对流天气，芒东镇、河西乡、九保乡、曩宋乡、遮岛镇等不同程度受灾，共造成 1584 人受灾，农作物受灾面积 231 公顷，直接经济损失 1044.6 万元

(41)4 月 19 日，甘肃省陇南、天水 2 市 6 个县(市、区)遭受大风、冰雹等强对流天气灾害。陇南市大部乡镇出现雷阵雨天气过程，康县部分地区出现阵性大风、冰雹灾害天气，部分冰雹直径达到 10 毫米，造成碾坝镇、平洛镇、城关镇、寺台镇、周家坝镇、太石乡 6 个乡镇 3980 人受灾；农作物受灾面积 257 公顷；直接经济损失 653.1 万元；天水市甘谷县金山镇王家山村出现雷电、大风、冰雹等强对流天气，冰雹最大直径约 15 毫米，灾害共造成直接经济损失 138.8 万元。

(42)4 月 20 日，重庆市巫山县出现一次大风、冰雹强对流天气，双龙、金坪出现了≥17 米/秒的大风，冰雹最大直径约 10 毫米。共造成 9256 人受灾；农作物受灾面积 1799 公顷；直接经济损失 446.9 万元。

(43)4 月 20—22 日，湖南省常德市临澧县、鼎城区、澧县、石门县、津市遭受冰雹灾害。4.3 万人受灾；农作物受灾面积 1.3 万公顷；直接经济损失 5200 余万元。

(44)4 月 21 日，云南省曲靖市麒麟区潇湘街道沙坝村委会上松过河、下松过河、尖山 3 个村民小组，受到冰雹袭击，造成新栽种的烤烟受灾，直接经济损失 30.4 万元。

(45)4 月 22 日，广西壮族自治区梧州市藤县出现中到大雨，局部暴雨，并伴有短时雷雨大风、冰雹等强对流天气。太平镇、濛江镇、和平镇出现了冰雹天气，冰雹最大直径 40～50 毫米。藤县塘步气象站极大风速达 28 米/秒。灾害共造成直接经济损失达 400.8 万元。

(46)4 月 22 日，云南省曲靖市宣威市境内出现强对流天气，部分地区出现冰雹，此次冰雹灾害共造成倘塘镇、双河乡、阿都乡、文兴乡、格宜镇、来宾街道、龙场镇、田坝镇 8192 公顷农作物不同程度受灾；民房受损 2688 间；直接经济损失 7691.1 万元，

(47)4 月 22—29 日，福建省出现强对流天气过程，南平、三明、龙岩、泉州、漳州等地共 14 个县(市、区)出现冰雹，最大直径 35 毫米(22 日清流嵩溪镇)；大部地区出现短时强降水(以 29 日安溪 93.3 毫米为最大)和雷雨大风(以 22 日清流嵩溪镇 29.9 米/秒为最大)，此次过程造成三明市多地和龙岩长汀县不同程度受灾，其中，三明地区 1.8 万人受灾；烟叶、果蔬等农作物受灾面积 3515 公

顷;房屋倒塌4间,损坏4991间;直接经济损失达2亿元。

(48)4月23—24日,贵州省六盘水、毕节、遵义3市5县(区)遭受冰雹灾害,毕节市金沙县、织金县出现雷雨、大风、冰雹等强对流天气,冰雹最大直径约7毫米,共造成3.4万人受灾;100余间房屋不同程度损坏;农作物受灾面积3100公顷;直接经济损失8700余万元。

(49)4月24—25日,湖北省遭受强对流天气灾害,鄂东南10市(自治州)26县(市、区)16.9万人受灾;农作物受灾面积1.8万公顷;倒塌房屋73间,损坏房屋920间;直接经济损失2.2亿元。

(50)4月28—29日,新疆巴州、阿克苏地区3县遭受冰雹灾害,造成农作物受灾面积4113公顷;直接经济损失1389.6万元。29日库尔勒市遭受冰雹灾害,造成棉花受灾面积316公顷,香梨受灾面积180公顷;直接经济损失909.6万元。

(51)5月6—7日,贵州省毕节、六盘水、黔西南3市(自治州)10个县(市、区)遭受风雹灾害,晴隆县城区出现102.8毫米的大暴雨,35个观测站出现暴雨,大方、黔西、威宁、纳雍、钟山、盘州、水城、六枝、兴仁、晴隆、贞丰、安龙12县(市、区)出现降雹,冰雹最大直径为晴隆城区(25毫米),29站出现大风,最大风速为普定县鸡场坡(26.7米/秒),共造成4.5万人受灾;农作物受灾面积4400公顷;直接经济损失近1700万元。

(52)5月11—12日,贵州省黔西南布依族苗族自治州兴仁县出现暴雨、雷暴、大风、短时强降水、冰雹等强对流天气过程。冰雹最大直径10毫米,最大小时雨强59.5毫米/时,极大风速14.9米/秒。共造成1496人受灾;农作物受灾面积156公顷;直接经济损失217.2万元。

(53)5月20日,山东省烟台栖霞、海阳、牟平和莱阳等地出现冰雹,栖霞冰雹最大直径10毫米,造成苹果、樱桃、小麦等作物不同程度受灾。全市9946人受灾;作物受灾面积1090公顷;直接经济损失2850.2万元。

(54)5月21—23日,陕西出现一次大范围大风、冰雹等强对流天气。陕北、关中大部、陕南局部出现6级以上大风,志丹、横山、榆林等地出现8级或以上大风,汉中黎坪村阵风达11级(29米/秒)。21日,咸阳市旬邑县和长武县、西安市长安区太乙宫镇翠华山景区出现冰雹,冰雹直径约10毫米;22日,榆林、延安出现冰雹;23日,延安志丹、子长、安塞等地出现冰雹。

(55)5月31日,受强对流天气影响,黑龙江省齐齐哈尔克山县北联镇建设村、复兴村遭受冰雹灾害袭击,最大直径为5毫米,冰雹灾害导致部分玉米秧苗和黄豆被砸伤。农作物受灾面积440公顷;直接经济损失172万元。

(56)6月4日,北京市通州区局地出现雷阵雨天气并伴有冰雹、大风天气,最大阵风风速29.9米/秒(风力11级)和最大小时雨量35.3毫米均出现在101农场,局地出现冰雹直径20~40毫米。此次冰雹突发性强,对西集、潞城、漷县镇部分村的生产生活和基础设施造成不同程度的损失,主要导致果树枝叶和果实掉落,部分园区受损严重。受灾面积1140公顷;直接经济损失1.3亿元。

(57)6月4日,河北省廊坊市三河市燕郊镇遭受风雹灾害,致使西城子、兴都村等2个村232户受灾。瞬间风力达10级,冰雹密度达8000粒/米^2,持续时间约30分钟,导致农作物受灾。

(58)6月5—6日,辽宁省朝阳、铁岭2市3个县(市、区)遭受风雹等强对流天气灾害,朝阳北票市巴图营乡最大风速21.0米/秒(9级);铁岭市有2个观测站出现8级以上雷暴大风,最大风速19.7米/秒(8级),铁岭县平顶堡镇最大降水量74.1毫米。灾害共造成直接经济损失2400余万元。

(59)6月17日,内蒙古自治区赤峰市翁牛特旗出现短时强降雨、风雹强对流天气,导致毛山东乡、广德公镇、解放营子乡、亿合公镇、五分地镇、格日僧苏木6个乡镇16个村受灾。毛山东乡冰雹最大直径约40毫米。此次灾害造成4955人受灾;农作物受灾面积2994公顷;直接经济损失1183.4余万元。

(60)6月22日,黑龙江省绥化市绥棱县遭受强对流天气,降雨持续近2小时,降雨量39.6毫米，瞬时风速达到 21.3 米/秒(风力 9 级)，并伴有冰雹，冰雹直径 15 毫米。农作物受灾面积 945 公顷；直接经济损失 461.9 万元。

(61)6 月 25 日，宁夏回族自治区中卫市中宁县出现降雨天气，徐套乡小湾村出现冰雹，直径约 10 毫米。全县硒砂瓜受灾面积为 133 公顷；直接经济损失 172.8 万元。

(62)7 月 1 日，宁夏回族自治区银川市灵武市受强对流及冰雹天气影响，临河镇、梧桐树乡的部分村枣树和玉米、小麦、水稻被冰雹袭击，小麦、玉米被大风吹倒。2453 人受灾，受灾面积 403 公顷。直接经济损失约 1510 万元。

(63)7 月 10 日，黑龙江省绥化市北林区东富镇、津河镇、东津镇、兴福镇遭受严重风雹灾害，最大风力达到 9 级，冰雹最大直径达 25 毫米。造成 3632 人受灾，农作物受灾面积 1208 公顷，直接经济损失 181.2 万元。

(64)7 月 24 日，宁夏回族自治区中卫市沙坡头区常乐镇、永康镇、迎水桥镇、香山乡局部区域发生冰雹及洪涝灾害，造成 4 个乡镇 2262 人受灾，农作物受灾面积 2476 公顷，直接经济损失 8567.8 万元。

(65)7 月 26 日，青海省海北自治州门源县浩门镇出现降雹天气，冰雹最大直径 9 毫米，降雹过程伴有雷暴大风和降水，共 5.4 万人受灾。青稞、油菜、小麦及其他农作物不同程度受灾，农作物受灾面积共 1.8 万公顷；1159 户农户房屋受损；直接经济损失约 1.4 亿元。

(66)7 月 26 日，陕西省延安市宝塔区枣园、柳林、李渠三个乡镇出现降雹天气，冰雹直径 5～10 毫米。农作物受灾面积 1074 公顷；直接经济损失 2129.1 万元。

(67)8 月 21 日，青海省海东市互助土族自治县北部部分乡镇遭受冰雹天气影响，共造成 6.6 万人受灾；农作物受灾面积 1 万公顷；直接经济损失 1.2 亿元。

(68)9 月 16 日，青海省玉树自治州囊谦县觉拉乡交江尼村、卡永宁村、布卫村、四红村、肖尚村、尕少村出现冰雹天气，冰雹最大直径为 20 毫米，3314 人不同程度受灾；造成部分作物绝收、减产；直接经济损失 273.9 万元。

(69)11 月 29 日，福建省三明市清流、沙县、三元、尤溪 4 个县(区)11 个乡镇(街道)相继出现 10～30 毫米冰雹。清流、明溪、三元、尤溪、大田 5 个县(区)局部乡镇出现 7～10 级雷雨大风，以清流县龙津镇 22.6 米/秒为最大。共造成 2201 人受灾；房屋受损 2142 间；直接经济损失约 1793 万元。

2.4.3 龙卷

1. 主要特点

(1)发生次数明显偏少

2022 年全国有 7 个省(区、市)20 个县(市、区)发生了龙卷(表 2.4.1)，龙卷出现次数较 2001—2020 平均次数(每年 50 个县次)明显偏少，广东省佛山市南海区多次发生龙卷。

(2)龙卷均发生在春、夏季

从 2022 年龙卷的季节分布来看，均发生在春、夏两季，春季出现龙卷 3 县次，占全年总数的 15%；夏季出现 17 县次，占全年的 85%；秋、冬季未出现龙卷。从月份布来看，7 月龙卷最多，发生 12 县次，占全年的 60%；5 月发生 3 县次，占全年的 15%；6 月发生 4 县次，占全年的 20%；8 月发生 1 县次，占全年的 5%；其他月份未发生龙卷。

(3)广东、江苏发生龙卷次数最多

从 2022 年龙卷发生的地区分布来看，广东、江苏最多，共发生 12 县次，占全国龙卷总数的 60%；内蒙古、海南、河南次之，均发生 2 县次，分别占全国龙卷总数的 10%；黑龙江、上海各发生 1 个县次，分别占全国龙卷总数的 5.0%；全国其他地区未发生龙卷。

表 2.4.1　2022 年龙卷简表

Table 2.4.1　List of major tornado events over China in 2022

发生时间	发生地点
5 月 13 日	海南省文昌市锦山镇
5 月 14 日	黑龙江省五常市
5 月 18 日	内蒙古自治区乌兰察布市卓资县
6 月 13 日	河南省濮阳市濮阳县
6 月 17 日	内蒙古自治区乌兰察布市兴和县
6 月 16 日	广东省广州市从化区
6 月 19 日	广东省佛山市南海区
6 月 30 日	广东省佛山市南海区
7 月 2 日	广东省潮州市潮安区
7 月 2 日	广东省汕头市南澳县
7 月 2 日	广东省佛山市南海区
7 月 4 日	广东省广州市黄埔区
7 月 4 日	广东省花都区花山镇
7 月 4 日	广东省佛山市三水区
7 月 20 日	江苏省连云港市淮阴区、海州区和灌云县
7 月 20 日	江苏省宿迁市沭阳县
7 月 20 日	江苏省盐城市响水县
7 月 20 日	海南省儋州市木棠镇
7 月 22 日	河南省商丘市睢阳区
8 月 30 日	上海市浦东区

2. 部分龙卷灾害事例

(1)5 月 13 日 14 时 15 分前后，海南省文昌市锦山镇湖山村村委会湖塘村出现 EF0 级龙卷，其直径约 50 米，自西南向东北方向移动，持续约 15 分钟，移动路径长度约 300 米，造成较大损失。

(2)5 月 14 日，黑龙江省五常市境内出现龙卷，持续约 10 分钟，并伴有小雨，造成个别房屋的整个屋顶被掀去。

(3)5 月 18 日，内蒙古自治区乌兰察布市卓资县突发龙卷，造成什字荞麦皮沟村部分村民受灾。

(4)6 月 17 日，内蒙古自治区乌兰察布市兴和县出现强对流天气，造成富家山村部分房屋受损。

(5)6 月 19 日，广东省佛山市南海区发生龙卷，受灾路径长度约 800 米，影响最大宽度约 240 米。龙卷造成大量铁皮木料掀起、电力设施损坏、仓库顶棚掀翻、树木折断、车辆翻侧、电线冒火花等，龙卷强度等级定级为国标二级(EF1 级)。

(6)6 月 30 日，广东省佛山市南海区狮山镇颜峰社区丹丘村附近有弱龙卷，此次龙卷尺度小、生命史短，刚发展即迅速减弱消散，持续时间十几秒，现场破坏路径约 50 米，宽度约 20 米。

(7)7 月 2 日，广东省潮州市潮安区浮洋镇遭受龙卷袭击，龙卷影响区域涉及陇美、斗文、徐陇、

表 2.5.2 2000—2022 年春季(3—5 月)及各月我国沙尘天气过程统计

Table 2.5.2 Statistics of sand and dust storm events in spring (from March to May) during 2000—2022

时间	3 月	4 月	5 月	总计
2000 年	3	8	5	16
2001 年	7	8	3	18
2002 年	6	6	0	12
2003 年	0	4	3	7
2004 年	7	4	4	15
2005 年	1	5	2	8
2006 年	5	7	5	17
2007 年	4	4	6	14
2008 年	4	1	5	9
2009 年	3	3	1	7
2010 年	8	5	3	16
2011 年	3	4	1	8
2012 年	2	6	2	10
2013 年	3	2	1	6
2014 年	2	3	2	7
2015 年	5	3	4	12
2016 年	3	4	2	9
2017 年	2	2	2	6
2018 年	3	5	2	10
2019 年	1	5	5	11
2020 年	4	1	2	7
2021 年	3	2	4	9
2022 年	2	3	3	8
2000—2021 年总计	78	93	63	234
2000—2021 年平均	3.6	4.2	2.9	10.6

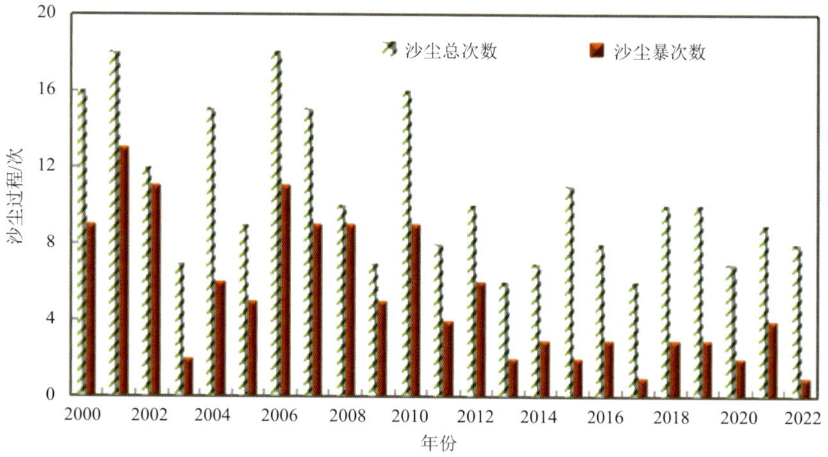

图 2.5.1 2000—2002 年春季中国沙尘天气过程次数及沙尘暴过程次数变化

Fig. 2.5.1 Number of sand and dust storm events over China in spring during 2000—2022

2. 沙尘首发时间较常年偏晚

2022 年我国首次沙尘天气过程发生时间为 3 月 3 日，较 2000—2021 年平均首发时间(2 月 15 日)偏晚 16 天，较 2021 年(1 月 10 日)偏晚 52 天(表 2.5.3)。

表 2.5.3 2000—2022 年历年沙尘天气最早发生时间

Table 2.5.3 The earliest beginning date of sand and dust storms during 2000—2022

年份	最早发生时间	年份	最早发生时间
2000	1 月 1 日	2011	3 月 12 日
2001	1 月 1 日	2012	3 月 20 日
2002	3 月 1 日	2013	2 月 24 日
2003	1 月 20 日	2014	3 月 19 日
2004	2 月 3 日	2015	2 月 21 日
2005	2 月 21 日	2016	2 月 18 日
2006	2 月 20 日	2017	1 月 25 日
2007	1 月 26 日	2018	2 月 8 日
2008	2 月 11 日	2019	3 月 19 日
2009	2 月 19 日	2020	2 月 13 日
2010	3 月 8 日	2021	1 月 10 日
		2022	3 月 3 日

3. 沙尘日数略偏少

2022 年春季，我国北方平均沙尘日数为 3.2 天，较常年(1991—2020 年)同期(3.7 天)偏少 0.5 天，比 2000—2021 年同期(3.5 天)略偏少(图 2.5.2)。平均沙尘暴日数为 0.3 天，分别比常年同期(0.7 天)和比 2000—2021 年同期(0.6)偏少 0.4 天和 0.3 天(图 2.5.3)。

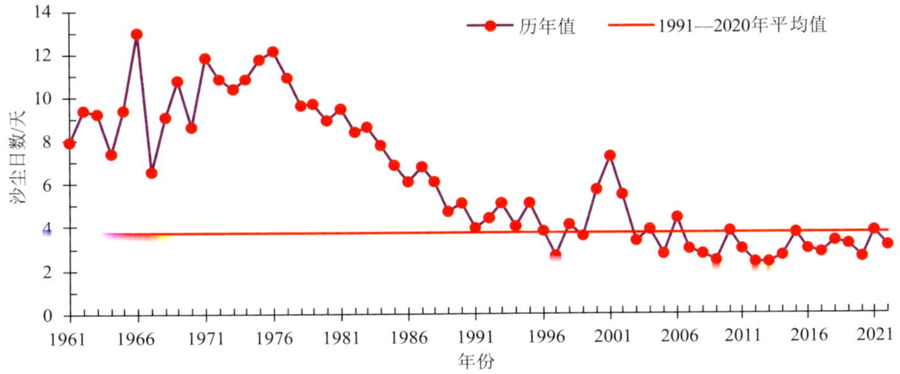

图 2.5.2 1961—2022 年春季(3—5 月)中国北方沙尘(扬沙以上)日数变化

Fig. 2.5.2 Number of sand and dust (sand-blowing, sandstorm, strong sandstorm) days averaged over northern China in spring during 1961—2022

从空间分布上来看，2022 年春季沙尘天气范围主要集中于西北大部、内蒙古大部、华北大部、东北中西部等地，其中，新疆南疆盆地、内蒙古西部沙尘日数超过了 10 天，南疆盆地中部、内蒙古西部的部分地区在 20 天以上，局部超过 30 天；东北西部和中部及内蒙古中部和东部、新疆北部、青海大部、甘肃大部、宁夏、陕西北部、山西大部、河北大部等地沙尘日数为 1～10 天(图 2.5.4)。与常年同

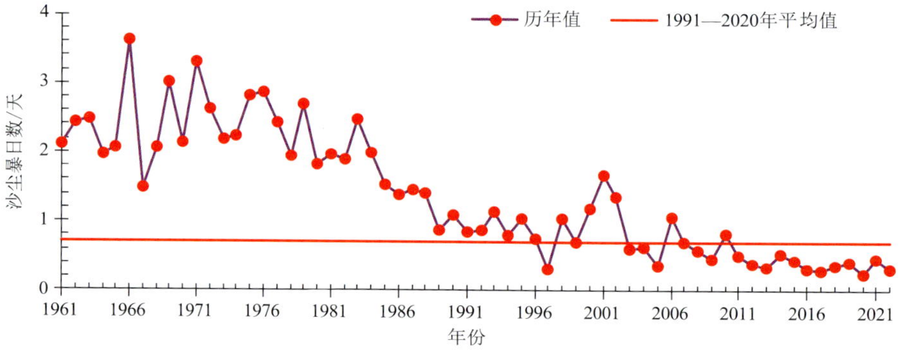

图 2.5.3　1961—2022 年春季(3—5 月)中国北方沙尘暴日数变化

Fig. 2.5.3　Number of sandstorm days averaged over northern China in spring during 1961—2022

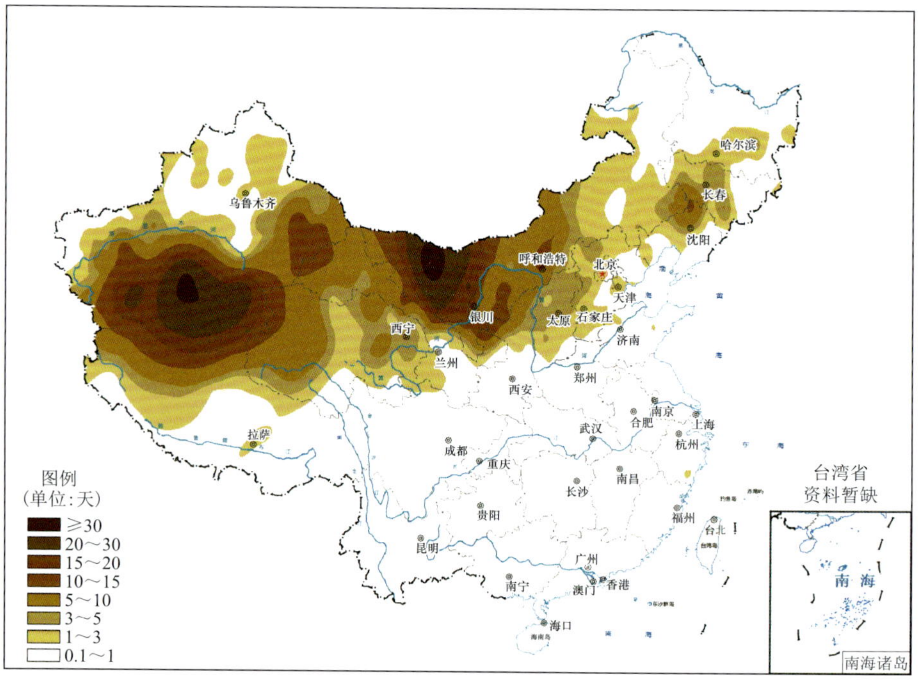

图 2.5.4　2022 年全国春季沙尘日数分布

Fig. 2.5.4　Distributions of the number of sand and dust (sand-blowing, sandstorm, strong sandstorm) days over China in spring in 2022

期相比,新疆东北部和东南部、内蒙古西部的部分地区偏多 5～10 天,局部地区偏多 10 天以上;新疆局部、内蒙古局部等地偏少 5～10 天,局地偏少 10 天以上(图 2.5.5)。

2.5.3　沙尘天气影响

2022 年沙尘天气的影响较轻。3 月 13—16 日的沙尘暴天气过程是当年强度最强的一次过程,其余 7 次均为扬沙天气过程。

受 3 月 13—16 日沙尘暴天气过程影响,内蒙古中西部、甘肃中东部、青海东部、宁夏、陕西大部、山西、天津南部、河北大部、河南、山东中西部、湖北中东部、安徽中北部等地出现扬沙和浮尘天气,内蒙古中部的部分地区出现沙尘暴,过程影响国土面积 81 万平方千米。宁夏全区出现 5 级左右偏

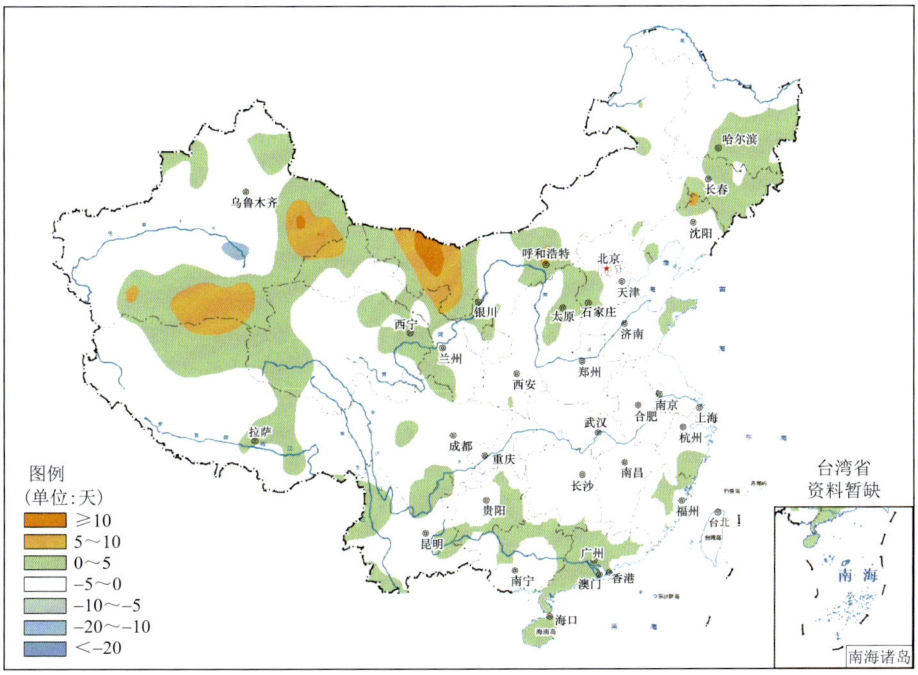

图 2.5.5　2022 年春季全国沙尘日数距平分布

Fig. 2.5.5　Distributions of anomaly of sand and dust (sand-blowing, sandstorm, strong sandstorm) days over China in spring in 2022

北风(5.5～13.8 米/秒),阵风 7～9 级(13.9～24.4 米/秒),贺兰山沿山达 10 级以上,最大阵风风速 36.7 米/秒。内蒙古、甘肃、宁夏、山西、河南、湖北、安徽等地共 88 个城市空气质量先后达到短时严重污染水平,首要污染物均为 PM_{10};大同等 20 个城市 PM_{10} 小时浓度超过 1000 微克/米^3。

2.6　低温冷冻害和雪灾

2.6.1　基本特征

2022 年,我国共发生 35 次冷空气过程,其中,寒潮过程 11 次,总频次较常年偏多。2 月南方地区出现持续低温阴雨雪和寡照天气,对农业、电力、交通造成不利影响;初春,北方暴雪、南方暴雨影响大;秋末冬初,两次寒潮过程降温幅度大、影响范围广,多地出现低温冷冻害和雪灾。2022 年,低温冷冻害和雪灾全国受灾面积 87.1 万公顷,直接经济损失 124.6 亿元,均低于近 10 年平均。

2022 年,全国平均霜冻日数(日最低气温≤2 ℃)112.9 天,较 1991—2020 年平均偏少约 4.9 天(图 2.6.1)。2022 年全国平均降雪日数为 18.6 天,比 1991—2020 年平均偏少 2.9 天(图 2.6.2)。

2022 年全国降雪日数分布图显示,东北大部、青藏高原大部、西北地区北部和东部、西南地区北部和东部部分地区、华中和华东部分地区等地降雪日数在 10～60 天,其中,西藏北部、青海南部、四川西部、新疆西部和北部、内蒙古东北部和黑龙江北部局地降雪日数达 60～80 天,局部 80 天以上。与常年相比,内蒙古东部部分地区降雪日数偏多 10～20 天,局地偏多 30 天以上,全国其余地区降雪日数接近常年或偏少,其中,西藏东部、青海东部和四川西北部、新疆西部和北部、内蒙古东北部等地偏少 10～30 天,西藏东部、青海南部和四川西部部分地区偏少 30 天以上(图 2.6.3)。

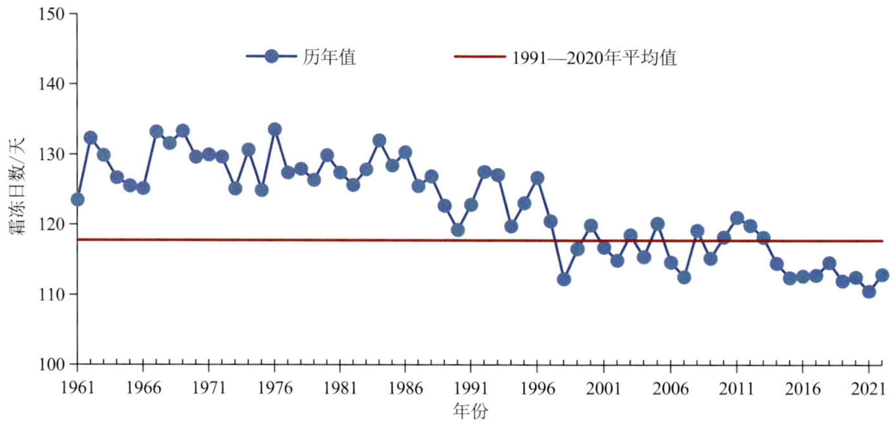

图 2.6.1 1961—2022 年全国平均霜冻日数变化

Fig. 2.6.1 Annual frost days over China during 1961—2022

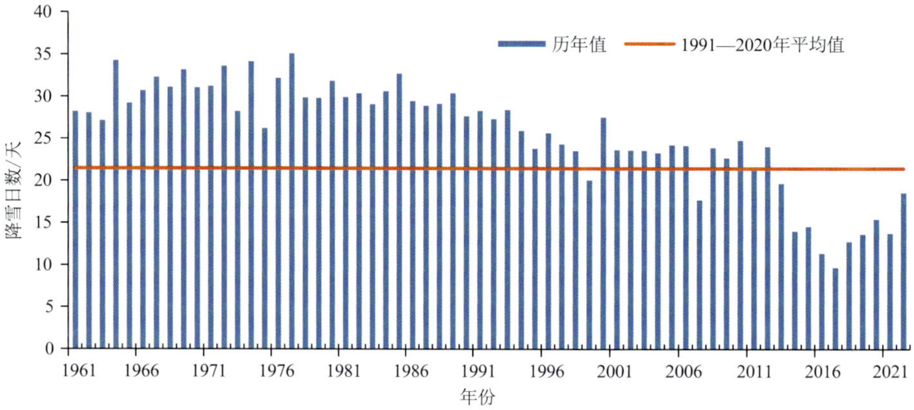

图 2.6.2 1961—2022 年全国平均年降雪日数变化

Fig. 2.6.2 Annual snowfall days over China during 1961—2022

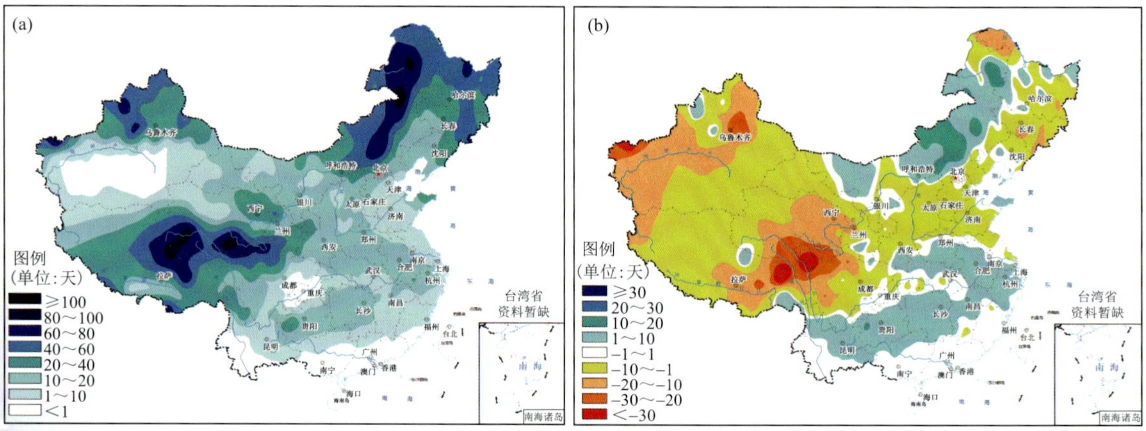

图 2.6.3 2022 年全国降雪日数(a)及距平(b)分布

Fig. 2.6.3 Annual snowfall days and anomalies over China in 2022

2022 年我国主要低温冷冻害和雪灾事件有(表 2.6.1):①2 月,南方地区出现持续低温阴雨雪和寡照天气,对农业、电力、交通造成不利影响;②3 月中下旬,中东大部地区出现明显雨雪降温天气;③秋末冬初,两次寒潮过程降温幅度大、影响范围广,多地出现低温冷冻害和雪灾。

表 2.6.1　2022 年全国主要低温冷冻害和雪灾事件简表

Table 2.6.1　List of major low-temperature, frost and snowstorm events over China in 2022

时间	影响地区	灾情概况
2 月	长江流域及以南地区	南方地区多次出现低温雨雪天气过程,长江以南大部气温较常年同期偏低,降水日数和降水量偏多,日照时数偏少。持续低温阴雨雪和寡照天气对南方地区农业、交通和电力造成不利影响
3 月中下旬	我国中东部大部地区	我国中东部大部地区出现明显雨雪和降温天气,北方以降雪为主,黄淮及其以南为雨夹雪和降水为主。受强雨雪影响,安徽部分地区出现超警戒水位、山洪和山体滑坡,多处农作物、道路被淹。降水过程对早稻播种育秧、油菜开花、茶叶采摘、柑橘现蕾开花等有不利影响;部分低洼农田积水,导致作物湿渍害
11 月 26 日至 12 月 1 日	我国大部地区	两次寒潮过程接连影响我国,其中,11 月 30 日至 12 月 1 日的寒潮过程为 2022 年最强。受其影响,我国大部地区出现剧烈降温并伴有雨雪和大风天气。北方大部、江南大部、华南中部等地出现14 ℃以上降温,局地降温超过 18 ℃。此次寒潮低温灾害对新疆、内蒙古等地的畜牧业以及多地的设施农业造成一定不利影响

2.6.2　主要低温冷冻害和雪灾事件

1. 2 月南方地区出现持续低温阴雨雪和寡照天气

2 月出现 4 次大范围雨雪天气过程,分别为 1 月 31 日至 2 月 3 日、2 月 5—9 日、11—14 日和 17—23 日。除 2 月 11—14 日外,其余 3 次过程主要降雪落区位于长江流域及以南地区。1 月 31 日至 2 月 23 日,南方地区多次出现低温雨雪天气过程,长江以南大部气温较常年同期偏低 2～4 ℃,其中,广东和广西大部、江西南部、湖南南部、贵州东南部等地偏低 4～6 ℃;累计降水量较常年同期偏多 5 成至 2 倍以上;浙江、江西南部、湖南南部、贵州中南部、广东、广西和海南大部降水日数较常年同期偏多 5～10 天,日照时数偏少 4～8 成,局部偏少 8 成以上。2 月 17—23 日,南方大部地区雨雪交加且强度大、持续时间长,浙江大部、安徽南部、福建中部和北部、湖南大部、江西大部、广东东部、广西北部、云南东部、贵州东部等地有 10～25 毫米的降雪,局部 25～50 毫米,湘浙桂闽赣黔滇粤 8 省(区)区域平均过程降水量 60.2 毫米,为 1961 年以来历史同期最多,平均过程降雪量 14.2 毫米,为 1961 年以来历史同期第二多,仅次于 1964 年(20.1 毫米)。湖南中部、贵州西南部、云南东北部等地部分地区最大积雪深度有 5～10 厘米,贵州和湖南局部超过 20 厘米。持续低温阴雨雪和寡照天气对南方地区农作物生长不利,对交通和电力也造成不利影响。

2. 3 月出现 4 次大范围雨雪降温天气过程

3 月中下旬出现 4 次大范围雨雪天气过程,分别为 3 月 17—19 日、21—23 日、25 日和 31 日。其中,3 月 17—19 日,我国中东部大部出现明显雨雪和降温天气,北方以降雪为主,黄淮及其以南为雨夹雪和降水为主。华北、黄淮、江淮、江汉大部地区日平均气温下降 8～12 ℃,最低气温 0 ℃线南压至山西中部、河北南部一带。河北尚义日降温(15.6 ℃)达到历史极端阈值,安徽淮南(12.2 ℃)、河北涿鹿(11.8 ℃)、湖北安陆(11.8 ℃)等 7 个国家级气象站日降温达到或超过极端阈值。17 日,内蒙古、山西、河北、北京共有 19 站达到暴雪及以上级别，其中，河北怀安单日降雪量(20.7 毫米)超过 20 毫米；安徽、河南、湖北、江西、四川共 66 站降水量达暴雨及以上级别，安徽石台日降水量 158.3 毫米，超过当季历史极大值。受强雨雪影响，安徽秋浦河殷家汇站和黄湓河雁塔站出现超警戒水位；安徽石台县多处出现山洪、山体滑坡等现象，多处农作物、道路被淹。同时，北方大部冬小麦处于返青起身期和拔节期，降水利于麦田增墒，对小麦返青起身和拔节生长有利。3 月 21—23 日降雪主要发生在东北地区东部、华北北部以及新疆北部、内蒙古中东部、甘肃大部、青海东部等地区，其中，新疆北部部分地区累计降雪量超过 10 毫米；降水主要发生在江南以及华南中东部地区，其中，湖北大部、安徽中南部、江苏南部、浙江、江西北部、湖南东北部、广西中部、广东大部、福建大部累计降水量有 25～50 毫米，部分地区降水量有 50 毫米以上。此次降水过程对早稻播种育秧、油菜开花、茶叶采摘、柑橘现蕾开花等有不利影响；部分低洼农田积水，导致作物湿渍害。

3. 秋末冬初寒潮过程导致多地剧烈降温

11 月 26—28 日和 11 月 30 日至 12 月 1 日两次寒潮过程接连影响我国，其中，11 月 30 日至 12 月 1 日的寒潮过程为 2022 年最强。受其影响，我国大部地区出现剧烈降温并伴有雨雪和大风天气。北方大部、江南大部、华南中部等地出现 14 ℃以上降温，局地降温超过 18 ℃，新疆小渠子、河北青龙和河北宽城等 15 站降温幅度达到或超过历史极值。新疆塔城、阿勒泰等地出现暴雪天气，新疆北部普遍出现 7 级以上大风，风口风力达 11～15 级，新疆东部和南疆盆地出现沙尘。11 月 29 日至 12 月 1 日，陕西、河南、湖北、安徽、江西、浙江、山东等多省出现小到中雪、雨夹雪或雨转雪，安徽南部等局地有大雪，安徽南部、浙江西北部最大积雪深度 1～4 厘米。湖南南部、江西中南部、浙江南部、福建中北部、广西西南部等地部分地区出现大到暴雨，浙江丽水和温州局地大暴雨；贵州中北部、湖北东南部、湖南中部等局地出现冻雨；福建西部等局地有雷雨大风、冰雹等强对流天气。此次寒潮低温灾害对新疆、内蒙古等地的畜牧业以及多地的设施农业造成一定不利影响。

2.7 雾和霾

2022 年，我国雾主要分布在黄淮中部、江淮中部和东部、江南北部以及内蒙古东北部、黑龙江中北部、吉林东部、福建中部和北部、重庆、四川东部、贵州大部、云南南部、广东西部、广西西北部、北疆等地，霾主要分布在东北中部和北部、黄淮中部和西部、江淮北部以及北京、湖北中部和东部、湖南东北部等地，对交通和人体健康影响大。

2.7.1 基本概况

2022 年，我国的雾主要出现在 100°E 以东地区，中东部地区、西南及新疆北部雾日数一般有 10～30 天，黄淮中部、江淮中部和东部、江南北部以及内蒙古东北部、黑龙江中北部、吉林东部、福建中部和北部、重庆、四川东部、贵州大部、云南南部、广东西部、广西西北部、北疆等地在 30 天以上(图 2.7.1)。

2022 年，我国 100°E 以东地区平均雾日数 22.7 天，较常年同期偏多 1.8 天(图 2.7.2)。2022 年我国雾多发月份在 1 月和 11 月，分别占全年雾日数的 13.8%和 12.7%(图 2.7.3)。

2022 年，我国的霾主要出现在 100°E 以东地区，东北中部和北部、黄淮中部和西部、江淮北部及北京、湖北中部和东部、湖南东北部等地超过 30 天，其中，北京、吉林等地霾日数超过 50 天，局地超过 70 天(图 2.7.4)。

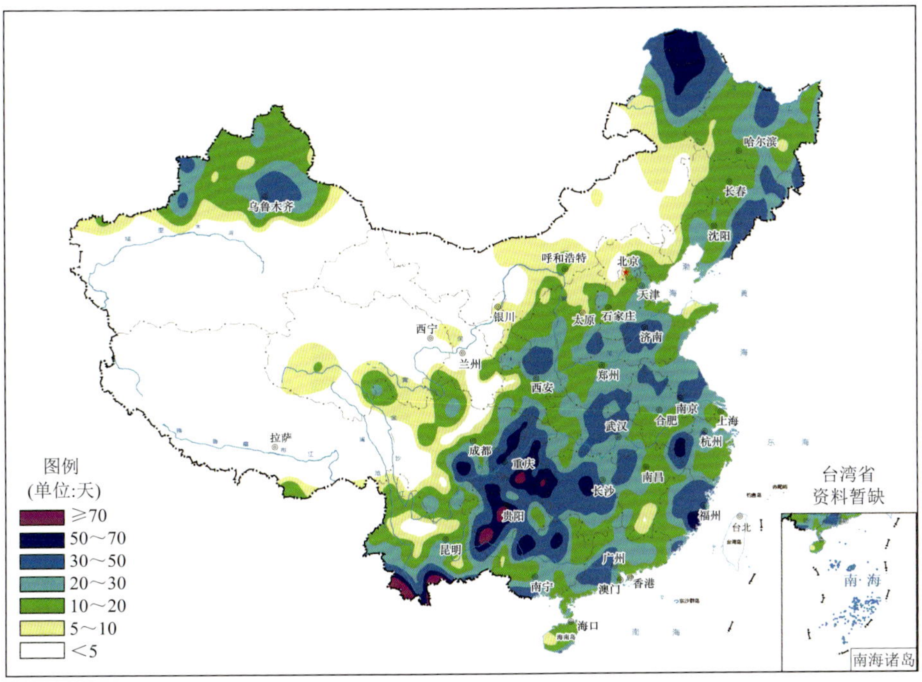

图 2.7.1　2022 年全国雾日数分布

Fig. 2.7.1　Distribution of fog days over China in 2022

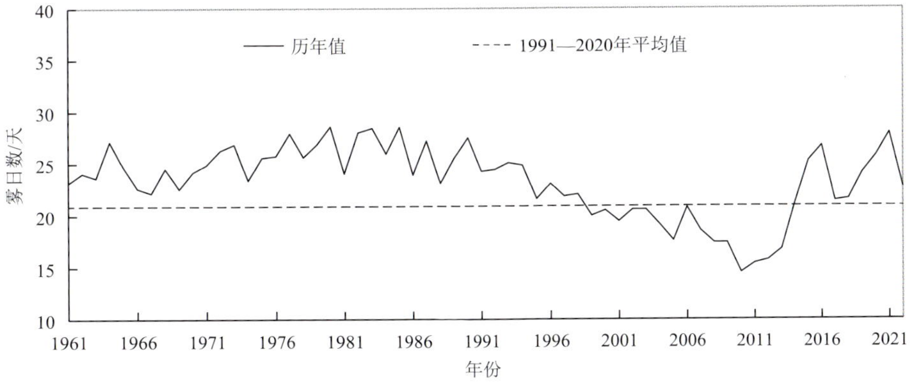

图 2.7.2　1961—2022 年中国 100°E 以东地区年均雾日数变化

Fig. 2.7.2　Annual variations of area averaged fog days in the area east of 100°E of China during 1961—2022

2022 年，我国 100°E 以东地区平均霾日数 11.9 天，较常年同期偏少 3.3 天(图 2.7.5)。2022 年我国霾多发月份在 1 月和 12 月，分别占全年霾日数的 34.4%和 17.8%(图 2.7.6)。

2.7.2　主要灾害事例

1. 1 月，全国多地因雾天气造成道路封闭

1 月 2 日，受大雾影响，湖南长沙、株洲、湘潭、衡阳、邵阳、娄底、岳阳、永州、常德出现起雾，省内 19 条高速公路通行受到影响，124 个收费站采取了车辆临时交通管制措施。

1 月 9 日，受大雾影响，郑州机场能见度最低约 100 米，部分进出港航班受此影响出现延误；京港澳高速、连霍高速、大广高速、沪陕高速等 26 条高速 28 个路段禁止车辆上站；四川省内成都绕城、绵遂、成德南、成灌、成资渝、成彭、天府机场、成自泸、成仁、成渝、成乐等高速全线入口关闭。

2. 11 月，河南、湖北、湖南等地出现雾天气，对交通有影响

11 月 14 日，河南大部分地区出现了大雾天气，省内濮阳、鹤壁、焦作等地能见度小于 200 米，局地能见度小于 50 米，受大雾影响，河南省内多条高速公路实施临时交通管制，禁止车辆上站通行，受管制的路段涉及 24 条高速。

11 月下半月，湖南省内多条高速路段因大雾能见度低，实行交通管制。

11 月 26 日，受大雾天气影响，湖北高速交警启动大雾应急预案，沪渝高速鄂州段、武鄂高速、福银高速黄梅段、大广高速、杭瑞高速黄石、咸宁段的部分高速收费站采取临时交通管制。全省 33 条高速线路部分路段入口关闭，G50 沪渝高速 2 处路段现场行车中断。

3. 12 月，河南、山东等地出现雾天气，对交通有影响

12 月 6—7 日，河南京广线以东和南阳的部分县(市)出现能见度低于 1000 米的雾，其中，濮阳、南阳、周口、商丘、开封等地部分县(市)出现能见度低于 500 米的浓雾，局地能见度低于 200 米，最低能见度南乐 54 米。受大雾天气影响，驻马店、开封、许昌辖区部分高速公路实行临时交通管制。

12 月 9—10 日，受大雾天气影响，山东济南、青岛等 12 市辖区部分高速公路入口临时封闭或管控。

12 月 27—28 日，受大雾天气影响，山东淄博、济南、德州等辖区部分高速公路入口临时封闭。

12 月 30 日，受团雾和路面湿滑影响，S125 道江苏高邮湖特大桥发生车辆追尾事故，造成 10 余辆车不同程度受损，1 人轻伤。

2.8 雷电

2.8.1 基本概况

据不完全统计，2022 年全国共发生雷电灾害 360 起，其中，造成火灾或爆炸 11 起，造成人身事故 36 起，导致 52 人身亡、45 人受伤。雷电灾害在全国造成大量电子设备、电力系统、建筑物受损，雷击造成建筑物损坏事件 38 起，办公和家用电子电器损坏事件 217 起，损坏电子电器设备 1264 件，造成直接经济损失约 959 万元，间接经济损失约 192 万元。2022 年雷电造成的灾害事故主要集中在石化、电力、学校和通信等行业，其中，石化行业雷灾事故 11 起，电力行业 8 起，学校 4 起，通信行业 2 起。

从 2003—2022 年全国雷电灾害对比可以看出(表 2.8.1)，2022 年上报的雷电灾害事故数虽然创下新低，但由雷灾导致的人员伤亡数量却有明显的上升，受伤和死亡人数分别为 2018 年以来的最高值和次高值。

表 2.8.1　2003—2022 年全国雷电灾害

Table 2.8.1　Lightning stroke disasters over China during 2003—2022

年份	雷灾事故数/起	受伤人数/人	死亡人数/人	雷击死亡率/%	直接经济损失/亿元	间接经济损失/亿元
2022	360	45	52	53.6	0.10	0.02
2021	495	7	19	73.1	0.13	0.05
2020	496	40	29	42.0	0.15	0.09
2019	449	36	33	47.8	0.15	0.08
2018	606	39	60	60.6	0.23	0.14

续表

年份	雷灾事故数/起	受伤人数/人	死亡人数/人	雷击死亡率/%	直接经济损失/亿元	间接经济损失/亿元
2017	685	67	63	48.5	0.26	0.12
2016	981	79	78	49.7	0.37	0.23
2015	1346	68	106	60.9	0.56	0.43
2014	2076	118	170	59.0	0.72	0.44
2013	3380	177	178	50.1	2.46	3.24
2012	4600	193	214	52.6	1.44	1.20
2011	3993	241	253	51.2	1.99	1.78
2010	7515	261	319	55.0	1.82	3.58
2009	13481	310	371	54.5	2.31	6.41
2008	8604	345	446	56.4	2.24	6.21
2007	12967	718	827	53.5	4.25	7.43
2006	19982	640	717	52.8	3.84	0.96
2005	11026	690	646	48.4	2.45	0.28
2004	8892	1059	770	42.1	2.24	0.35
2003	7625	391	328	45.6	1.76	0.34

2.8.2 雷电灾情空间分布

2022 年全国雷电灾情的空间分布如图 2.8.1 所示。从统计结果可以看出，我国南方沿海省份仍是我国雷电灾害的多发区。2022 年雷灾事故数过百的省份只有浙江省，年雷灾事故数达到 161 起，其次是广东省，达到了 68 起。

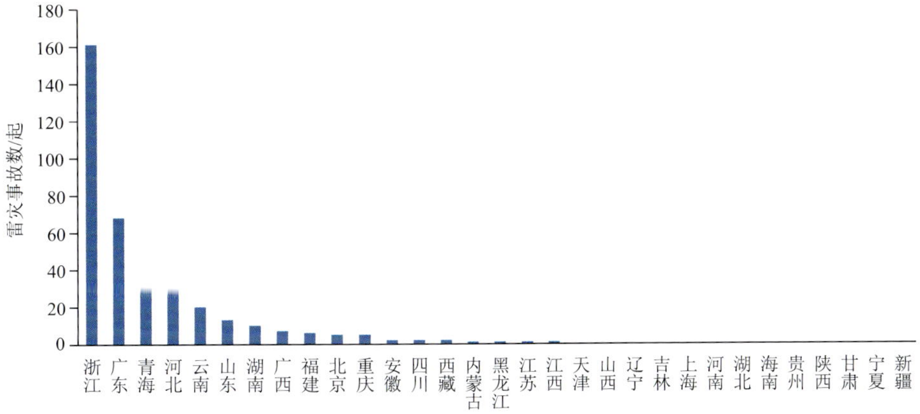

图 2.8.1　2022 年全国各省(区、市)雷电灾害事故分布

Fig. 2.8.1　Number of lightning damage events for all provinces over China in 2022

从 2022 年雷击导致的伤亡人数来看，西部地区省份的雷灾伤亡人数占据了绝对多数。其中，青海省的伤亡总人数最多，达到 48 人，远高于后续的云南(14 人)和四川(13 人)等省(图 2.8.2)。

在考虑人口权重后(表 2.8.2)，西部省份的排名依旧靠前。在雷灾事故率方面，青海、浙江和西藏排名前三；而在雷击伤亡率方面，则是青海、西藏和云南排名前三。

2.9 高温热浪

2022年，我国共出现4次区域性高温天气过程，与常年值持平（4次）。夏季，我国平均高温（日最高气温≥35℃）日数为14.3天，比常年同期偏多6.3天，为历史同期最多。我国中东部出现1961年以来最强高温过程，高温持续时间长、范围广、强度大、极端性强，南方秋老虎天气明显。持续高温天气给人体健康、农业生产和电力供应等带来不利影响，浙江、上海等南方多地用电创历史新高，浙江、江苏、四川等地多人确诊热射病。

2.9.1 基本概况

1. 华中大部、华东中部、西南地区东北部及新疆等地高温强度强

2022年，华东大部、华北东南部、华中大部、西南地区东北部、华南北部等地极端最高气温有38～40℃，河北南部、山东西北部、河南大部、山西东南部、江苏南部、安徽西南部、湖北东部、浙江大部、江西大部、湖南北部、新疆中部和南部、内蒙古西部等地极端最高气温达40～42℃，其中，四川东南部、重庆中部至南部、新疆南部和东部部分地区超过42℃（图2.9.1）。

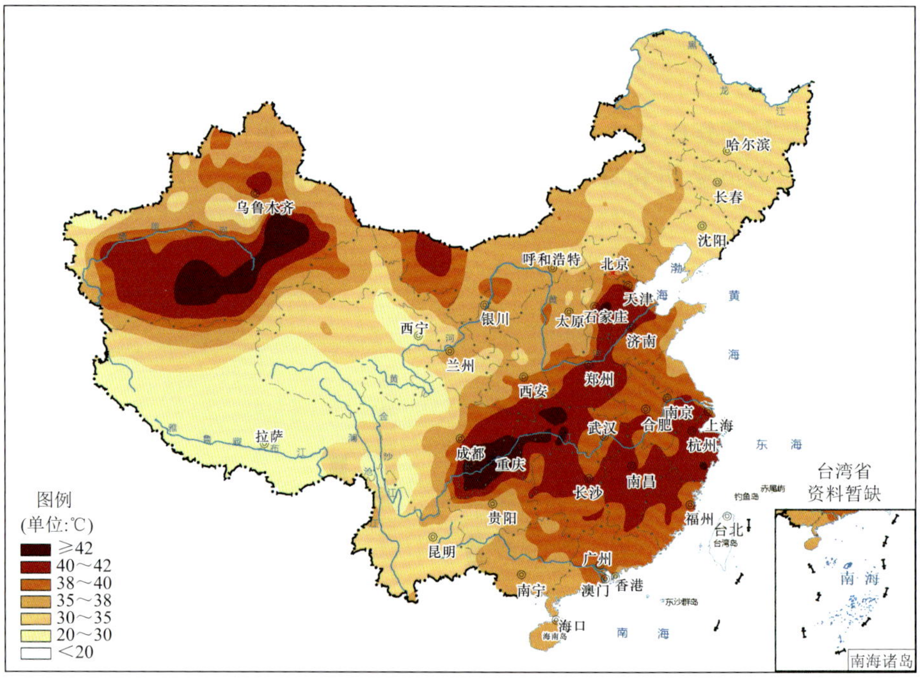

图2.9.1　2022年全国极端最高气温分布

Fig. 2.9.1　Distribution of extreme maximum temperatures over China in 2022

2. 2022年夏季我国高温日数为1961年以来历史同期最多

2022年夏季，我国高温日数为14.3天，比常年同期偏多6.3天，为历史同期最多（图2.9.2）。华东、华中大部、华南大部、西南地区东北部及新疆中部至南部、内蒙古西部等地高温日数有10～30天，华东中部及南部、华中中部至南部、华南北部、西南地区东北部及新疆中部和东部、内蒙古西部等地的部分地区高温日数超过30天（图2.9.3）。与常年同期相比，华东大部、华中大部、华南大部及新疆中部至南部、内蒙古西部等地高温日数偏多5天以上，华东中部及南部、华中中部至南部、华南北部、西南东部及内蒙古西部部分地区偏多10天以上（图2.9.4）。福建（38天）、贵州（14.9天）、河南(37.7 天)、湖北(41.6 天)、湖南(45 天)、江苏(34.1 天)、江西(49.6 天)、陕西(24.7 天)、四川(29.3 天)、云南(4.3 天)、浙江(48.4 天)、重庆(49.9 天)夏季高温日数为 1961 年以来历史同期最多,安徽(41.9 天)为历史第二多。

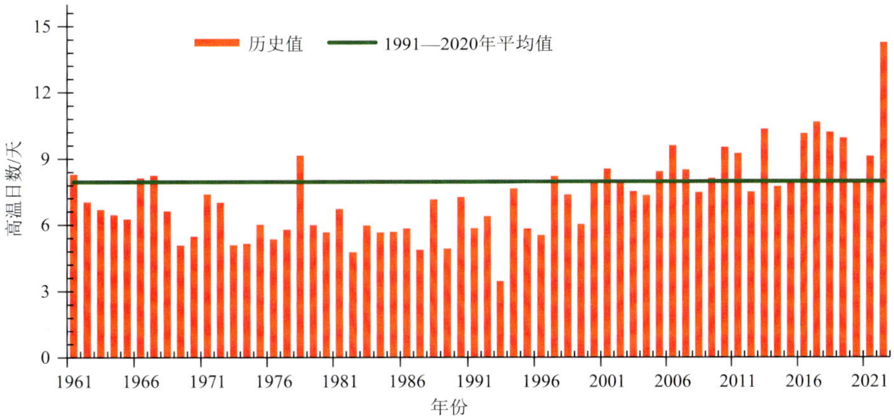

图 2.9.2　1961—2022 年全国平均夏季高温日数变化

Fig. 2.9.2　Mean hot days (daily maximum temperature≥35 ℃) in summer over China during 1961—2022

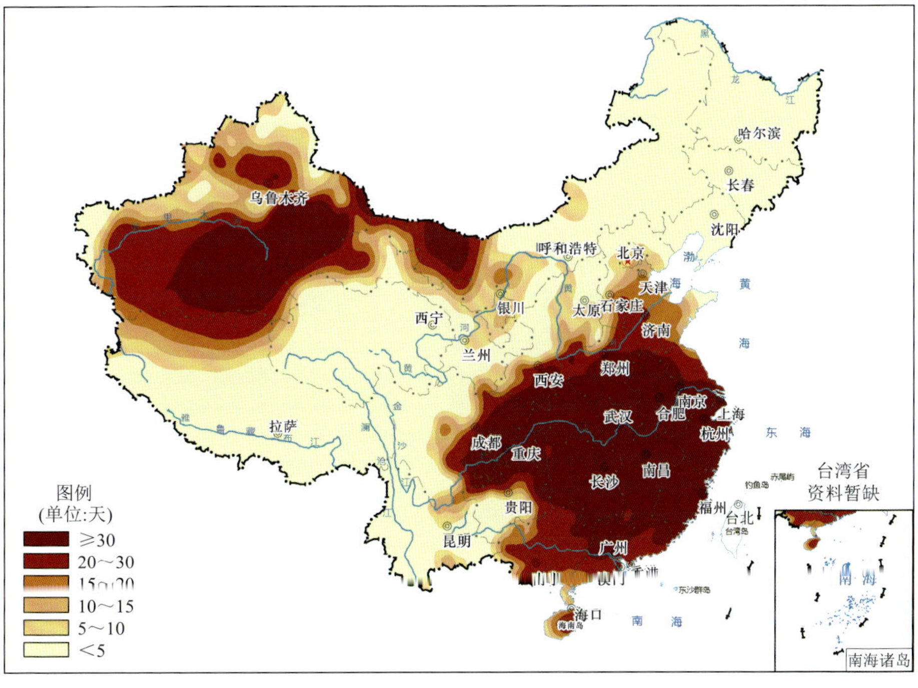

图 2.9.3　2022 年全国夏季高温日数分布

Fig. 2.9.3　Distribution of hot days (daily maximum temperature≥35 ℃) over China in 2022 summer

3. 极端高温事件偏多,尤其西南、西北地区东部

2022 年,全国极端高温事件站次比为 1.51,较常年偏多 1.39,为 1961 年以来历史最多;年内,全国共有 901 个国家级气象站日最高气温达到极端事件监测标准,主要分布在华北中东部、华东和华中的中南部和西南地区东部等地,其中,重庆北碚(45.0 ℃)和江津(44.7 ℃)、湖北竹山(44.6 ℃)等 366 个国家级气象站日最高气温突破或持平历史记录(图 2.9.5)。全国极端连续高温事件站次

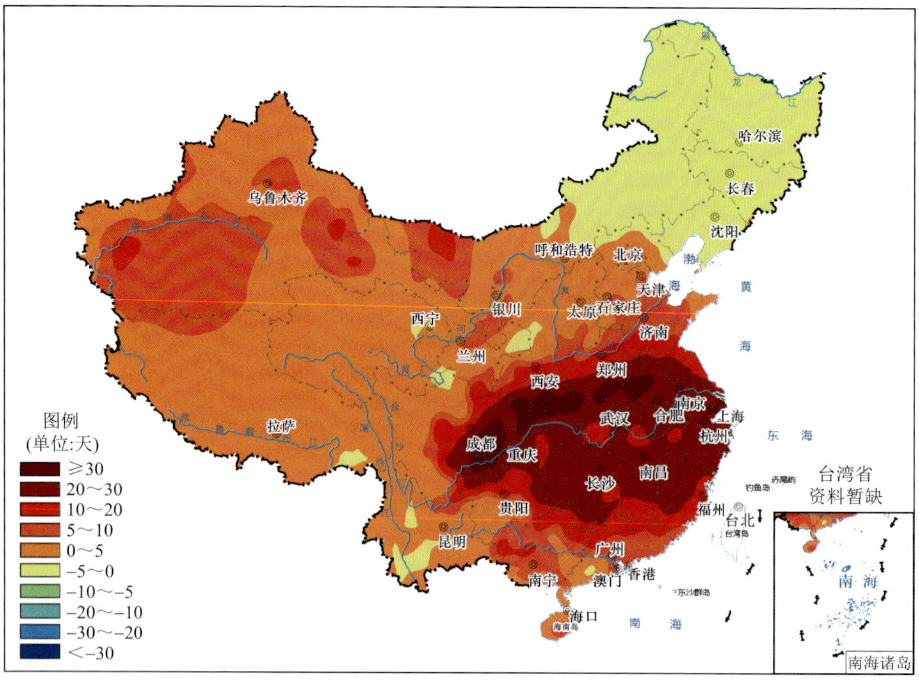

图 2.9.4　2022 年全国夏季高温日数距平分布

Fig. 2.9.4　Distribution of hot days (daily maximum temperature≥35 ℃) anomalies over China in 2022 summer

比为 1.05,较常年偏多 0.79,为历史最多;年内,全国有 1084 个国家级气象站连续高温日数达到极端事件监测标准,福建浦城(42 天)、湖南常宁(42 天)等 441 站突破历史极值。

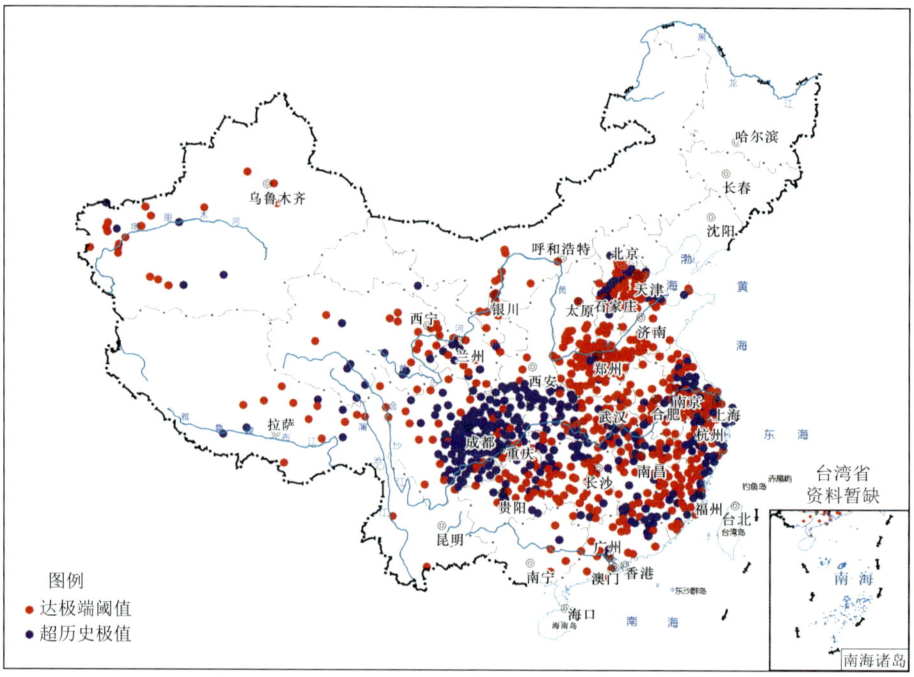

图 2.9.5　2022 年全国极端高温事件分布

Fig. 2.9.5　Distribution of extreme maximum temperatures events over China in 2022

4. 中东部夏季高温持续时间长、范围广、强度大、极端性强

6 月 13 日至 8 月 30 日，我国中东部地区出现了大范围持续高温天气过程，持续时间长达 79 天，为 1961 年以来最长。四川盆地、江淮、江汉、江南等地 35 ℃以上高温日数达 30～65 天；35 ℃以上覆盖 1692 站（占全国总站数 70%），为 1961 年以来历史第二多；37 ℃以上覆盖 1445 站（占全国总站数 60%），为 1961 年以来最多；有 361 站（占全国总站数 14.9%）日最高气温达到或超过历史极值，重庆北碚连续 2 天日最高气温达 45 ℃。评估结果显示，此次高温过程综合强度为 1961 年有完整气象观测记录以来最强。持续高温天气给人体健康、农业生产和电力供应等带来不利影响，浙江、上海等南方多地用电创历史新高，浙江、江苏、四川等地多人确诊热射病。

5. 高温过程结束时间晚，南方秋老虎天气明显

9 月至 10 月上旬，南方出现 3 次区域性高温过程。其中，9 月 27 日至 10 月 4 日，南方出现 1961 年以来第二晚高温过程，结束时间较常年（8 月 30 日）偏晚 35 天。9 月 5—13 日、9 月 27 日至 10 月 4 日的高温过程综合强度均达到特强，影响范围内分别有 229 个和 485 个国家级气象站日最高气温达到或者超过 37 ℃，贵州沿河、安徽青阳分别达到 40.3 ℃和 40.9 ℃。高温过程增加了供电压力，加剧了长江流域的干旱，加之夏季持续高温少雨，对当地生态系统造成了负面影响。

2.9.2 主要高温事件及影响

2022 年，我国共出现 4 次较大范围的高温天气过程，具体为：6 月 13 至 8 月 30 日、9 月 5—13 日、9 月 16—20 日、9 月 27 至 10 月 4 日。其中，6 月 13 日至 8 月 30 日高温天气过程的极端性强，持续时间长，影响最为严重，对南方多地作物生长和用电负荷产生了不利影响。

河北 2022 年，全省平均高温日数 16.6 天，较常年（11.8 天）偏多 4.8 天，为近 3 年最多。年内，高温主要出现在 6—8 月，6 月高温日数 8.3 天，占全年的 49.7%，该月 35 个县（市、区）出现极端高温事件。空间分布上，除承德大部、秦皇岛以及唐山东北部等地区外，河北省大部分地区高温日数偏多，石家庄正定高温日数 38 天，较常年偏多 17.4 天。

天津 2022 年，全市平均高温日数 15.3 天，各区 3～22 天，共出现了 11 次区域高温过程，最长持续 4 天。6 月 24—26 日全市出现持续高温天气，其中，25 日全市 13 个国家级气象站均出现高温天气，静海、西青、市区、东丽、津南及滨海新区大港和塘沽站日最高气温超过 40 ℃，区域最高气温达到 40.7 ℃（静海站）；8 月 2—5 日全市出现持续高温天气，连续 4 天至少 10 个站出现高温，区域最高气温达到 37.5 ℃，5 日出现在津南。

上海 2022 年 7 月 5 日至 8 月 23 日，上海出现多轮持续性高温，高温日数高达 44 天。其中，7 月 13 日极端最高气温达 40.9 ℃，平历史最高纪录（2017 年），8 月日最高气温 40 ℃以上天数（5 日、10—11 日、19 日）高达 4 天，平历史同期最多纪录（2013 年）。持续高温使上海地区出现用电新高峰，7 月 15 日全市最高用电负荷达 3689 万千瓦，创上海最高用电负荷新纪录。

浙江 2022 年，全省平均高温日数 53 天，破 1951 年以来最多纪录。高温初日出现在 4 月 12 日（诸暨），为历史第五早；终日 10 月 4 日，为历史第三晚。极端最高气温出现在三门 43.1 ℃（7 月 23 日），高温日数最多为常山，达 80 天。省内多地出现热射病病例。

江西 2022 年，江西高温天气始于 4 月 12 日，余江出现 35.1 ℃高温天气，之后一直到 6 月 7 日才又出现高温天气，高温天气终止于 10 月 5 日。全省平均高温日数 59.9 天，排历史第一高位，其中，有 43 个县（市、区）创新高；≥37 ℃的高温日数全省平均 34.5 天，排历史第一高位，其中，有 73 个县（市、区）创新高。高温主要集中在 6 月 23 日至 8 月 30 日、9 月 4—20 日、9 月 25 日至 10 月 5 日 3 个时间段；其中，6 月 23 日至 8 月 30 日高温持续时间长、范围广、强度大，期间 8 月 23 日，全省有 53 个县（市、区）最高气温超过 40 ℃，高温酷热范围打破历史纪录，该高温过程综合强度为 1961 年以来最强。

由图 2.12.6 可见，各省区域森林草原火点出现的记录分布，其中，黑龙江省森林草原火点出现记录分布最多，占各省区域森林草原火点出现次数的 24.55%，其次为广西壮族自治区，占各省区域森林草原火点出现次数的 15.64%。

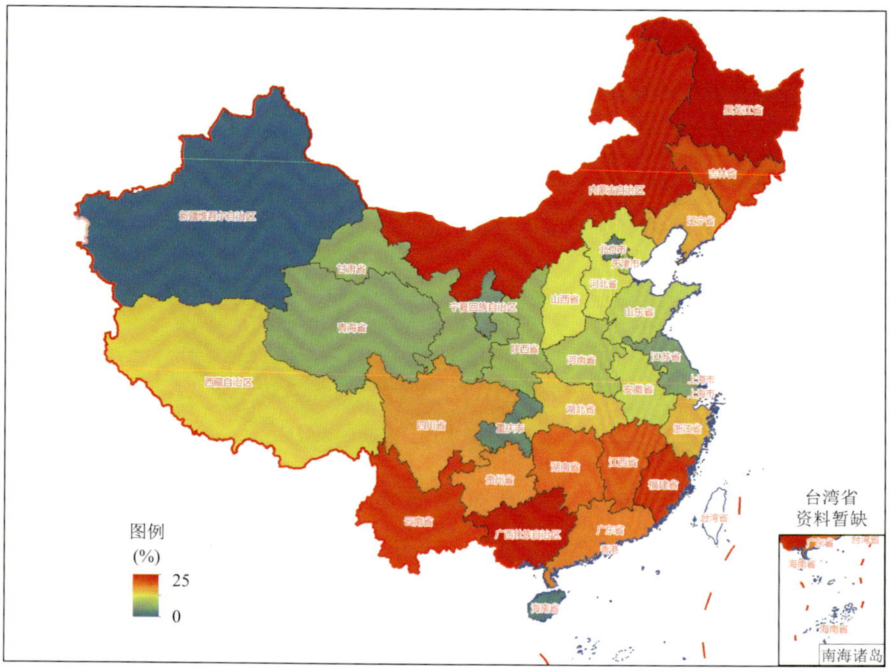

图 2.12.6　2022 年各省区域森林草原火点出现占比分布

Fig. 2.12.6　Percentage of forest and grassland fires by province in 2022

根据各省区域森林草原火点出现次数统计结果，结合各省面积，计算各省的森林草原火点出现的密度，计算得到最大值出现在广西壮族自治区、福建省，为 681 次/千米^2(图 2.12.7)。

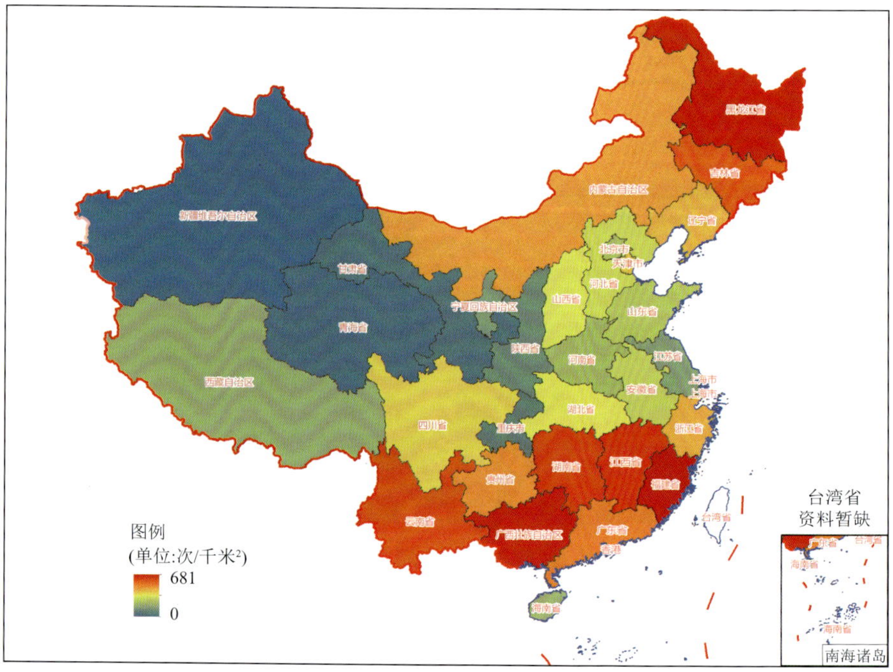

图 2.12.7　2022 年各省区域森林草原火点出现密度分布

Fig. 2.12.7　Density of forest and grassland fires by province in 2022

2. 森林草原火点的下垫面类型分布

根据区域森林草原火点出现所记录的森林草原火点出现地点下垫面数据，统计了 2022 年森林草原火点出现的下垫面类型分布(图 2.12.8)。

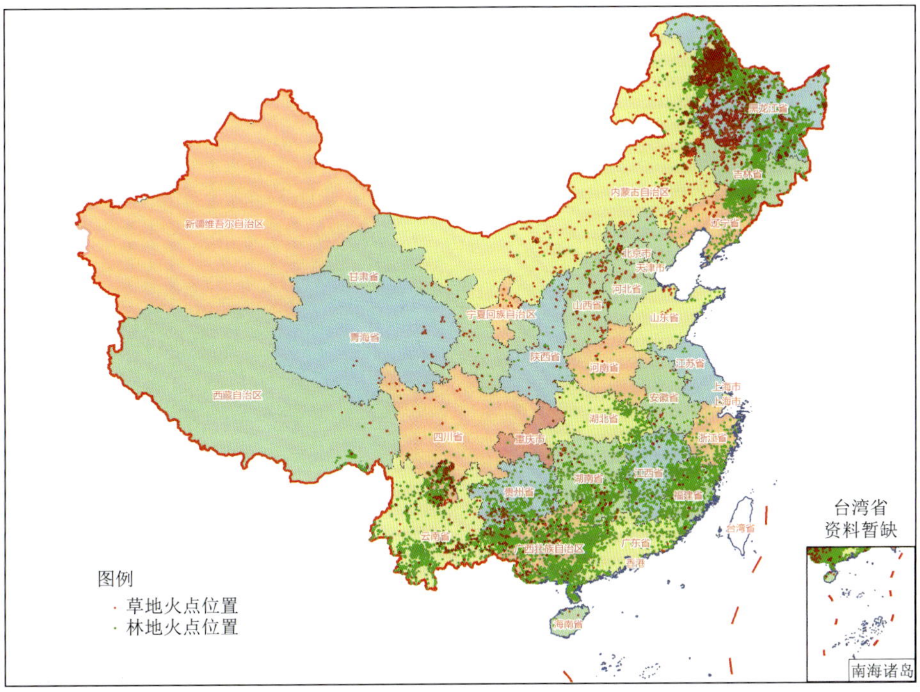

图 2.12.8 2022 年区域森林草原火点下垫面类型分布

Fig. 2.12.8 Distribution of surface type for forest and grassland fires in 2022

根据表 2.12.2 统计结果显示，森林草原火点出现时下垫面类型主要以林地类型为主，占比约 78.37%，在各省区域都有出现；森林草原火点出现在草地类型下垫面的情况约占 21.63%，在各省区域均有分布。

表 2.12.2 2022 年区域各月份森林草原火点出现在不同类型下垫面的占比情况

Table 2.12.2 Percentage of forest and grassland fires in different land surfaces by month in 2022

月份	林地	草地
1	86.93%	13.07%
2	85.08%	14.92%
3	81.02%	18.98%
4	78.10%	21.90%
5	77.44%	22.56%
6	86.04%	13.96%
7	94.03%	5.97%
8	89.71%	10.29%
9	94.67%	5.33%
10	71.09%	28.91%
11	69.22%	30.78%
12	90.52%	9.48%

2.13 病虫害

2.13.1 基本概况

2022 年全国农业病虫害中等偏轻程度发生，其中，玉米病虫害发生面积较 2021 年偏少、较常年偏多；小麦、水稻病虫害发生面积较 2021 年和常年均偏少。2021/2022 年冬季前暖后冷，隆冬全国平均气温为 2009 年以来最低、南方湿冷特征突出，低温寒潮不利于病虫越冬，其中，陕西、湖北小麦条锈病病菌越冬基数是 2010 年以来最低年份，西南和华南地区草地贪夜蛾越冬基数明显减少。春季中后期华北、黄淮等麦区温高雨少，导致小麦蚜虫中等发生；但江淮、江汉等地连阴雨天气少，使得小麦赤霉病等病害偏轻发生。夏季，北方大部地区降雨偏多、气温偏高，导致玉米螟、玉米大斑病等在东北地区、华北等地中等至偏重发生（图 2.13.1）；长江流域夏季高温日数较常年偏多，降水偏少，稻飞虱、稻纵卷叶螟迁入量少、发生偏轻，仅华南地区偏重发生。此外，夏季长江流域高温少雨叠加台风登陆个数少、路径偏南，不利于玉米南方锈病、草地贪夜蛾、水稻“两迁”害虫等病虫随风雨传播扩散，玉米南方锈病在黄淮海玉米主产区始见期较 2021 年偏晚、发生偏轻，草地贪夜蛾集中在西南地区、华南发生（图 2.13.2），发生面积占全国发生面积的 98%。

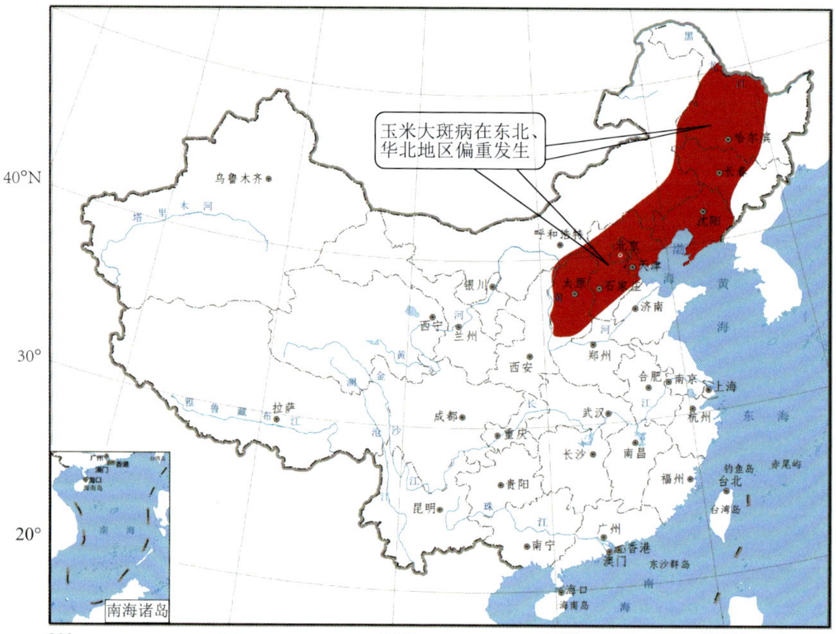

图 2.13.1 2022 年主要作物病害分布

Fig. 2.13.1 Main crop diseases and distribution regions in China in 2022

2.13.2 主要病虫害事例

1. 玉米病虫害中等发生，重于常年、轻于 2021 年；草地贪夜蛾主要在西南地区、华南玉米区偏重发生，玉米大斑病在东北、华北偏重发生

2022 年玉米病虫害发生面积约 5893 万公顷次，较 2021 年减少约 5%，较近 10 年（2012—2021 年）平均值减少约 15%；发生面积较大、危害较重的依次为玉米螟、大斑病、草地贪夜蛾、黏虫、玉米锈病等。其中，玉米螟全国发生面积约 1567 万公顷、与 2021 年持平，比近 10 年平均值减少 24.4%；玉米大斑病发生 490 万公顷，比 2021 年和近 10 年平均值均增加 4%左右；草地贪夜蛾发生

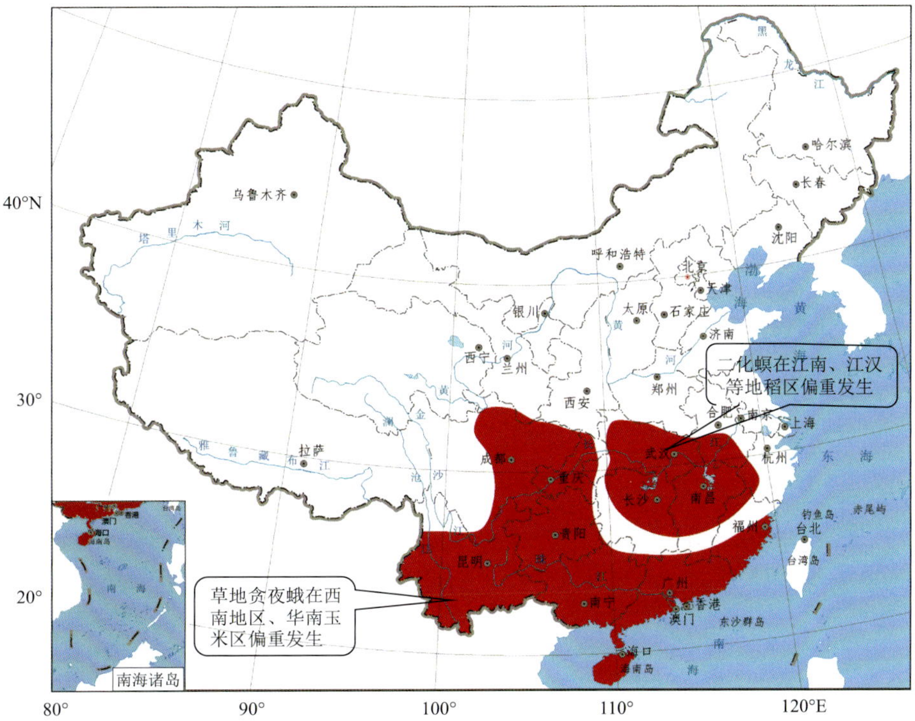

图 2.13.2　2022 年主要农业虫害分布

Fig. 2.13.2　Main agricultural insects and distribution regions in China in 2022

面积约 267 万公顷次，是 2019—2021 年平均值的 2.1 倍，但发生区域基本集中在西南地区和华南地区；黏虫发生 256 万公顷，比 2021 年减少 27.9%，比近 10 年平均值减少 37.6%，为近 10 年来发生面积最小、发生程度最轻年份；玉米南方锈病发生约 199 万公顷，比 2021 年减少 65%，比近 10 年平均值减少 24.2%。

2021/2022 年冬季，我国共出现 10 次冷空气过程，其中，4 次过程达寒潮等级，2 月为 2009 年以来历史同期最冷月，全国有 29 个国家级气象站日最低气温达到极端事件监测标准，云南德钦（−14.7 ℃）日最低气温突破历史极值，低温寒潮影响各类玉米害虫和病菌安全越冬，其中，西南地区、华南草地贪夜蛾虫源基数明显减少。

2022 年夏季，东北地区中南部、华北西部和东南部、黄淮东部、西北地区东北部及内蒙古东部部分地区降水量偏多 2 成至 1 倍，其中，东北雨季雨量偏多 24%，华北雨季雨量偏多 57%；吉林降水量为 1961 年以来历史同期最多，山东为第三多。适温、高湿天气利于玉米螟、大斑病、黏虫等喜湿性玉米病虫害的发生发展。其中，玉米螟在东北地区和黄淮海局部偏重发生，东北局部重发地块雌穗被害率达到 60%以上，黄淮海地区玉米平均虫株率为 40%～60%、最高百株虫量 120 头；玉米大斑病在东北、华北地区偏重发生，发生早、扩散速度快，7 月下旬辽宁朝阳、河北承德等地大发生，平均病株率为 10%～20%，严重地块病株率超过 50%，8 月下旬至 9 月局部重发田块病株率达到 100%，以旱地玉米、长势弱的玉米大斑病发生严重；二代黏虫在东北部分地区局地出现高密度幼虫为害田块，百株最高虫量达 2000 头，但危害面积较小。

2022 年夏季，南方大部地区出现持续高温天气，其中，长江流域高温日数较常年同期偏多 20～40 天、降水量偏少 3～8 成，部分地区出现农业干旱；此外，夏季仅有台风"暹芭"登陆华南后北上形成一条径向雨带且台风路径偏南，持续高温少雨及登陆台风异常偏少、影响偏南，对部分玉米病虫害的繁殖危害和传播扩散有一定的遏制作用，其中，玉米南方锈病和草地贪夜蛾等向北方玉米主产区扩散缺乏有利的风雨携带条件，黄淮海地区玉米南方锈病始见期同比偏晚，9月上旬才陆续发现，较2021年晚1个半月左右；草地贪夜蛾危害主要集中在西南、华南地区，发生面积占全国总发生面积的98%。

2. 小麦病虫害偏轻发生，轻于2021年和常年，虫害明显重于病害

2022年小麦病虫害发生约4180万公顷次，比2021年减少约23%，比近10年（2012—2021年）平均值减少28%。小麦蚜虫全国发生面积约1107万公顷次，较2021年减少23%，比近10年平均值减少25%；小麦赤霉病、条锈病、白粉病偏轻发生，小麦赤霉病发生206万公顷，比近10年平均值减少58%，小麦条锈病发生80万公顷，为2001年以来最小值。

2021/2022年冬季，全国冬麦区前暖后冷，尤其2月冬麦区气温持续偏低，一定程度上降低了部分病虫越冬基数；冬季西南地区、江汉、西北地区东部降水量较常年同期偏多2成至2倍，尤其西南地区降水量为1961年以来同期最多，隆冬湿冷特征突出，对小麦条锈病等病虫害冬季菌源和虫源积累有一定抑制作用，陕西、湖北等小麦条锈病冬繁区越冬菌源基数是2010年以来最低年份，西南麦区病情扩展缓慢。

2022年春季，冬麦区气温为1961年以来最高，其中，3月上中旬麦区气温明显偏高，湖北、安徽沿江麦区小麦条锈病病情扩展迅速，安徽始见期比常年提早10～20天；4—5月西北地区东部、华北、黄淮麦区气温偏高1～2 ℃、降水偏少，小麦条锈病病情蔓延受到抑制，未造成严重损失；但温高雨少导致小麦蚜虫在华北、黄淮等麦区中等发生、华北局部麦区偏重发生。春季江淮等地未出现大范围连阴雨天气，小麦赤霉病、白粉病等病害偏轻发生；西南地区、江汉降水偏多、田间湿度大，导致江汉平原、四川盆地局部小麦赤霉病中等至偏重发生。

3. 水稻病虫害中等发生，发生面积为2000年以来最小值，轻于2021年和常年

2022年全国水稻病虫害发生面积约6180万公顷次，比2021年、近10年（2012—2021年）平均值分别减少约11%、26%。其中，稻飞虱发生面积1540万公顷次，比2021年、近10年平均值分别减少约9%、29%；稻纵卷叶螟发生1013万公顷次，比2021年、近10年平均值分别减少约22%、29%；稻瘟病发生220万公顷，较2021年、近10年平均值分别减少约18%、42%。二化螟中等发生，发生面积为1287万公顷次，比近10年平均值减少近3%。南方水稻黑条矮缩病发生面积仅7.7万公顷，发生较轻。

2022年，华南前汛期于3月24日开始、较常年偏早16天，西南地区雨季于5月12日开始、较常年偏早15天，早春境外稻飞虱、稻纵卷叶螟等迁入期偏早、但迁入量偏少，早稻虫源基数较小。夏季长江流域出现持续高温少雨天气，不利于稻飞虱、稻纵卷叶螟迁入和发生发展，稻飞虱、稻纵卷叶螟全年灯下诱蛾量、田间蛾量和幼虫量总体较低，其中，稻飞虱各监测站点平均全年诱虫量较近10年平均值减少65%，致使以稻飞虱为传毒介体的南方水稻黑条矮缩病轻发生，华南、西南、江南和江汉等地稻区点片零星发生。同时高温少雨、田间湿度低，也不利于稻瘟病等病害发生流行。仅二化螟在江南、江汉等地稻区偏重发生，局部大发生。8月中旬至9月下旬，华南沿海受台风“木兰”、“马鞍”、“轩岚诺”、“梅花”带来的风雨影响，稻区出现明显“两迁”害虫迁入高峰，迁入虫量大，局地发生程度较重。

第 3 章　每月气象灾害事记

3.1　1月主要气候特点及气象灾害

3.1.1　主要气候特点

2022 年 1 月，全国平均气温－4.0 ℃，比常年同期(－4.8 ℃)偏高 0.8 ℃；1 月，全国平均降水量 18.2 毫米，较常年同期(14.5 毫米)偏多 27.5%。月内，2 次冷空气过程影响我国；2 次大范围雨雪冰冻过程影响我国中东部地区，影响范围广、降雪量大、雨雪相态复杂。江西、湖南、重庆、四川、云南、西藏等地不同程度遭受低温雨雪冰冻灾害影响。

月降水量与常年同期相比，黑龙江中部、内蒙古中部、山西南部、河北南部和东部、陕西中南部、山东西部、河南、湖北、安徽南部、湖南、江西北部和西部、广西、贵州南部、云南西北部和东南部、四川中部等地降水量偏多 5 成至 2 倍，局地偏多 2 倍以上；吉林大部、辽宁东部、新疆、甘肃大部、青海北部和东部、广东南部和东北部、西藏中部等地偏少 5～8 成(图 3.1.1)。

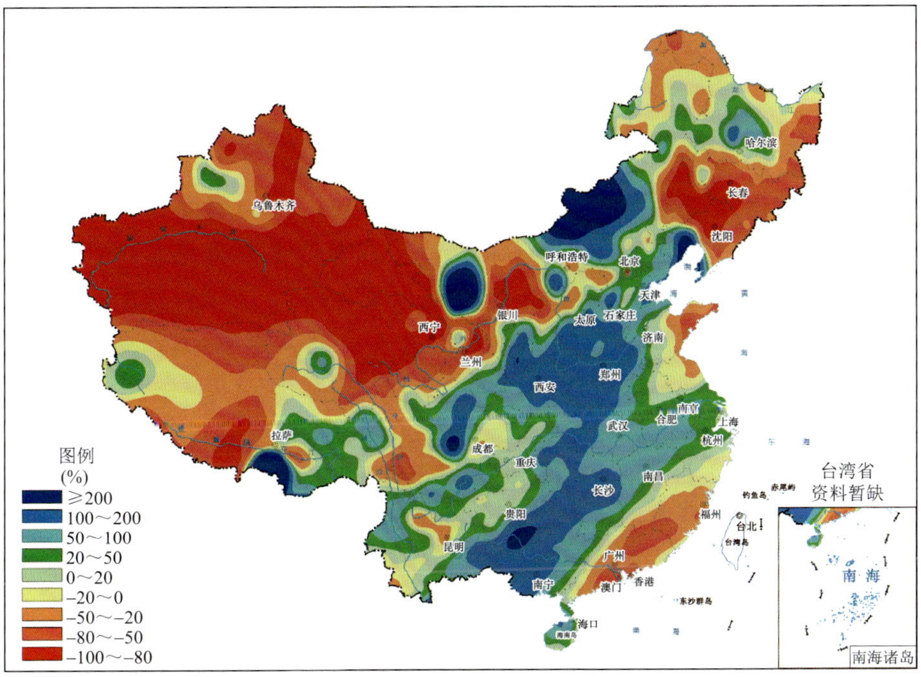

图 3.1.1　2022 年 1 月全国降水量距平百分率分布

Fig. 3.1.1　Distribution of precipitation anomaly percentage over China in January 2022

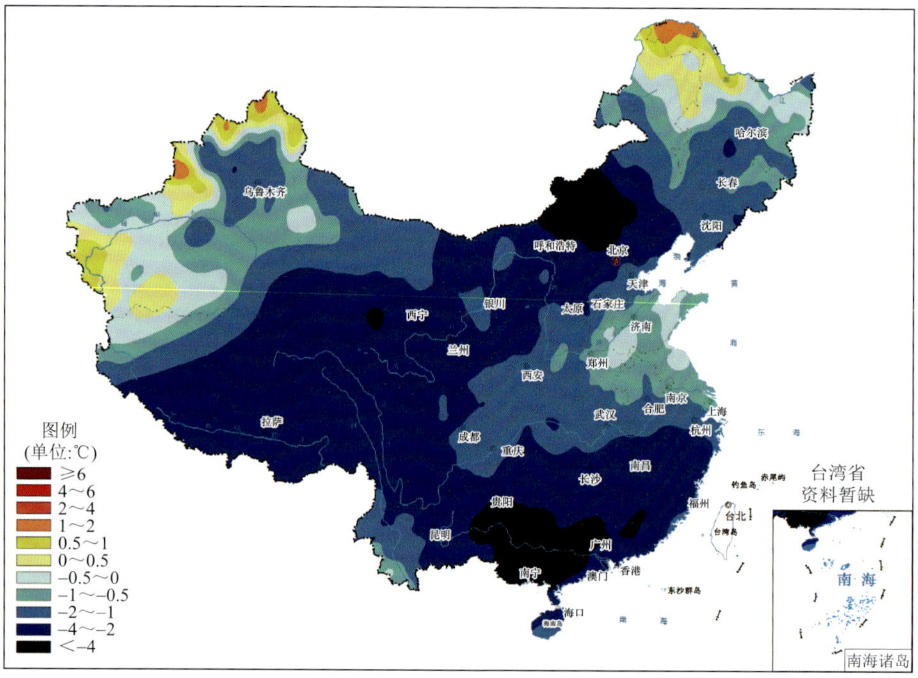

图 3.2.2　2022 年 2 月全国平均气温距平分布

Fig. 3.2.2　Distribution of mean temperature anomaly over China in February 2022

2 月，我国出现 4 次大范围雨雪天气过程，分别为 1 月 31 日至 2 月 3 日、2 月 5—9 日、11—14 日和 17—23 日。2 月 17—23 日过程持续时间长，降水(雪)强度大。浙江大部、安徽南部、福建中部和北部、湖南大部、江西大部、广东东部、广西北部、云南东部、贵州东部等地有 10～25 毫米的降雪，局部 25～50 毫米，长江以南 8 省(区)(湘浙桂闽赣黔滇粤)区域平均过程降水量为 60.2 毫米，降水量之多为 1961 年以来历史同期第一位；此次过程雨雪交加，暴雪主要落区在长江以南，8 省(区)平均过程降雪量 14.2 毫米，降雪量之大为 1961 年以来历史同期第二位，仅次于 1964 年(20.1 毫米)。湖南中部、贵州西南部、云南东北部等地部分地区最大积雪深度有 5～10 厘米，贵州和湖南局部超过 20 厘米。此次冰冻雨雪低温灾害造成输配电设备受损，线路覆冰，多地出现停电；还造成福建部分道路塌方，云南多条高速公路封闭、部分列车停运；鄱阳湖水位较去年提前 50 天结束枯水期。

2 月 1—23 日，南方地区多次出现明显低温雨雪天气过程，长江以南大部气温较常年同期偏低 2～4 ℃，其中，广东和广西大部、江西南部、湖南南部、贵州东南部等地偏低 4～6 ℃；累计降水量较常年同期偏多 5 成至 2 倍以上；浙江、江西和湖南南部、贵州中南部、广东、广西和海南大部降水日数较常年同期偏多 5～10 天，上述地区日照时数偏少 4～8 成，局部偏少 8 成以上。持续低温阴雨雪和寡照致使部分农田土壤持续过湿，对油菜、露地蔬菜等作物生长不利，并对经济林果、设施农业产生较大影响。

2 月，华北南部、华东北部、华中中部和北部降水量普遍偏少 2～8 成，其中，山东、河南北部和东部、江苏北部、安徽北部等地偏少 8 成以上。降水持续偏少导致部分地区旱象露头并发展。2 月 28 日全国气象干旱监测表明，山东大部、河南中东部、江苏北部、安徽北部有轻到中度气象干旱，局部有重旱。

3.3 3月主要气候特点及气象灾害

3.3.1 主要气候特点

2022 年 3 月，全国平均气温为 7.2 ℃，较常年同期(4.8 ℃)偏高 2.4 ℃，全国平均降水量 36.7 毫米，较常年同期(29.4 毫米)偏多 25%。月内，我国共发生 6 次冷空气过程；共 4 次大范围雨雪天气过程影响我国；2 次沙尘天气过程影响北方地区；黄淮、江淮气象干旱发展；南方发生风雹灾害。

月降水量与常年同期相比，西北大部、华南北部、西南中部、华中北部和南部及黑龙江中部、内蒙古中北部和西部、河北西南部、山西中部、新疆东南部和西南部、西藏等地降水量偏少 2～8 成，西藏大部等地偏少 8 成以上；全国其余地区降水以偏多为主，东北大部、华北北部和东南部、华东中部、华中中部及新疆西北部、甘肃西北部、四川中部、云南南部等地偏多 2 成至 2 倍，部分地区偏多 2 倍以上(图 3.3.1)。

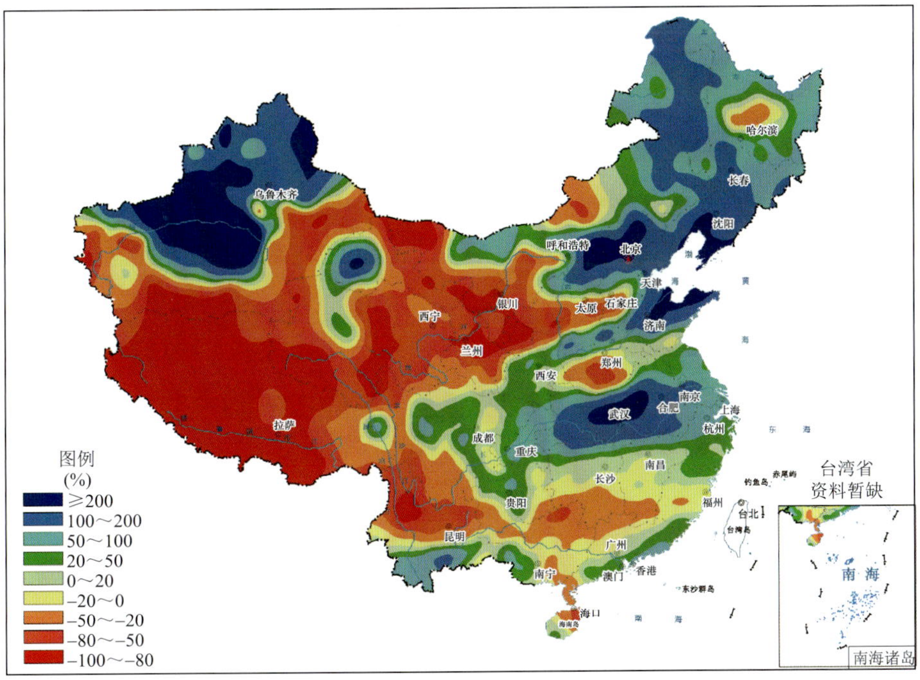

图 3.3.1 2022 年 3 月全国降水量距平百分率分布

Fig. 3.3.1 Distribution of precipitation anomaly percentage over China in March 2022

月平均气温与常年同期相比，除辽宁西部、北京、河北东部等地气温偏高 1 ℃以下外，全国其余大部地区气温较常年同期偏高 1～4 ℃，局地偏高 4 ℃以上(图 3.3.2)。

3.3.2 主要气象灾害事记

2022 年 3 月，全国共有 273 个国家级气象站发生极端日降水事件，24 个国家级气象站连续降水日数达到极端事件的标准，其中，新疆哈巴河(13 天)等 10 站破历史极值。

3 月，我国共发生 6 次冷空气过程，较常年同期(3.6 次)偏多 2.4 次。出现在 3 月 1—2 日、5—7 日、17—19 日、21—23 日、26—28 日和 3 月 31 至 4 月 2 日。其中，3 月 17—19 日过程达寒潮等级，过程降温幅度超过 8 ℃的国土面积为 177.6 万平方千米。东北地区东北部、华北北部及宁夏中北部、河南中南部、安徽大部、江苏西南部、湖北中东部、湖南中东部、江西西北部等地普遍有 8～12 ℃

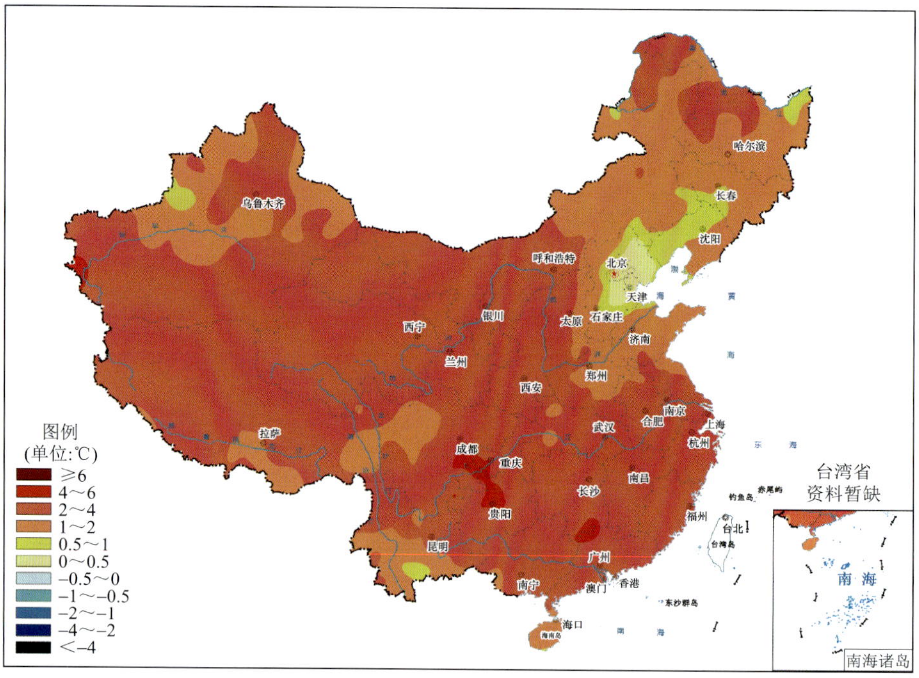

图 3.3.2　2022 年 3 月全国平均气温距平分布

Fig. 3.3.2　Distribution of mean temperature anomaly over China in March 2022

降温，其中，黑龙江东北部、河北北部、北京等地降温幅度达 12 ℃以上。

3 月，我国出现 4 次大范围雨雪天气过程，分别为 3 月 17—19 日、21—23 日、25 日和 31 日。3 月 17—19 日北方以降雪为主，黄淮及其以南为雨夹雪和降水为主。3 月 17 日，内蒙古、山西、河北共有 18 站达到暴雪及以上级别；安徽、河南、湖北、江西、四川共 66 站降水量达暴雨及以上级别。受此次强雨雪影响，安徽秋浦河殷家汇站和黄湓河雁塔站出现超警戒水位；安徽石台县多处出现山洪、山体滑坡等现象，多处农作物、道路被淹。

3 月 3—5 日，北方地区出现 2022 年首次大范围沙尘天气过程，此次过程为扬沙级别，较 2000—2021 年首场沙尘平均出现时间（2 月 15 日）偏晚 16 天。3 月 13—16 日，北方地区再次出现大范围沙尘天气过程，本次过程为沙尘暴级别，过程影响国土面积 181 万平方千米。内蒙古中西部、甘肃中东部、青海东部、宁夏、陕西大部、山西、天津南部、河北大部、河南、山东中西部、湖北中东部、安徽中北部等地出现扬沙和浮尘天气，内蒙古中部的部分地区有沙尘暴。

3 月，黄淮、江淮北部等地的干旱持续发展。鲁豫皖苏鄂五省 3 月 11 日中旱及以上等级干旱面积最大，达 50.2 万平方千米；之后有所缓解，3 月 13 日之后再次发展；3 月 17—19 日，黄淮、江淮前期旱区出现降水过程，湖北东部、安徽大部、江苏南部、浙江西北部、江西北部、湖南北部累计降水量有 25～50 毫米，局地降水量有 50 毫米以上，降水使得气象干旱显著缓解。

3 月 16—17 日，河南、安徽、江苏北部、湖北、湖南、四川中西部、重庆东南部和西部、贵州、广西东北部等局地出现 8～10 级雷暴大风，湖北东部局地出现 11～12 级雷暴大风，四川、云南、贵州、湖北等局地出现冰雹。风雹造成湖北黄冈、利川、荆州、沙洋等地大田作物、设施农业受灾，对春茶采摘不利；贵州及云南的油菜、茶叶、药材等经济作物受灾，部分地区房屋受损。

3.4 4月主要气候特点及气象灾害

3.4.1 主要气候特点

2022 年,4 月,全国平均气温为 12.4 ℃,较常年同期(11.5 ℃)偏高 0.9 ℃,全国平均降水量 45.7 毫米,较常年同期(43.6 毫米)偏多 4.9%。月内,5 次冷空气过程影响我国;3 次区域性暴雨过程影响南方地区;强对流天气频发,局地影响重;河南、陕西、山西、山东等地气象干旱露头并发展;3 次沙尘过程影响北方地区。

月降水量与常年同期相比,新疆东南部、西藏北部和东部部分地区、青海西部和东北部、甘肃中部、内蒙古东北部、东北地区北部、西南地区大部、华中地区中西部、江淮南部和江南北部部分地区降水量偏多 2 成至 1 倍,部分地区偏多 2 倍以上;全国其余地区降水以偏少为主,其中,新疆西部、甘肃北部、内蒙古西部和中北部、陕西北部、东北地区南部、华北地区中东部、黄淮大部、华南地区东南部等地降水量偏少 2～8 成,新疆西部、甘肃北部、内蒙古西部、辽宁南部、山东南部、江苏北部等地偏少 8 成以上(图 3.4.1)。

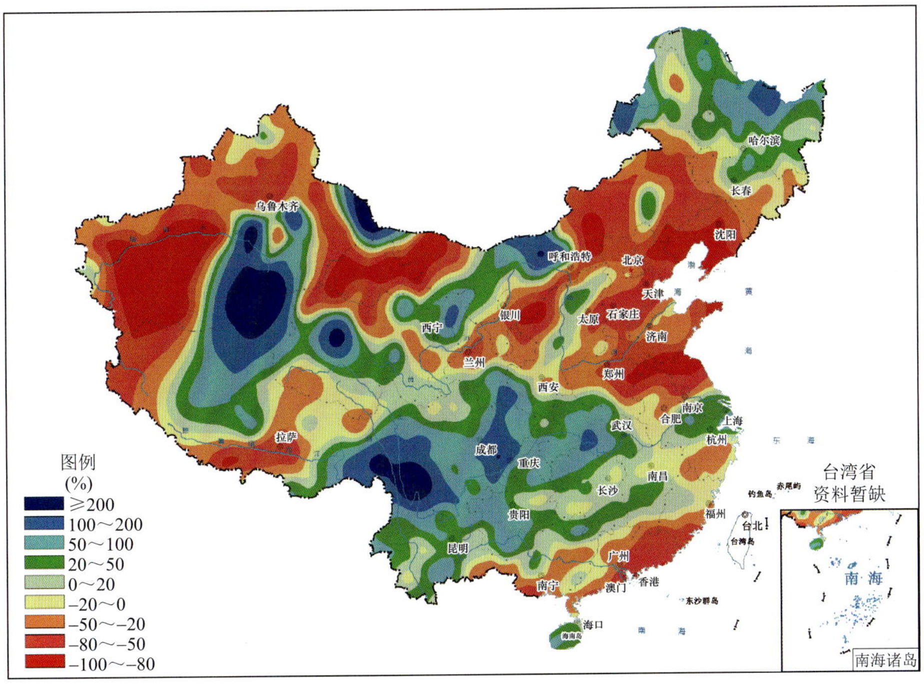

图 3.4.1 2022 年 4 月全国降水量距平百分率分布

Fig. 3.4.1 Distribution of precipitation anomaly percentage over China in April 2022

月平均气温与常年同期相比,新疆大部、西藏大部、内蒙古中东部、东北地区中部和南部、华北地区大部、华东地区大部、华中地区东部等地气温偏高 1 ℃以上,其中,东北地区中东部、新疆西部、西藏西部和中南部等地偏高 2～4 ℃。云南东部、贵州南部、四川中部、广西西部、海南大部偏低 1～2 ℃,局部偏低 2～4 ℃,全国其余地区气温接近常年同期(图 3.4.2)。

3.4.2 主要气象灾害事记

2022 年 4 月,四川、甘肃、安徽、江苏、湖北等地共有 56 个国家级气象站日降水量破 4 月历史极值,其中,湖北天门(168.1 毫米)、四川安岳(115.1 毫米)等 7 个国家级气象站突破春季历史极值。福建南安(35.2 ℃)、浙江诸暨(35.2 ℃)等 14 个国家级气象站日最高气温突破 4 月历史极值。

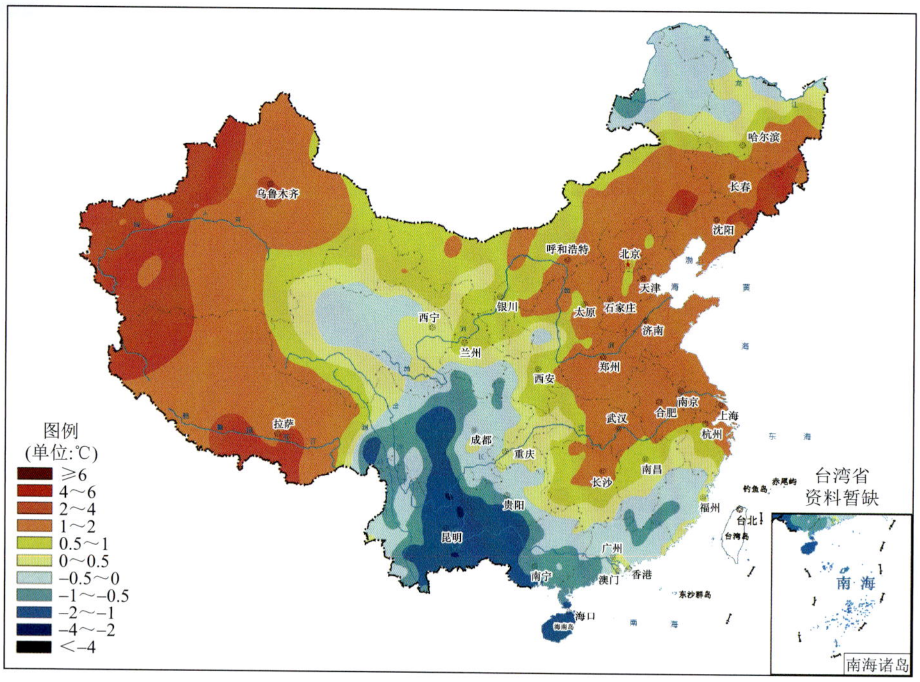

图 3.4.2　2022 年 4 月全国平均气温距平分布

Fig. 3.4.2　Distribution of mean temperature anomaly over China in April 2022

4 月有 5 次冷空气过程影响我国，较常年同期（2.8 次）偏多，其中，27—30 日为全国型寒潮过程，22—23 日为寒潮过程，6—7 日、12—15 日 为强冷空气过程，3 月 31 日至 4 月 2 日为一般冷空气过程。12—15 日和 27—30 日冷空气过程均具有持续时间较长，影响范围较大等特点。月内冷空气过程造成云南、贵州、甘肃、湖北、陕西、宁夏、青海、四川、内蒙古、山西、河北等地部分地区遭受低温冷冻害或雪灾。

4 月，3 次区域性暴雨过程影响南方地区，其中，24—26 日暴雨过程强度较强，影响范围较广。

4 月 24—26 日，西南地区东部、长江流域大部、江南大部、和华南北部等地普降大到暴雨，局地大暴雨，四川东部、重庆大部、贵州东南部、广西北部、广东北部局部、陕西南部、河南南部、湖北大部、湖南北部和东部、江西北部、安徽南部、江苏南部、浙江南部、福建北部等地降水量达 50～100 毫米，湖北中部、江西北部、河南南部、湖南南部和广西北部部分地区超过 100～200 毫米，广西桂林局地超过 200 毫米。受此次区域性暴雨过程影响，湖北、广西、河南等省（区）受灾较重。

4 月，贵州、云南、四川、重庆、湖南、江西、广西、福建、新疆、甘肃、黑龙江、河南、河北、湖北、陕西、西藏等 16 个省（区、市）100 余县次遭受强对流天气影响，其中，贵州、江西、福建、湖南四省灾害影响较重。

3.5　5 月主要气候特点及气象灾害

3.5.1　主要气候特点

2022 年 5 月，全国平均气温为 16.7 ℃，较常年同期（16.5 ℃）偏高 0.2 ℃，全国平均降水量 71.6 毫米，较常年同期（70.3 毫米）偏多 2%。月内，南方地区遭受 3 次区域性暴雨过程影响；黄淮、江淮等地气象干旱持续发展；3 次冷空气过程影响我国；北方出现 3 次沙尘天气过程；多省遭受风雹袭击，部分地区受灾较重。

月降水量与常年同期相比，江南北部、黄淮、江淮、华北东北部及辽宁西北部、新疆大部、内蒙古大部、甘肃、宁夏等地降水量偏少 2～8 成，新疆中东部部分地区、黄淮大部、江淮大部偏少 8 成至 1 倍；华南大部、西南大部、东北北部部分地区及西藏大部、青海大部、新疆西北部部分地区降水量偏多 2 成至 1 倍；全国其余地区降水量接近常年同期(图 3.5.1)。

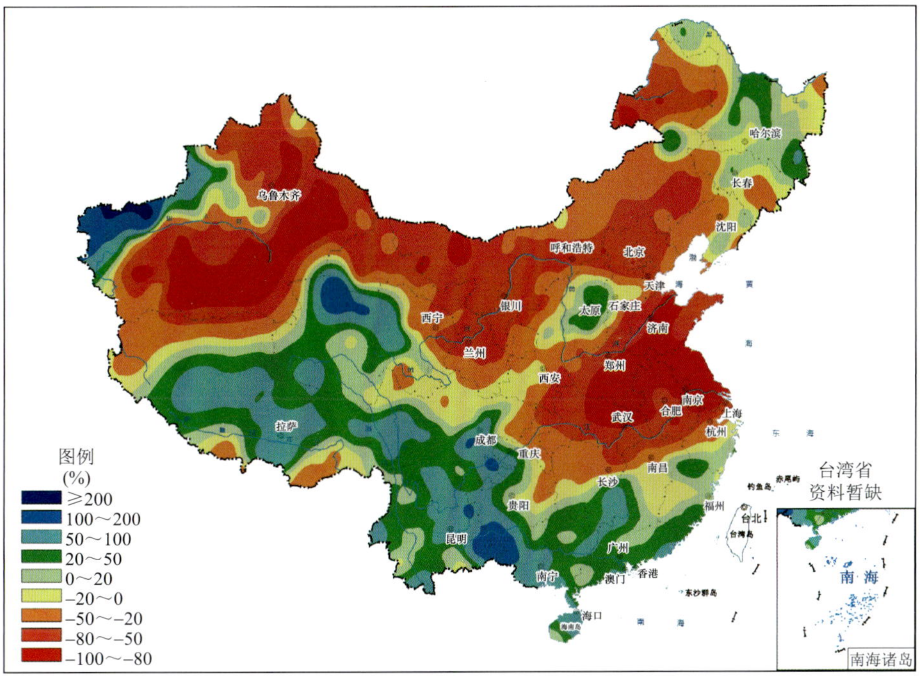

图 3.5.1　2022 年 5 月全国降水量距平百分率分布

Fig. 3.5.1　Distribution of precipitation anomaly percentage over China in May 2022

月平均气温与常年同期相比，除山东东南部、江苏东北部，我国中东部大部地区气温接近常年同期或偏低 1 ℃左右，其中，华南大部、江南南部及贵州南部、云南东部等地气温偏低 2～4 ℃；西北地区大部及内蒙古西北部、新疆、西藏大部气温偏高 1 ℃以上，其中，新疆大部、甘肃西北部等地偏高 2～4 ℃，局部偏高 4 ℃(图 3.5.2)。

3.5.2　主要气象灾害事记

2022 年 5 月 9—14 日、21—24 日和 27—30 日，南方地区出现 3 次区域性暴雨过程，其中，9—14 日暴雨过程强度强，影响范围广。9—14 日，西南东部、华中南部、华东南部、华南等地出现大到暴雨，其中，广东、广西东部和中南部、湖南西北部和中南部、江西中部、浙江西部、福建及四川中部、云南西部等地累计降雨量 100～300 毫米，其中，广东珠海(584.0 毫米)、斗门(485.7 毫米)、佛冈(413.0 毫米)、恩平(346.6 毫米)、台山(326.2 毫米)和龙门(321.2 毫米)六站超过 300 毫米。全国累计雨量在 50 毫米及以上的覆盖面积为 115.0 万平方千米，其中，耕地面积 30.2 万平方千米；累计雨量 100 毫米及以上 42.6 万平方千米，其中，耕地面积 11.7 万平方千米。广东、湖南、广西等省(区)受灾较严重。

5 月，由于温高雨少，黄淮、江淮等地气象干旱持续发展。东北大部地区降水偏少，尤其是东北南部降水偏少 2～5 成，造成东北南部气象干旱露头，但 5 月 24—26 日东北大部出现降水，气象干旱得到缓和。截至 5 月 31 日，华东中北部、华中北部、华北东北部、西北东部等地存在中度及以上气象干旱，其中，山东东南部、河南东北部、江苏北部、安徽北部等地出现特旱。

5 月 6—8 日、13—14 日和 30—31 日，我国北方大部地区遭受 3 次冷空气过程影响，较常年同期

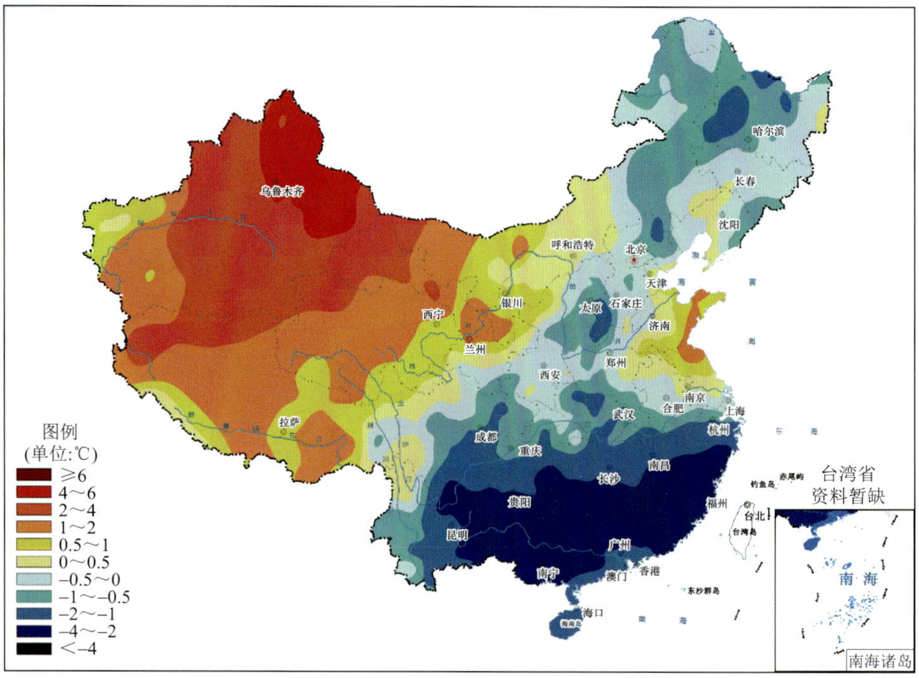

图 3.5.2　2022 年 5 月全国平均气温距平分布

Fig. 3.5.2　Distribution of mean temperature anomaly over China in May 2022

(2.3 次)略偏多。其中,6—8 日和 30—31 日两次冷空气过程达到寒潮标准。5 月出现寒潮天气过程,近 30 年(1991—2020 年)只发生过 6 次。

受冷空气过程影响,甘肃、内蒙古、宁夏、陕西、青海、贵州、四川等地局部遭受低温冷冻害。

5 月,北方出现 3 次沙尘天气过程,分别发生在 5—7 日、12—14 日和 23—26 日,等级均为扬沙过程。沙尘天气过程次数接近 2000—2020 年同期平均值(2.9 次)。

5 月,全国共有 11 个省(区、市)96 余县次遭受强对流天气影响,局部地区还出现龙卷,其中,陕西、贵州、青海灾害影响较重。

3.6　6 月主要气候特点及气象灾害

3.6.1　主要气候特点

2022 年 6 月,全国平均气温为 21.3 ℃,较常年同期(20.4 ℃)偏高 0.9 ℃,全国平均降水量 112.0 毫米,较常年同期(102.7 毫米)偏多 9%。月内,我国南方出现 4 次区域性暴雨过程,华南遭受严重暴雨洪涝灾害;北方地区出现 2022 年首次大范围降雨过程;黄淮、江淮等地气象干旱维持;2022 年首次高温过程影响范围广、致灾强度大;多省遭受强对流天气灾害,部分地区受灾较重。

月降水量与常年同期相比,东北中部及南部、华北东部、黄淮东部、华南中东部及福建大部、四川西南部、云南西北部等地降水量较常年偏多 5 成以上,其余大部地区接近常年同期或偏少,其中,新疆中部及东部、西藏西南部、甘肃北部、内蒙古西部及山西南部、河南中部、海南西部等地降水量较常年偏少 5 成以上(图 3.6.1)。山东、吉林、辽宁三省 6 月降水量为 1961 年以来历史同期最多,福建省为历史同期第二多。

月平均气温与常年同期相比,全国大部地区接近常年同期或偏高,华北南部、黄淮大部、江淮大部、江汉大部、江南北部、西北大部及四川东部、重庆大部等地偏高 1～2 ℃,其中,华北南部、黄淮大

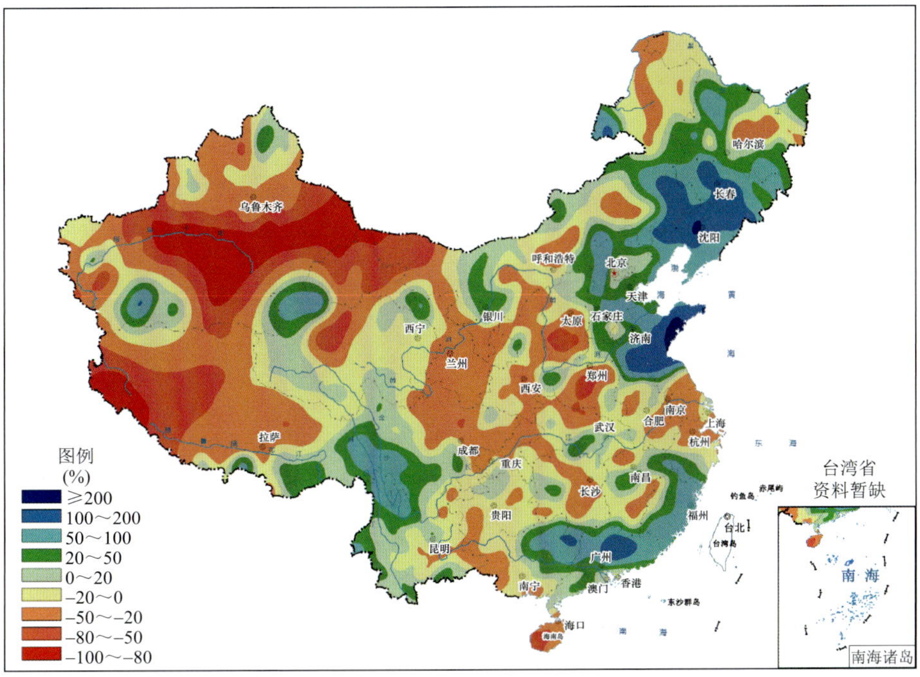

图 3.6.1　2022 年 6 月全国降水量距平百分率分布

Fig. 3.6.1　Distribution of precipitation anomaly percentage over China in June 2022

部、江淮大部、江汉大部及新疆东北部等地偏高 2 ℃以上；全国仅有辽宁、内蒙古和云南的局部地区气温较常年偏低 1～2 ℃（图 3.6.2）。安徽、甘肃、河南、江苏、宁夏、山东、山西和陕西八省（区）月平均气温为 1961 年以来历史同期最高，湖北、青海、上海和新疆为历史同期第二高。

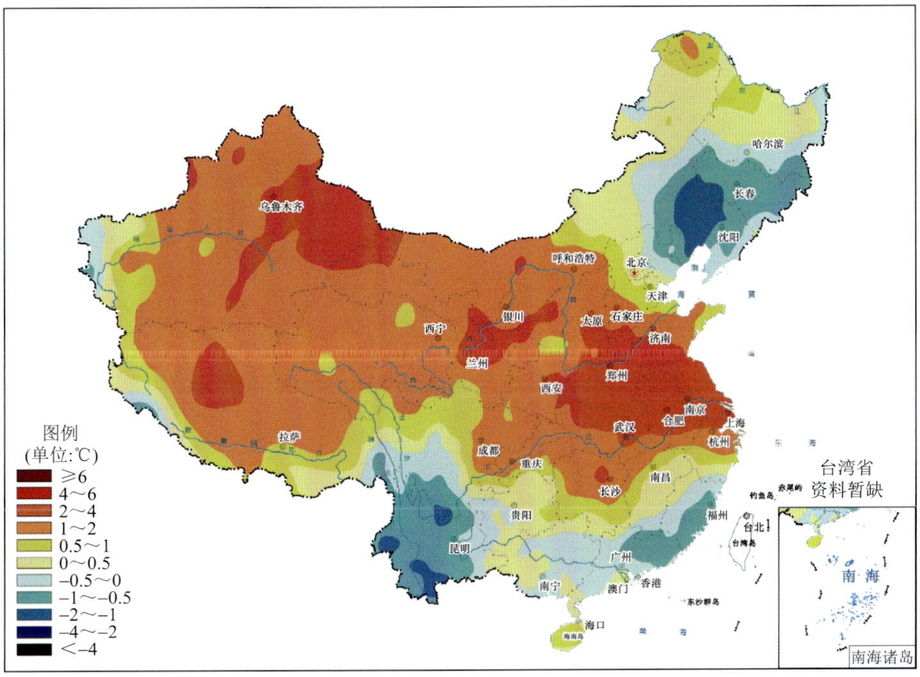

图 3.6.2　2022 年 6 月全国平均气温距平分布

Fig. 3.6.2　Distribution of mean temperature anomaly over China in June 2022

3.6.2 主要气象灾害事记

2022 年 6 月，我国南方出现了 4 次区域性暴雨过程，分别发生在 6 月 1 日、3—14 日、16—21 日、23—24 日。6 月 3—14 日和 16—21 日的两次暴雨过程对华南影响大。6 月 3—21 日，华南大部累计降水量有 200～600 毫米，广东东部、广西东北部局部超过 600 毫米。广东海丰累计降水量最大，达 1033.9 毫米，另外，广东英德（1167.9 毫米）、广东海丰（1035.6 毫米）、广东翁源（1031.6 毫米）三站超过 1000 毫米。受持续降水影响，珠江流域逾 45 条河流超警戒水位。西江干流广西梧州站 6 月 19 日 08 时水位涨至 20.95 米，超过警戒水位 2.45 米，形成西江第 4 号洪水；北江干流广东石角站 19 日 12 时流量涨至 12000 米^3/秒，形成北江第 2 号洪水。持续性降水导致广东、广西多地出现城乡积涝，给交通及农业生产等带来不利影响。

6 月 26—30 日，自四川盆地至华北、黄淮、东北等地迎来了一次大范围降雨过程，这也是 2022 年我国北方入汛以来的首次降雨过程，较常年明显偏早。京津冀鲁四省（市）平均降水量达 71.8 毫米，远高于历史同期（20.3 毫米），位列 1961 年以来历史第二多。其中，山东省平均降水量达 116.0 毫米，为 1961 年历史最多。此次大范围降雨过程有效改善了华北、黄淮等地夏种区的土壤墒情，有利于夏玉米、夏大豆等作物播种出苗以及春播作物生长发育。

6 月，黄淮、江淮等地气象干旱持续。自 4 月以来，华东北部、华中北部、西北地区等地由于温高雨少，气象干旱逐渐发展。6 月 11—14 日，华北东部、华东中北部等旱区先后出现降水，使得华北东部旱情稍缓。6 月 15—25 日，受高温少雨影响，西北地区东部、华北南部、华东北部、华中北部等地气象干旱继续发展，25 日全国中度及以上气象干旱面积达 120.6 万平方千米。6 月底后，北方旱区出现明显降水，旱区气象干旱得到一定程度的缓解。6 月 30 日，河南中部、山西南部、江苏中部、甘肃南部等地仍存在气象干旱，全国中旱及以上干旱面积为 92.7 万平方千米。干旱不利于夏玉米、夏大豆等适时播种、出苗及苏皖地区一季稻移栽。

6 月 13 日开始，我国出现 2022 年首次区域性高温天气过程，截至 6 月 30 日高温覆盖国土面积达 409.3 万平方千米，影响人口超过 7 亿人。河南省 16 日和 24 日分别有 59 个和 66 个国家级气象站日最高气温达到或超过 40 ℃，24 日焦作达 43.3 ℃；25 日河北省和河南省分别有 90 个和 29 个国家级气象站达到或超过 40 ℃，其中，河北省有 12 个站达到或超过 43 ℃，河北灵寿达 44.2 ℃。受高温天气影响，6 月 19 日，华北电网最大负荷达 24901 万千瓦，创入夏以来负荷新高；6 月 17 日江苏电网最大用电负荷突破 1 亿千瓦，较 2021 年夏季用电负荷首次破亿早了 19 天。因温高雨少，河北南部、河南、山东西部和南部、苏皖北部等地土壤墒情偏差，部分地区旱情持续或发展，对夏玉米、夏大豆等适时播种出苗不利。

6 月，全国共发生 10 次强对流天气过程，其中，北京、河北、陕西、内蒙古等省（区、市）灾害损失较重。6 月 11—14 日，内蒙古中部、辽宁西部、河北、北京、天津、山西、河南中东部、山东大部、安徽北部、江苏北部等地遭遇雷暴大风、冰雹和短时强降水。北京，河北保定、衡水，山东潍坊、东营、滨州等地最大冰雹直径达 3～5 厘米；山东济宁、河北衡水、河南驻马店、河南周口、河南濮阳、天津蓟县等地出现 8～10 级雷暴大风；北京密云檀营最大小时降水量 65.4 毫米（12 日 18—19 时），山东潍坊、烟台等地出现 50～60 毫米每小时短时强降水。强对流天气对农业生产造成一定损失。

3.7 7 月主要气候特点及气象灾害

3.7.1 主要气候特点

2022 年 7 月，全国平均气温为 23.2 ℃，较常年同期（22.2 ℃）偏高 1.0 ℃，全国平均降水量

96.6 毫米，较常年同期(121.6 毫米)偏少 21%。月内，有 6 次区域性暴雨过程影响我国，空间呈北多南少分布；生成登陆台风少，台风“暹芭”登陆强度强；高温日数偏多，区域高温过程持续影响我国；西北地区气象干旱缓解，南方多地气象干旱露头；强对流频发，部分地区灾害影响较重。

月降水量与常年同期相比，东北南部、华北南部、华东北部、华中北部、华南中部部分地区、西北地区东部部分地区以及内蒙古东北局地和西藏西部局等偏多 5 成至 2 倍；陕西、山西、河北、辽宁、山东等地部分地区偏多 2 倍以上；全国其余大部地区降水量偏少或接近常年，新疆东部和西南部、西藏中东部、甘肃北部、内蒙古中西部、四川中部、重庆、广西北部、浙江和福建大部、江西东部等地偏少5～8 成，其中，浙江局地和新疆局地偏少 8 成以上(图 3.7.1)。

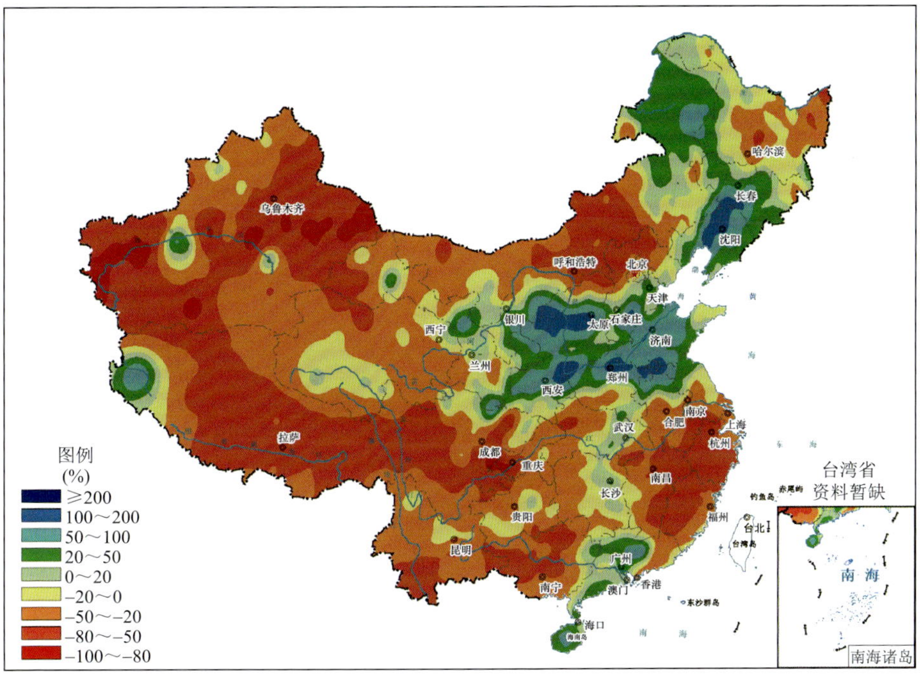

图 3.7.1　2022 年 7 月全国降水量距平百分率分布

Fig. 3.7.1　Distribution of precipitation anomaly percentage over China in July 2022

月平均气温与常年同期相比，全国除华北南部和西北地区东部部分地区气温偏低外，其余大部地区气温偏高或接近常年同期，其中，浙江大部、上海、江苏南部、四川东部和新疆西南部等地偏高 2～4 ℃(图 3.7.2)。

3.7.2　主要气象灾害事记

2022 年 7 月，我国出现 6 次区域性暴雨过程，7 月 2—6 日和 7 月 16—20 日过程主要影响南方地区，7 月 7 日、7 月 10—12 日、7 月 22 日、7 月 27—28 日过程主要影响北方地区。与常年同期相比，北方暴雨过程偏多 1.4 次，南方偏少 2.1 次。7 月 2—6 日和 16—20 日过程持续时间较长，综合强度较强。7 月，全国有 20 个省(区、市)因暴雨洪涝影响受灾，其中，辽宁灾害损失较重。

月内，西北太平洋和南海共有 3 个台风生成，其中，1 个登陆我国，均比常年同期偏少 0.8 个。3 号台风“暹芭”(CHABA)于 6 月 30 日上午在南海洋面生成，7 月 2 日 15 时在广东电白沿海登陆，是 2022 年首个登陆我国的台风，登陆时底层中心附近最大风力有 12 级(35 米/秒)，也是 1991 年以来初台登陆强度位列第四强的台风。

月内，受温高雨少影响，四川盆地、陕西中南部、河南西部、湖北中西部及苏皖南部、浙江北部、江西中部等地出现中等及以上程度气象干旱，云南北部旱情于 7 月 11 日有所抬头并持续发展，截至

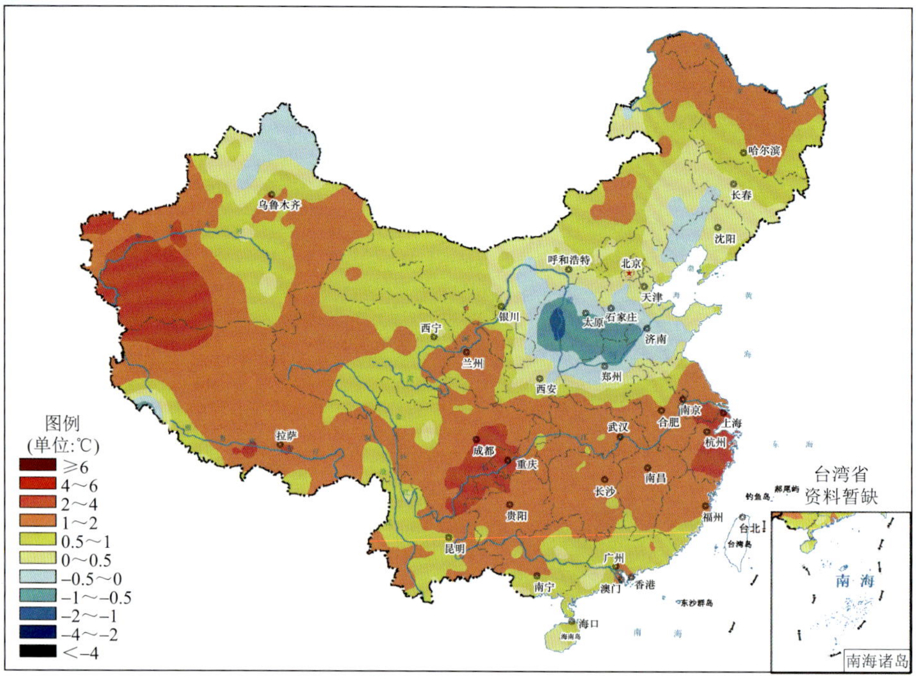

图 3.7.2　2022 年 7 月全国平均气温距平分布

Fig. 3.7.2　Distribution of mean temperature anomaly over China in July 2022

7 月 31 日，华东中南部、华中西北部和东南部、西南部分地区和华南西部等多地中到重度气象干旱露头并发展，内蒙古中东部、新疆和西藏中东部地区气象干旱持续，全国中旱及以上面积达 225.5 万平方千米。

月内，全国平均高温日数(日最高气温≥35 ℃)5.6 天，较常年同期偏多 2.0 天，为 1961 年以来历史同期第二多(仅次于 2017 年)。西南地区东部、华中、华东和华南大部地区及新疆西南部等地高温日数较常年同期偏多 5～10 天，部分地区偏多 10 天以上。

月内，新疆、内蒙古、甘肃、宁夏、陕西、山西、河北、河南、黑龙江、辽宁、湖北、湖南、江苏、重庆和云南等 15 个省(区、市)部分地区遭受雷电、大风、冰雹等强对流天气影响，其中，甘肃、河南、湖北、江苏等地灾害影响较重。

3.8　8 月主要气候特点及气象灾害

3.8.1　主要气候特点

2022 年 8 月，全国平均气温为 22.4 ℃，较常年同期(21.1 ℃)偏高 1.3 ℃，全国平均降水量 82.4 毫米，较常年同期(107.1 毫米)偏少 23.1%。月内，高温日数异常偏多，区域高温过程持续影响我国；长江流域等地气象干旱持续发展；8 次区域暴雨过程影响我国，与常年同期相比北多南少；8 月台风生成及登陆均偏少；强对流天气多发，局地受灾重。

月降水量与常年同期相比，东北中部及北部、华北中部及内蒙古中东部、甘肃中部、青海东北部、新疆西部、西藏西南部等地降水量偏多 5 成至 2 倍；山西北部、内蒙古中部、新疆西部等地部分地区偏多 2 倍以上；全国其余大部地区降水量偏少或接近常年同期，华中大部、华东中南部、华南北部及新疆大部、甘肃北部、内蒙古西部和东北部、西藏中东部、四川东南和西南部、重庆南部等地偏少 5～8 成，江西中部、湖南大部、新疆局部等地偏少 8 成以上(图 3.8.1)。

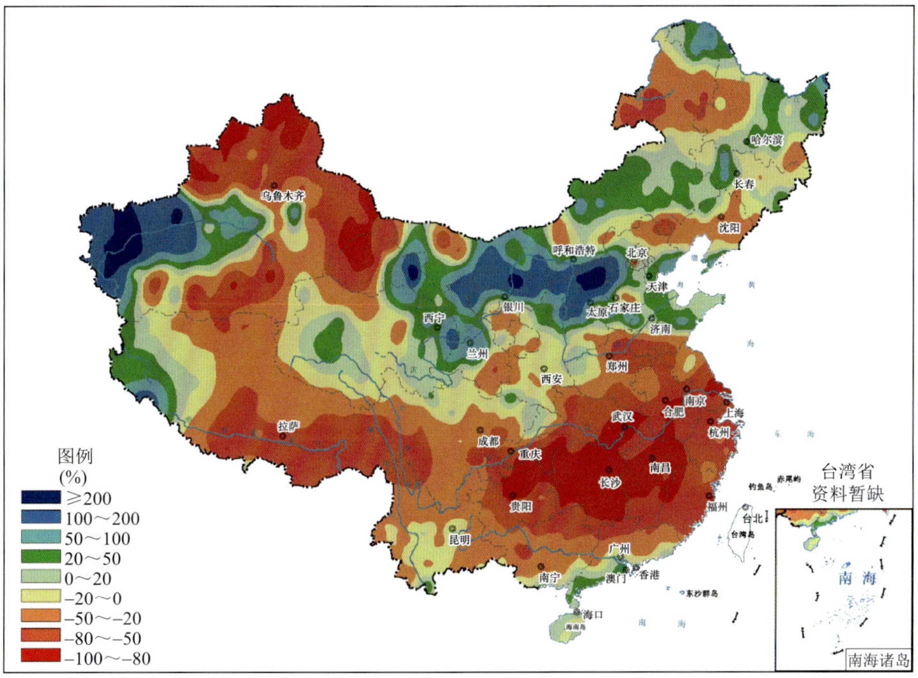

图 3.8.1　2022 年 8 月全国降水量距平百分率分布

Fig. 3.8.1　Distribution of precipitation anomaly percentage over China in August 2022

月平均气温与常年同期相比，全国除东北大部及内蒙古东北部、新疆西部等地部分地区气温偏低外，其余大部地区气温偏高或接近常年同期，其中，华东大部、华中、西北大部、西南大部及西藏东部等地偏高 2～4 ℃，局部偏高 4～6 ℃（图 3.8.2）。

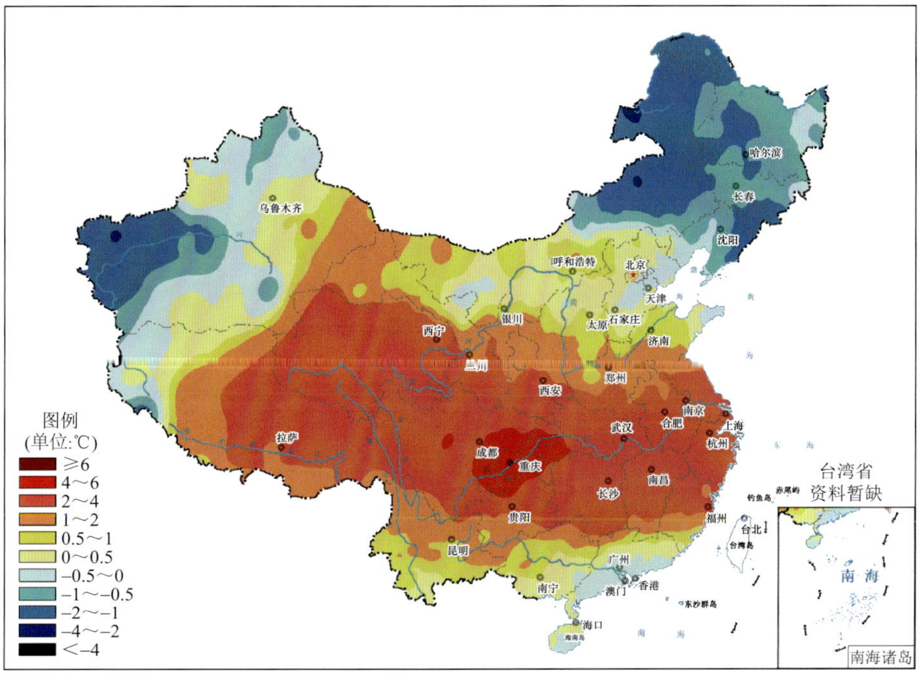

图 3.8.2　2022 年 8 月全国平均气温距平分布

Fig. 3.8.2　Distribution of mean temperature anomaly over China in August 2022

3.8.2 主要气象灾害事记

2022 年 8 月以来，我国出现 8 次区域性暴雨过程，其中，8 月 5 日、10 日、25 日及 29—30 日暴雨过程主要影响南方地区，而 8—10 日、15 日、18—19 日及 22 日发生在北方地区；与常年同期相比，北方暴雨过程偏多 1.1 次，南方偏少 0.8 次，其中，10 日、25 日这两次发生在南方地区的暴雨过程，分别是“木兰”和“马鞍”两个台风登陆华南造成，而 8—10 日和 18—19 日两次发生在北方地区的暴雨过程持续了 2～3 天，综合强度较强。

月内，西北太平洋和南海共有 5 个台风生成（比常年同期偏少 0.7 个），其中，2 个登陆我国（比常年同期偏少 0.3 个）。台风“木兰”(Mulan)于 8 月 9 日在南海洋面生成，10 日 10 时 50 分在广东徐闻登陆，登陆时中心附近最大风力有 8 级（20 米/秒）。具有生命周期短、影响范围广、外围风雨大、局地雨强强等特点。台风“木兰”给我国华南带来强风雨影响，但对缓解华南地区高温有利。台风“马鞍”(Ma-On)于 8 月 22 日在菲律宾吕宋岛以东洋面生成，25 日 10 时 30 分在广东电白登陆，登陆时最大风力有 11 级（30 米/秒）。具有移速快、结构不对称等特点。受台风“马鞍”影响，25 日 08 时至 26 日 06 时，广东沿海、广西南部、海南岛等地出现大到暴雨；广东湛江、广西防城港及海南岛北部和西部等地部分地区大暴雨，广西防城港、海南乐东局地特大暴雨（250～269 毫米）。台风造成广东、海南等地遭受一定损失，但丰沛的降水对增加水库蓄水、缓解部分地区高温干旱有利。

月内，全国平均高温日数（日最高气温≥35 ℃）5.4 天，较常年同期偏多 2.8，为 1961 年以来历史同期第一多。华南北部、华中大部、华东中南部、西南地区东部及新疆东南部等地高温日数普遍有 10～25 天，江南大部及四川盆地东部超过 25 天；与常年同期相比，西南东部、华中南部、华东中部等地高温日数偏多 10～20 天，局地偏多 20 天以上。全国共有 712 个气象站最高气温达到极端高温事件监测标准，其中，268 个气象站的最高气温突破历史极值。

月内，受持续温高雨少影响，长江流域气象干旱持续发展，发生大范围夏伏旱事件，8 月 27 日，长江流域中旱及以上面积最广，达 176.7 万平方千米，其中，特旱 25.4 万平方千米。长江流域自 7 月以来干旱日数达 27.1 天，较常年同期偏多 16.4 天，为 1961 年以来历史同期第一多。持续高温干旱造成重庆多地先后发生多起山林火灾；长江干流及洞庭湖和鄱阳湖水位较常年同期明显偏低，对部分地区水资源及电力保供影响较大；高温热害叠加干旱对秋粮及秋收作物、经济作物、蔬菜等生长发育不利，四川、重庆、湖北、湖南、江西、安徽 6 省（市）农牧业受旱较重。

月内，全国共发生 5 次强对流天气过程，福建、江苏、内蒙古、青海、甘肃、安徽、黑龙江、新疆、贵州、陕西、河北、山西和云南等 13 个省（区、市）部分地区遭受雷电、大风、冰雹等强对流天气影响，其中，内蒙古和云南等地受灾较重。

3.9 9月主要气候特点及气象灾害

3.9.1 主要气候特点

2022 年 9 月，全国平均气温为 17.9 ℃，较常年同期（16.9 ℃）偏高 1.0 ℃，全国平均降水量 49.4 毫米，较常年同期（65.3 毫米）偏少 24%。月内，华南地区西部、华东北部、西南地区东北部和东北地区南部等地遭受暴雨洪涝灾害；生成台风偏多，登陆台风偏少，新中国成立以来路径最北秋台“梅花”影响华东、东北；长江流域干旱维持或发展；我国南方发生 2 次高温过程，加剧了南方干旱灾害；我国发生了 2 次冷空气过程；华北、华东地区遭受风雹灾害，内蒙古、宁夏、河南等地局部风雹灾害较重。

月降水量与常年同期相比，西藏西部和东南部、吉林东南部、辽宁东南部、山东东北部、江苏东部部分地区、上海大部、浙江东部、云南东南部等地偏多 5 成至 2 倍；西藏西部、辽宁东南部、山东东北部等地部分地区偏多 2 倍以上；全国其余大部地区降水量偏少或接近常年，华北大部、华中大部、华东大部、华南大部、新疆大部、内蒙古大部等地偏少 5～8 成，华北东部、华东中部和西部、华南北部和中部、新疆中部和南部、内蒙古西部和东南部等地偏少 8 成以上（图 3.9.1）。

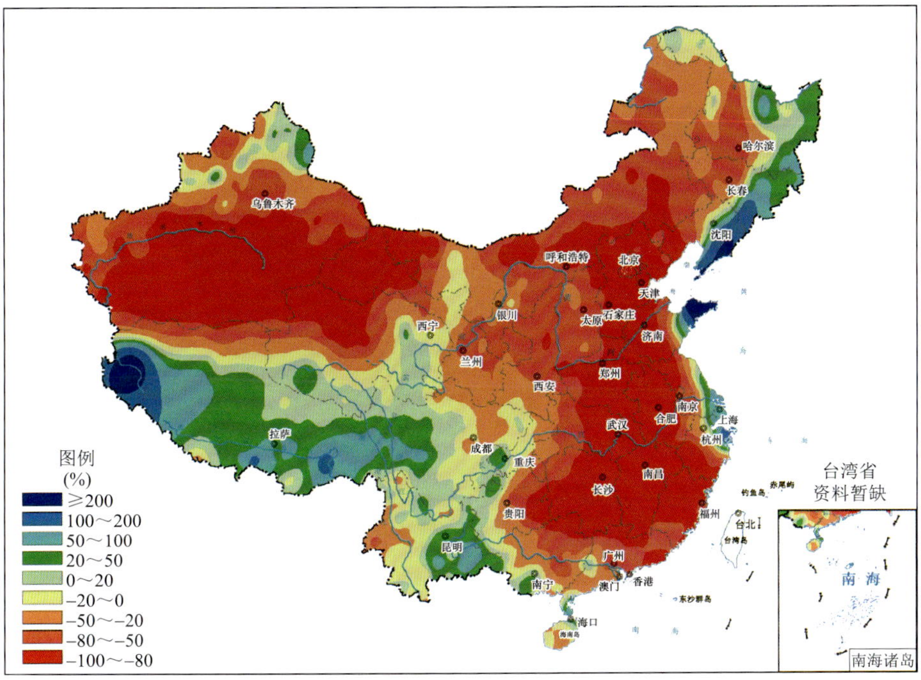

图 3.9.1　2022 年 9 月全国降水量距平百分率分布

Fig. 3.9.1　Distribution of precipitation anomaly percentage over China in September 2022

月平均气温与常年同期相比，全国除西南地区大部、华东地区东部及青海东部等地部分地区气温偏低外，其余大部地区气温偏高或接近常年同期，其中，新疆大部、内蒙古大部、华中南部等地偏高 2～4 ℃，局部偏高 4～6 ℃（图 3.9.2）。

3.9.2　主要气象灾害事记

2022 年 9 月，我国南方出现了 3 次区域性暴雨过程，分别是 9 月 8 日、15—16 日、20 日。其中，15—16 日的暴雨过程综合强度达到中等强度，覆盖国土面积 19.9 万平方千米，影响人口 1.2 亿。上海、吉林、山东、江苏、浙江、辽宁等地出现强降雨，多地累计降水量超过 100 毫米，其中，山东栖霞站累计降水量达到 262.4 毫米。8 日、20 日两次暴雨过程缓解了西南地区东部和华南北部的旱情。

月内，受降水少、气温高影响，2022 年夏季长江流域发生严重夏伏旱。8 月 25 日以来，长江流域西部及北部地区出现明显降雨，气象干旱不同程度缓和，其中，四川东部、陕西南部气象干旱缓解较为明显。进入 9 月，长江中下游地区仍持续少雨，大部地区气象干旱持续，遭受夏秋连旱。9 月 30 日气象干旱监测显示，长江流域中下游地区大部仍存在中度及以上等级气象干旱，其中，浙江西南部、安徽南部、湖北东部、湖南中部至南部、江西大部、福建西部和东北部等地有特旱。

月内，我国南方出现了 3 次区域性高温过程，分别是 9 月 5—13 日、16—20 日、9 月 27 日至 10 月 3 日。其中，9 月 5—13 日的区域高温过程综合强度达到特强，覆盖国土面积 143 万平方千米，影响人口达 5.5 亿。影响范围内有 229 个站达到或者超过 37 ℃，其中，贵州沿河站达到 40.3 ℃。这两次高温过程加剧了长江流域的气象干旱，增加了当地的供电压力，对当地生态系统造成了负面影响。

月内，西北太平洋和南海共有 8 个台风生成（比常年同期偏多 3 个），其中，1 个登陆我国（比常

月内，受降水少、气温高影响，2022年长江流域发生夏秋连旱。10月1—9日，长江北部出现明显降水，长江北部地区气象干旱缓和或缓解，长江以南气象干旱持续。气象干旱对南方地区农业、水资源调度、能源供应、生态系统、社会生活都造成了一定的影响。10月31日，气象干旱监测显示，浙江中南部、安徽南部、湖北南部、福建、江西、湖南、贵州大部、广东北部和东部、广西东部和中部、重庆南部和四川南部等地存在中度至重度气象干旱，浙江南部、福建北部至中部、江西中部至南部、湖南中南部、广西东北部、广东中北部、贵州东南部和重庆东南部的部分地区有特旱。

月内，西北太平洋和南海共有5个台风生成，较常年同期（3.5个）偏多，没有台风登陆我国，较常年（0.6）同期偏少。受台风“纳沙”和冷空气共同影响，浙江沿海、福建沿海、广东沿海、海南沿海、台湾沿海及西沙群岛、中沙群岛等地出现7～9级阵风、局地10～11级；广东西部沿海、广西西部、海南岛中东部出现大雨或暴雨，海南文昌和琼海等局地大暴雨。

月内，南方地区出现1次高温过程，平均高温日数1.39天，为1961年以来历史同期最多。河南、安徽、湖北、湖南、江苏、江西、福建和广东等8个省共68个气象站日最高气温达到极端高温事件监测标准。江汉大部、江淮大部、江南和华南大部等地高温覆盖面积达122.9万平方千米。

月内，我国发生了5次冷空气过程，分别是10月3—7日、10—11日、17—19日、22—24日、27—28日。其中，3—7日的冷空气过程为全国型寒潮过程，影响区域主要在我国中部和东部，东北中部、内蒙古中部、华北北部、黄淮西部、江淮、江汉、江南大部及陕西东南部、重庆、贵州北部、广西东北部、广东西北部等地降温幅度在12 ℃以上，其中，河南东南部、安徽大部、湖北大部、湖南东北部降温幅度达20 ℃以上，河南新野、沁阳降温幅度超过25 ℃。

3.11 11月主要气候特点及气象灾害

3.11.1 主要气候特点

2022年11月，全国平均气温为4.8 ℃，较常年同期（3.3 ℃）偏高1.5 ℃，全国平均降水量26.9毫米，较常年同期（20.2毫米）偏多33.2%。月内，华南、江南气象干旱缓解，西南东部和南部气象干旱持续；五次冷空气过程影响我国，11月底过程综合强度强，影响大；11月新疆和东北部分地区降雪量大，局地积雪深度大。

月降水量与常年同期相比，东北地区南部、内蒙古东部、华北北部、江南东南部、华南大部、新疆北部、甘肃西部等地偏多5成至2倍，部分地区偏多2倍以上；而新疆南部、西藏大部、西南地区大部、西北地区东部部分地区及内蒙古西部等地偏少5成以上，部分地区偏少8成以上（图3.11.1）。

月平均气温与常年同期相比，除新疆北部、甘肃西部、内蒙古西部和东部部分地区、西藏南部及西南地区西部等地气温接近常年同期或偏低0.5～1 ℃之外，全国大部气温较常年同期偏高1～2 ℃，其中，东北地区东部和西北部、中东部地区及西南地区东部等地气温偏高2～4 ℃（图3.11.2）。

3.11.2 主要气象灾害事记

2022年11月15—30日，江南、华南出现明显降水过程，有效缓解了这些地区的气象干旱。至11月30日，西南东部和南部、湖南西部等地有中等以上气象干旱，其中，重庆南部、贵州北部和东南部、湖南西南部、广西北部部分地区有特旱。江南、华南的干旱缓解对油菜和冬小麦幼苗生长及露地蔬菜、果树等生长发育十分有利，但贵州等地部分地区土壤持续缺墒，对当地农业生产有一定不利影响。

11月我国发生了5次冷空气过程，分别是11月4—5日、12—14日、22—23日，26—28日，11月30日至12月1日。次数较常年同期（4.1次）偏多0.9次。其中，11月26—28日和11月30日

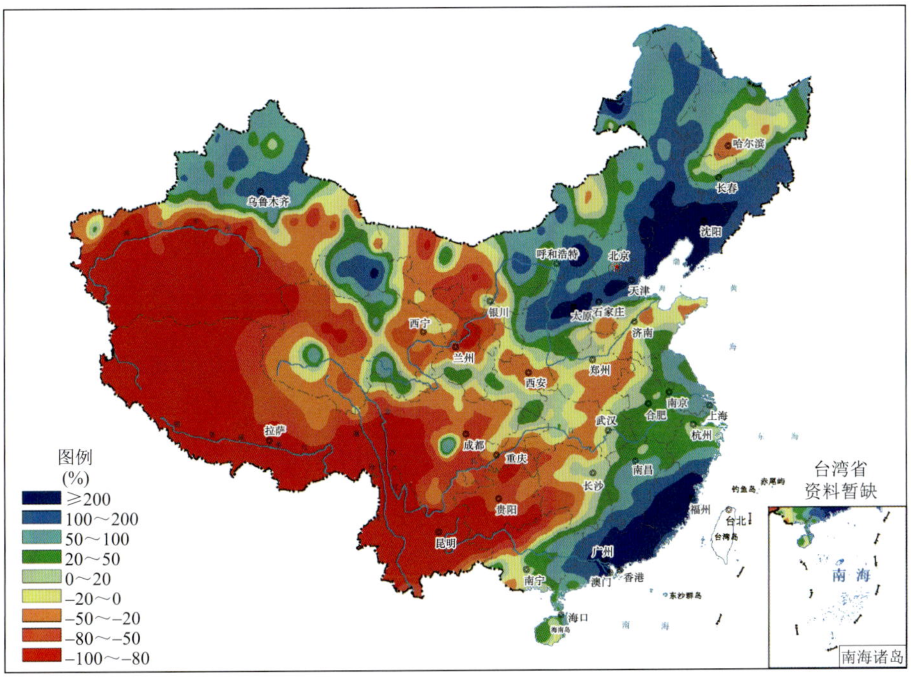

图 3.11.1　2022 年 11 月全国降水量距平百分率分布

Fig. 3.11.1　Distribution of precipitation anomaly percentage over China in November 2022

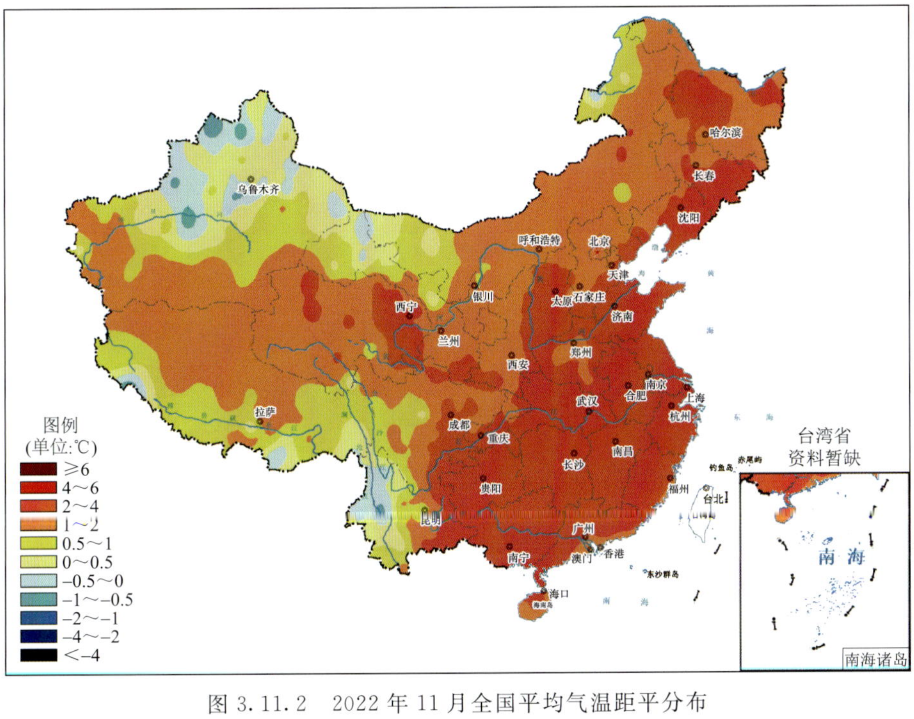

图 3.11.2　2022 年 11 月全国平均气温距平分布

Fig. 3.11.2　Distribution of mean temperature anomaly over China in November 2022

至 12 月 1 日两次寒潮过程接连影响我国，具有降温幅度大、影响范围广、综合强度强等特点。受其影响，我国大部剧烈降温并伴有雨雪和大风天气。北方大部、江南大部、华南中部等地出现 14 ℃以上降温，局地降温超过 18 ℃，新疆小渠子、河北青龙和河北宽城等 15 站降温幅度达到或超过历史极值；气温 0 ℃线已南压至江苏南部、江西北部到陕西南部一带。新疆塔城、阿勒泰等地出现暴雪天气，新疆北部普遍出现 7 级以上大风，风口风力达 11～15 级，东部和南疆盆地出现沙尘。11 月 29 日至 12 月 1 日，陕西、河南、湖北、安徽、江西、浙江、山东等多省出现小到中雪、雨夹雪或雨转雪，安徽南部等局地有大雪，安徽南部、浙江西北部最大积雪深度 1～4 厘米。湖南南部、江西中南部、浙江南部、福建中北部、广西西南部等地部分地区出现大到暴雨，浙江丽水和温州局地大暴雨；贵州中北部、湖北东南部、湖南中部等局地出现冻雨；福建西部等局地有雷雨大风、冰雹等强对流天气。此次寒潮低温灾害对新疆、内蒙古等地的畜牧业，以及南、北方多地的设施农业造成一定的不利影响。

月内，受冷空气过程影响，我国东北、西北、江淮和高原地区出现降雪天气。从降雪日数看，内蒙古东北部、黑龙江大部、吉林东部、青海东南部及新疆北部等地降雪日数有 5～10 天，局地 10 天以上，其中，新疆北部部分地区和内蒙古东北部降雪日数较常年同期偏多 2～6 天。新疆和吉林累计降雪量为 1961 年以来同期最大，28 日阿勒泰北部、塔城北部积雪深度普遍有 10～20 厘米，其中，阿勒泰市 38 厘米，塔城市和额敏县 28 厘米。

3.12　12 月主要气候特点及气象灾害

3.12.1　主要气候特点

2022 年 12 月，全国平均气温为 −4.2 ℃，较常年同期（−3.0 ℃）偏低 1.2 ℃，全国平均降水量 7.5 毫米，较常年同期（11.9 毫米）偏少 37%。月内，我国西南地区气象干旱持续，至月底基本解除；四次冷空气过程影响我国；北方遭受沙尘天气影响；全国降雪日数接近常年同期。

月降水量与常年同期相比，黑龙江东部、内蒙古西部、甘肃北部、四川南部、云南东部和北部等地区偏多 2 成以上，其中，黑龙江东部、内蒙古西部、云南东部等地偏多 5 成以上，局部地区偏多 1～2 倍；全国大部分地区降水量偏少 2～8 成，其中，新疆中南部、西藏中西部、西北地区中北部、内蒙古中部、华北大部、华中大部、华东中北部及华南南部等地区偏少 8 成至 1 倍（图 3.12.1）。

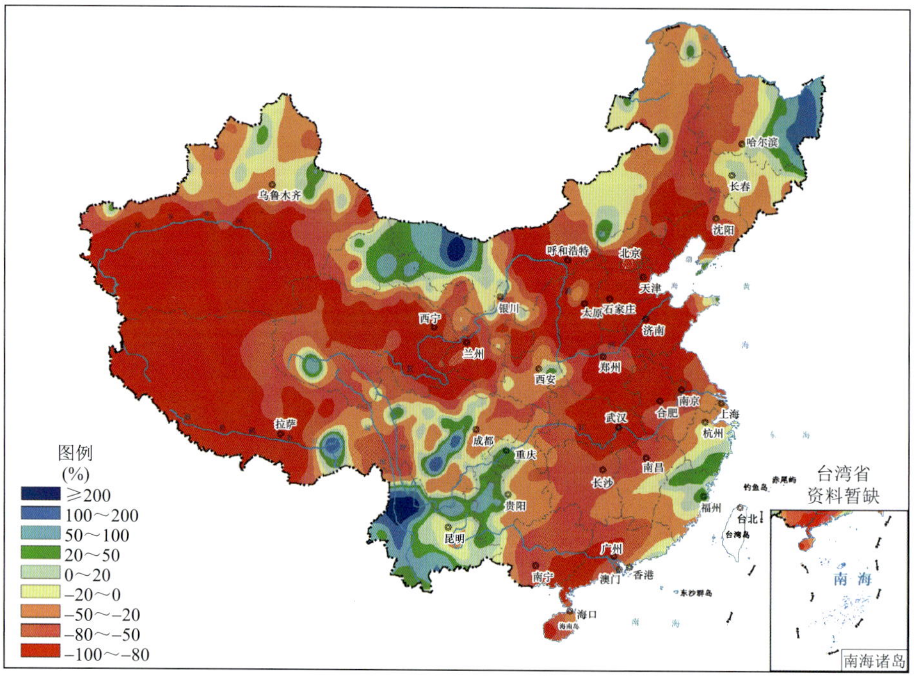

图 3.12.1　2022 年 12 月全国降水量距平百分率分布

Fig. 3.12.1　Distribution of precipitation anomaly percentage over China in December 2022

月平均气温与常年同期相比，除西藏大部、西南东部、东北北部等地偏高 0.5～2 ℃外，全国大部地区偏低 0.5～4 ℃，新疆大部、内蒙古中东部、西北地区西北部、东北地区东南部、华北地区北部和中部、华南地区东部和南部等地普遍偏低 2～4 ℃，新疆北部偏低 4 ℃以上（图 3.12.2）。

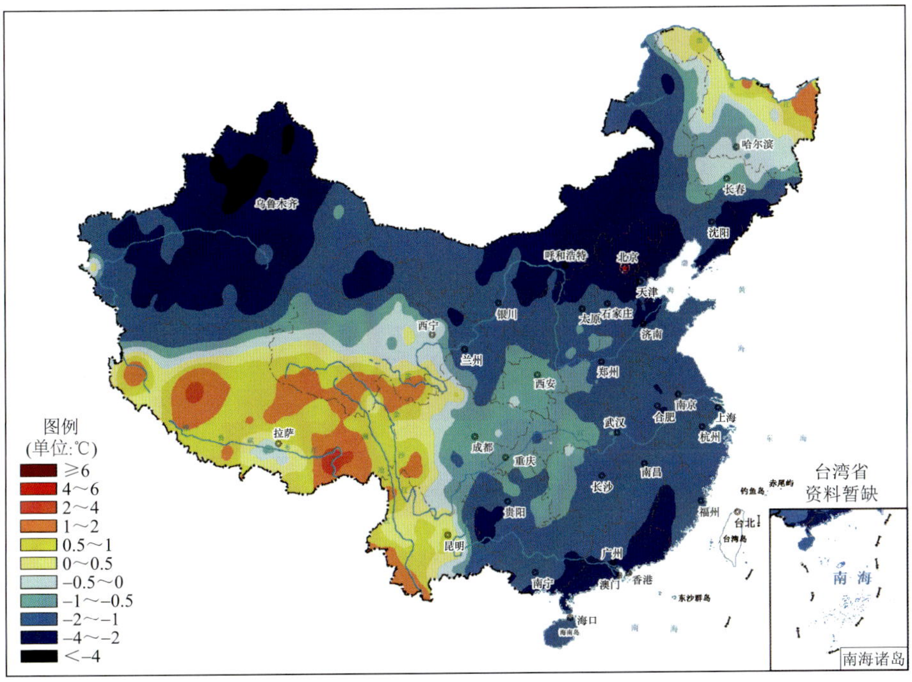

图 3.12.2　2022 年 12 月全国平均气温距平分布

Fig. 3.12.2　Distribution of mean temperature anomaly over China in December 2022

3.12.2　主要气象灾害事记

受前期持续高温少雨天气影响，12 月初至 12 月 26 日，西南地区东部和南部仍有中等以上气象干旱，其中，重庆东南部、贵州北部和东南部、湖南西部、广西北部、云南东部等地有特旱。12 月 27—29 日，西南、华中南部以及华南北部等地区有 5～25 毫米降水，有效缓解了西南大部地区干旱。

月内，我国发生了 4 次冷空气过程，分别是 12 月 11—12 日、17—19 日、22—23 日、26—27 日，次数接近常年同期（3.9 次）。22—23 日冷空气过程造成黑龙江东北部和新疆北部有 4 毫米以上降雪，其中，黑龙江有 25 个站累计降雪量超过 10 毫米，5 个站超过 20 毫米，最大为集贤县 22.9 毫米。

12 月 11—13 日，内蒙古大部、甘肃西部和北部、青海西北部、宁夏、陕西中北部、山西、河北、北京、天津、山东、黑龙江西南部、吉林、辽宁、新疆南疆盆地等地出现扬沙或浮尘天气，其中，内蒙古中西部出现沙尘暴，局地强沙尘暴。北京 12 月 12 日出现 3～4 级偏北风，阵风 6～7 级，局地达 8 级以上。另外，受上游沙尘输送影响，北京 PM_{10} 浓度明显上升，能见度下降，大部分地区最低能见度 1～4 千米。

第 4 章　分省气象灾害概述

4.1　北京市主要气象灾害概述

4.1.1　主要气候特点及重大气候事件

2022 年，北京市平均气温为 11.8 ℃，与常年（11.8 ℃）持平（图 4.1.1）；秋季平均气温较常年同期略偏高，其中，9 月平均气温为 20.8 ℃，位于历史同期第三高，春季、夏季和冬季（2021/2022 年）平均气温均接近常年同期。年降水量为 492.9 毫米，较常年同期（551.3 毫米）偏少 1 成（图 4.1.2）；春、秋季降水较常年同期偏少，秋季降水较常年同期偏少达 5 成，其中，9 月的降水量仅 10.1 毫米，为 1961 年以来同期第三少。冬季降水较常年同期偏多，夏季降水略多于常年同期。

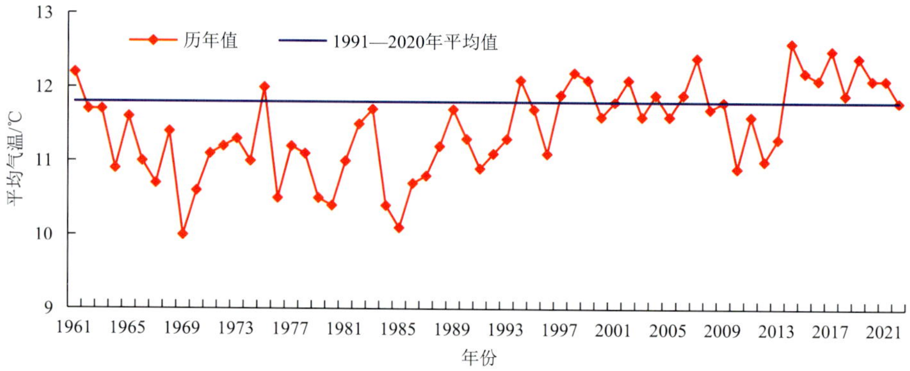

图 4.1.1　1961—2022 年北京市年平均气温变化

Fig. 4.1.1　Annual mean temperature in Beijing during 1961—2022

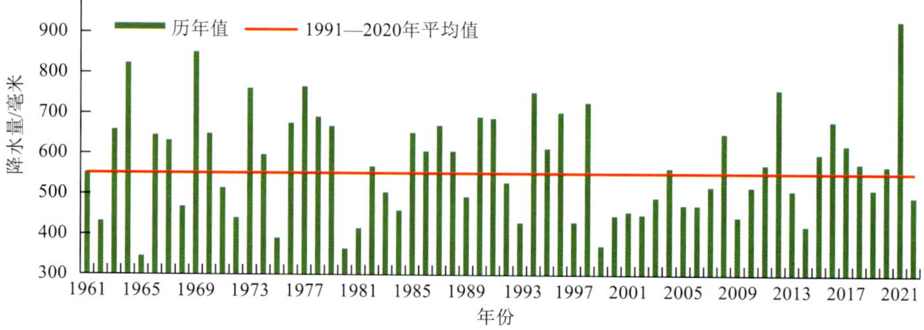

图 4.1.2　1961—2022 年北京市平均年降水量变化

Fig. 4.1.2　Annual precipitation in Beijing during 1961—2022

2022 年北京市出现了大风、冰雹等局地强对流天气，造成了一定经济损失。2022 年北京因气象灾害受灾总人口为 9.2 万人；农作物受灾面积 9150 公顷，绝收面积 910 公顷；直接经济损失 6.4 亿元。总体来看，气象灾害较轻。

4.1.2 主要气象灾害及影响

1. 局地强对流

6 月，北京市通州区、密云区、平谷区、昌平区等多地出现冰雹等强对流天气。6 月 4 日，通州区出现冰雹天气并伴有短时大风，农作物总受灾面积 1140 公顷；直接经济损失 1.3 亿元。6 月 12 日，密云区、平谷区、昌平区等地出现强降雨天气，局地伴有短时大风及冰雹，受灾人口达 8 万人；受损房屋 9030 间，受损车辆 8332 辆；农林作物受灾面积 8482 公顷；直接经济损失 4.4 亿元。6 月 14 日，平谷区出现冰雹天气，受灾人口 3491 人；农作物总受灾面积 758 公顷；高位水池护坝坍塌 1 处；直接经济损失 1269 万元。9 月 4 日，昌平区 20 个镇(街道)出现小冰雹，其中，9 个镇(街道)851 人受灾；农作物受灾面积 1004 公顷；直接经济损失 3337 万元。

2. 大风

9 月 22—23 日，北京地区有 16 个站的极大风速达到 8 级以上，房山、大兴、怀柔、顺义、海淀、门头沟、斋堂、霞云岭、佛爷顶站的极大风速达到 9 级以上。另外，海淀、石景山、房山、顺义、大兴、霞云岭、斋堂、佛爷顶站的极大风速突破 9 月历史极值。受大风影响，房山区有车辆被砸，墙体掉落，施工现场设施、电力设备损坏，农业受损，玉米倒伏(图 4.1.3)。

图 4.1.3 2022 年 9 月 22 日北京房山区玉米遭遇大风倒伏(房山区气象局提供)
Fig. 4.1.3 The corn fell down in the strong wind in Fangshan District, Beijing on September 22, 2022 (By Fangshan Meteorological Service)

4.2 天津市主要气象灾害概述

4.2.1 主要气候特点及重大气候事件

2022 年，天津市平均气温 13.4 ℃，较常年偏高 0.3 ℃(图 4.2.1)；年降水量 589.9 毫米，较常年偏多1成(图4.2.2)。各季平均气温均较常年偏高,偏高幅度0.4～1.1 ℃;春、秋季降水较常年偏少,夏、冬季降水较常年偏多。

2022年,天津主要出现了低温寒潮、区域性暴雨、区域性高温、大风、雪、雾等灾害性天气气候事件。夏季区域性高温持续导致电网最大负荷创历史新高;区域性暴雨引起城市内涝,影响交通出行;夏秋两季历史最热,“秋老虎”后程发威;“雪后雾”导致高速封闭,交通出行受阻;温暖湿润的11月对秋种非常有利;初春大风天气引起全域性的扬沙天气;优异的气候资源助力夏粮丰收。

总体上,2022年气象灾害对天津市农业、交通、人体健康等诸多方面均造成不同程度的影响,直接经济损失2800万元;全年气象条件对农业生产总体有利。

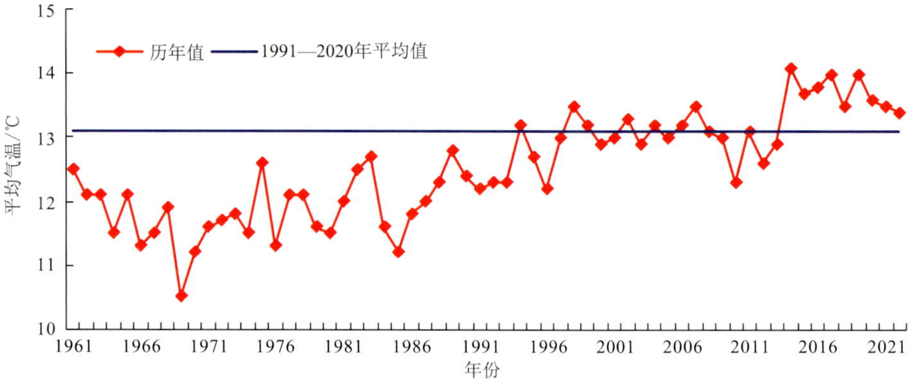

图4.2.1 1961—2022年天津市年平均气温变化

Fig. 4.2.1 Annual mean temperature in Tianjin during 1961—2022

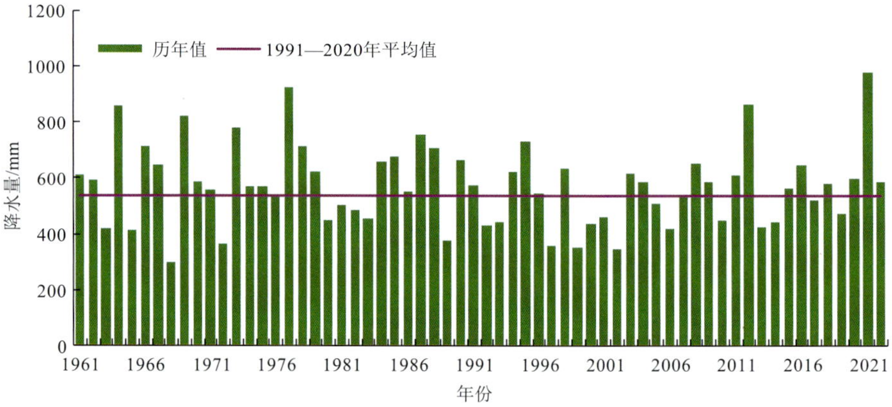

图4.2.2 1961—2022年天津市平均年降水量变化

Fig. 4.2.2 Annual precipitation in Tianjin during 1961—2022

4.2.2 主要气象灾害及影响

1. 低温

2022年,全市平均低温日数17.5天。各区中,蓟州低温日数49天,为该站建站以来第二多;北辰39天,为该站建站以来第三多。年内有2次全市范围的寒潮天气过程,均出现在11月。

2. 暴雨

2022年,全市平均降水日数59天,各区在54～61天,共发生了3次区域性暴雨过程。7月3日全市普降中到大雨、局部暴雨、个别站大暴雨,平均降水量45.8毫米,最大降水量140.3毫米,出现在津南;7月6日全市普降中到大雨、局部暴雨、个别站大暴雨,平均降水量59.1毫米,最大降水量127.7毫米,出现在宁河;8月19日全市13个国家级气象站中有7个站出现暴雨及以上等级降水,最大降水量 124.0 毫米，出现在滨海新区塘沽站。

3. 高温

2022 年，全市平均高温日数 15.3 天，各区在 3～22 天，共出现了 11 次区域高温过程，最长持续 4 天。6 月 24—26 日全市出现持续高温天气，其中，25 日全市 13 个国家级气象站均出现高温天气，静海、西青、市区、东丽、津南以及滨海新区大港和塘沽站日最高气温超过 40.0 ℃，极高值达到 40.7 ℃（静海站），天津电网最大负荷达到 1570 万千瓦，创历史新高。

4. 大风

2022 年，全市平均大风日数 5 天，各区为 1～13 天。3 月 4 日全市 13 个国家级气象站中有 11 个站出现大风，并伴有扬沙天气，最大风速达到 25.5 米/秒(10 级)，出现在滨海新区塘沽站；宝坻八门城镇杨岗村、菱角沽村 4 座大棚受损；经济损失 1 万元；武清区农作物受灾面积 22 公顷；直接经济损失 231 万元。6 月 12 日，蓟州区东施古镇、出头岭镇等镇出现大风天气，造成农作物受灾面积 1000 公顷；直接经济损失 731 万元。

4.3 河北省主要气象灾害概述

4.3.1 主要气候特点及重大气候事件

2022 年，河北省平均气温 12.6 ℃，比常年偏高 0.4 ℃（图 4.3.1）。冬季、春季和秋季气温偏高，夏季接近常年。平均年降水量 569.3 毫米，比常年偏多 12.6%（图 4.3.2）。春季降水偏少，夏季偏多，秋季和冬季接近常年。

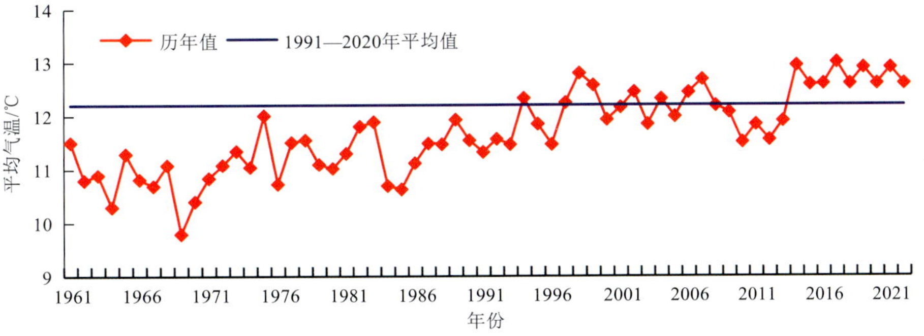

图 4.3.1 1961—2022 年河北省年平均气温变化

Fig. 4.3.1 Annual mean temperature in Hebei during 1961—2022

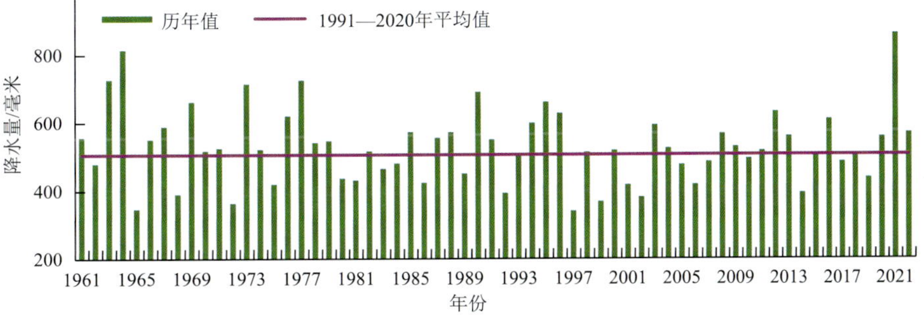

图 4.3.2 1961—2022 年河北省平均年降水量变化

Fig. 4.3.2 Annual precipitation in Hebei during 1961—2022

2022 年，河北省平均年冰雹日数偏少；暴雨日数显著偏多；寒潮日数偏多，为 1963 年以来最多；高温日数显著偏多，极端性强。

2022 年，局地强对流、暴雨、干旱、寒潮、暴雪等灾害性天气共造成河北省 93.9 万人次受灾，死亡失踪 15 人；农作物受灾面积 13.5 万公顷；直接经济损失 9.5 亿元，受灾人口、农作物受灾面积和直接经济损失均为近 10 年最低。

4.3.2 主要气象灾害及影响

1. 局地强对流

2022 年，河北省平均冰雹日数 0.3 天，比常年偏少 50.0%。2022 年强对流天气共造成 41.4 万人次受灾，死亡失踪 15 人，农作物受灾面积 5.0 万公顷，直接经济损失 4.5 亿元(为近 10 年最低)。影响较大的强对流天气过程有 5 次，其中，6 月 10—16 日的强对流天气过程影响相对较大，受大风、冰雹、短时强降水等天气影响，张家口、承德、保定、衡水和石家庄 5 个市农作物受灾面积 1.9 万公顷，直接经济损失 2.8 亿元。

2. 暴雨洪涝

2022 年，河北省平均年暴雨日数为 1.9 天，比常年偏多 35.7%。暴雨洪涝共造成 21.5 万人受灾；农作物受灾面积 2.5 万公顷；直接经济损失 2.3 亿元(为近 10 年第二低)。7 月 2—6 日河北省出现大范围暴雨天气，雨量站过程降水量最大为 411.2 毫米，最大小时降水量为 108.0 毫米。受区域性暴雨天气影响，张家口、承德、秦皇岛、保定、衡水和邯郸 6 个市部分地区出现较严重的城市内涝和农田渍涝，部分车辆被淹(图 4.3.3)，农作物被泡，房屋、蔬菜大棚、桥梁、道路等受损(图 4.3.4)，共造成 4.7 万人受灾；农作物受灾面积 3328 公顷；直接经济损失 1.2 亿元。

图 4.3.3　2022 年 7 月 5 日保定市定兴县立交桥下车辆被淹(河北省气象局提供)

Fig. 4.3.3　The vehicles under the overpass in Dingxing County, Baoding City were flooded on July 5, 2022 (By Hebei Meteorological Service)

3. 低温冷冻

2022 年，河北省平均寒潮日数 8.6 天，比常年值偏多 1 倍。2022 年低温寒潮天气共造成 9.6 万人受灾，农作物受灾面积 3.2 万公顷，直接经济损失 1.1 亿元(为近 10 年第五低)。受较强冷空气影响，8 月 27—29 日，河北省各地最低气温普遍下降 4～12 ℃，张家口、承德的 12 个县(区)最低气温降到 5 ℃及以下，其中，有 4 个县降到 0 ℃以下。张家口北部 6 个县(区)出现初霜冻，比当地常年平均初霜冻日偏早 10 天左右。此次过程使张家口市和承德市的 9 个县(区)遭受低温冷冻灾害，农作

图 4.3.4　2022 年 7 月 5 日承德市兴隆县道路受损(河北省气象局提供)
Fig. 4.3.4　The roads were damaged in Xinglong County, Chengde City on July 5, 2022
(By Hebei Meteorological Service)

物受灾面积 2.3 万公顷;直接经济损失 7780 万元。

4. 高温

2022 年,河北省平均高温日数 16.6 天,比常年偏多 40.7%。6 月 16—26 日,河北省出现年内范围最广、强度最大、持续时间最长的区域性高温天气过程。全省大部出现高温天气。6 月 25 日单日全省最高气温在 40 ℃以上的县(市、区)个数达 90 个,为河北有气象记录以来最多。有 23 个县(市、区)最高气温突破或达到当地最高气温历史极值。区域性高温天气过程持续日数达 11 天,为河北有气象记录以来第三多。持续性高温天气过程使河北省中南部地区中暑气象风险等级高,同时使用水、用电负荷增加。

4.4　山西省主要气象灾害概述

4.4.1　主要气候特点及重大气候事件

2022 年,山西省平均气温 10.8 ℃,较常年偏高 0.6 ℃(图 4.4.1)。山西省平均年降水量 558.3 毫米,较常年偏多 16.4%(图 4.4.2)。四季气温均偏高,夏季和秋季气温均为 1961 年以来第三高;冬季、春季和秋季降水较常年略偏少,夏季降水偏多,为 1997 年以来第三多。

年内,春夏季降水时空分布不均以及高温少雨造成部分地区阶段性干旱;夏秋季降水集中且强对流天气频发,局地暴雨洪涝等灾害带来严重损失;年内寒潮天气多发,致使低温冻害发生。全年气象害性共造成农作物受灾面积 37.2 万公顷,其中绝收面积 2.3 万公顷;受灾人口 214.2 万人,死亡失踪 7 人;直接经济损失 40.2 亿元。

4.4.2　主要气象灾害及影响

1. 暴雨洪涝

2022 年,山西省出现 9 次区域性暴雨过程,年暴雨日数为 1961 年以来第三多 ,7 县(市)日最大降水量破历史极值。全年因暴雨洪涝造成 113.8 万人受灾,死亡失踪 7 人;倒塌房屋 900 余间,损坏房屋 1.0 万间;农作物受灾面积 14.2 万公顷,其中绝收面积 1.4 万公顷;直接经济损失 25.3 亿元。

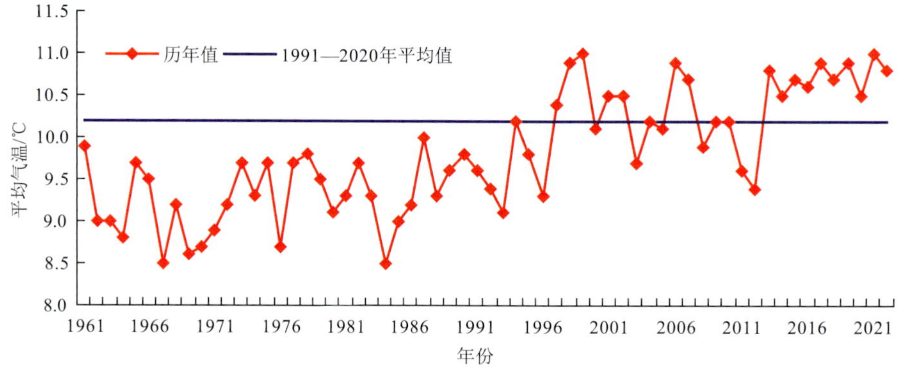

图 4.4.1　1961—2022 年山西省年平均气温变化

Fig. 4.4.1　Annual mean temperature in Shanxi during 1961—2022

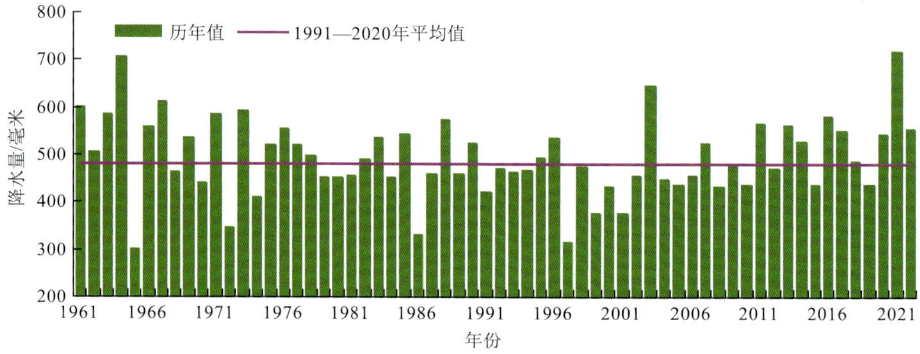

图 4.4.2　1961—2022 年山西省平均年降水量变化

Fig. 4.4.2　Annual precipitation in Shanxi during 1961—2022

7 月 11 日，吕梁市兴县出现暴雨天气，降水量 79.3 毫米。强降水造成 1.9 万人受灾；多处房屋道路坍塌损毁、农作物倒伏；农作物受灾面积 545 公顷，农业经济损失 1628 万元(图 4.4.3)。

图 4.4.3　2022 年 7 月山西省兴县暴雨灾害造成玉米倒伏(左)和道路损毁(右)(兴县气象局提供)

Fig. 4.4.3　Corn lodging (left) and road damage (right) due to rainstorm disaster in Xingxian County of Shanxi in July, 2022 (By Xingxian Meteorological Service)

8 月 10—11 日，吕梁市中阳县 6 乡镇普降暴雨，局部大暴雨，局地降水量 219.7 毫米，小时降水量超 50 毫米。强降水引发的洪涝灾害，造成 1.2 万人受灾，因灾死亡 5 人；直接经济损失达 3.5 亿元。

2. 局地强对流

2022 年，山西省冰雹、大风等局地强对流天气共造成 59.2 万人受灾；农作物受灾面积 10.2 万公顷，绝收面积 5340 公顷；损坏房屋 500 余间；直接经济损失 7.8 亿元。

7 月 9 日，晋中市寿阳县出现雷暴大风天气，部分区域出现冰雹，最长持续时间 30 分钟，最大直径约 3 厘米。灾害造成 3 个乡镇 1.8 万人受灾；玉米、白菜等不同程度减产，受灾面积 5501 公顷，绝收面积 2680 公顷；另有多处农业及公共设施受损；直接经济损失 1.1 亿元。

3. 干旱

2022 年，山西省高温日数为 2011 年以来次多。受降水时空分布不均以及高温天气影响，山西部分地区春夏季出现阶段性干旱。全省因干旱造成 29.9 万人受灾；农作物受灾面积 11.3 万公顷，绝收面积 3550 公顷；直接经济损失 4.7 亿元。

6 至 8 月，大同市多地持续高温少雨，造成多个乡镇大面积干旱。云州区 9 个乡镇 3.4 万公顷农作物受灾，直接经济损失 6334 万元；天镇县 2 个乡镇 2267 公顷农作物受灾，直接经济损失 3102 万元。

4. 低温冷冻害和雪灾

2022 年，山西省出现寒潮 747 站次，致使生长阶段的农作物遭受低温冻害。全年因低温冷冻害和雪灾造成 11.3 万人受灾；农作物受灾面积 1.5 万公顷；直接经济损失 2.4 亿元。

4 月 27—28 日，大同市阳高县普降大暴雪，累计降雪量 29.6 毫米，最大积雪深度 13 厘米，日最低气温 0.2 ℃，过程累计降温 6 ℃。大暴雪及持续低温冷冻造成杏树等经济作物受灾，受灾面积 3091 公顷；直接经济损失 1.2 亿元。

4.5 内蒙古自治区主要气象灾害概述

4.5.1 主要气候特点及重大气候事件

2022 年，内蒙古平均气温 5.8 ℃，较常年偏高 0.3 ℃；春、秋季平均气温偏高，冬、夏季接近常年(图 4.5.1)。平均降水量为 314.5 毫米，较常年偏少 2.9%；冬、夏季降水量偏多，其中，夏季偏多 12.4%，春、秋季偏少，其中，秋季偏少 37.2%(图 4.5.2)。

2022 年春末、夏初中西部地区发生阶段性干旱，对农牧业造成影响；春末和夏末出现低温冷害和初霜冻灾害，初霜冻日期偏早，致使部分农业生产受损；春季和秋季乌兰察布市、赤峰市发生雪灾，导致农牧业设施和基础设施受损；汛期对流性天气系统活跃，降水偏多、极端性强，暴雨洪涝、冰雹等灾害频繁发生，导致社会生产和基础设施遭受重大损失。2022 年内蒙古气象灾害共造成 256.3

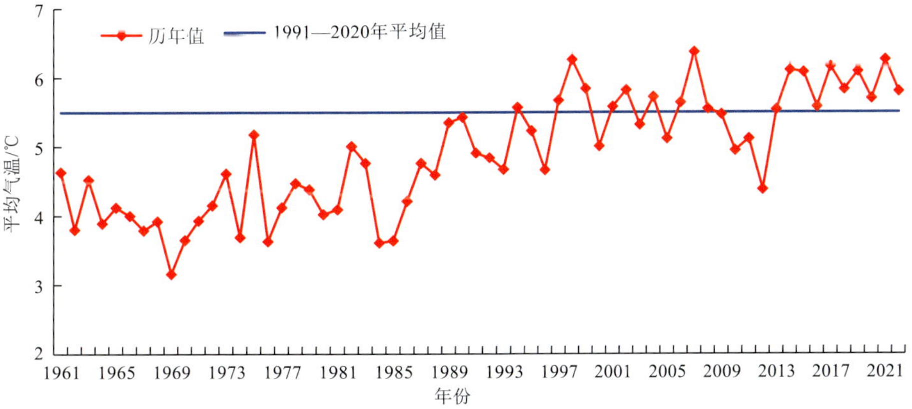

图 4.5.1 1961—2022 年内蒙古自治区年平均气温变化

Fig. 4.5.1 Annual mean temperature in Inner Mongolia during 1961—2022

万人次受灾，17 人死亡失踪；139.5 万公顷农作物受灾，绝收面积 16.1 万公顷；直接经济损失 117.2 亿元。

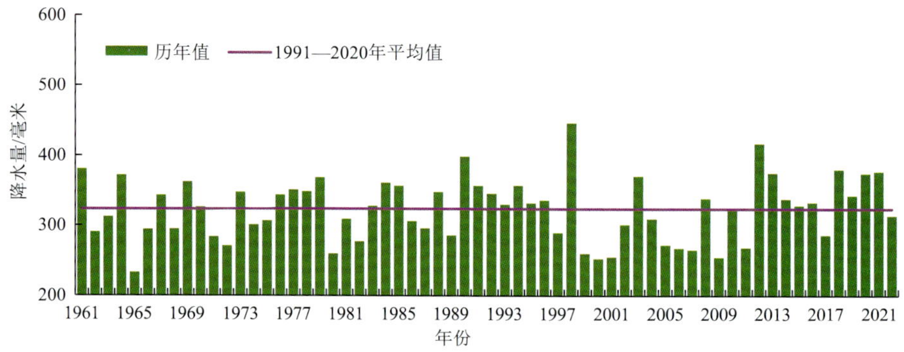

图 4.5.2　1961—2022 年内蒙古自治区平均年降水量变化
Fig. 4.5.2　Annual precipitation in Inner Mongolia during 1961—2022

4.5.2　主要气象灾害及影响

1. 干旱

2022 年，内蒙古旱情整体偏轻，但春季、夏季中西部旱情较重。2022 年内蒙古因干旱灾害共造成 82.8 万人受灾；农作物受灾面积 54.3 万公顷，绝收面积 5.1 万公顷；直接经济损失 28.5 亿元。入春至 6 月下旬鄂尔多斯市、巴彦淖尔市、包头市、呼和浩特市等地区干旱持续发展，导致农牧业受灾，其中，鄂尔多斯市乌审旗出现牧草枯黄、枯死的现象，直接经济损失 1.3 亿元。

2. 暴雨洪涝

2022 年，内蒙古汛期降水量偏多，暴雨频发，洪涝灾害较为严重。汛期共有 25 站出现极端降水事件，其中，伊金霍洛旗(169.8 毫米)等 5 站日降水量超过历史极值。全区有 34 个旗(县)遭受暴雨洪涝灾害，其中，通辽市科尔沁左翼后旗遭受 5 次暴雨洪涝灾害，频次最高。因暴雨洪涝灾害共造成 101.2 万人受灾；农作物受灾面积为 49.8 万公顷，绝收面积 7.2 万公顷；直接经济损失 67.5 亿元。8 月 17—18 日，准格尔旗暴雨洪涝灾害导致 1.5 万人受灾；农作物受灾面积为 3509 公顷；部分道路毁损；直接经济损失 1.8 亿元。8 月 18 日清水河县遭受暴雨洪涝灾害，4.2 万人受灾；房屋棚舍基础设施等受损；直接经济损失 3.4 亿元(图 4.5.3)。

3. 局地强对流

2022 年，内蒙古有 25 个旗(县)共出现 57 次大风灾害，有 33 个旗(县)共出现 63 次冰雹灾害。因大风、冰雹、雷电灾害共造成 58.2 万人受灾；农作物受灾面积 30.3 万公顷，绝收面积 3.8 万公顷；直接经济损失 19.3 亿元。

7 月 26 日，鄂托克前旗发生冰雹灾害，农作物受灾面积 1104 公顷，直接经济损失 586 万元。7 月 16 日赤峰市松山区遭受冰雹灾害，玉米、谷子、大豆等农作物、暖棚等基础设施受灾，直接经济损失 1.2 亿元(图 4.5.4)。

4. 低温冷冻、雪灾

2022 年内蒙古因低温冷冻和雪灾造成的直接经济损失为 1.9 亿元；农作物受灾面积为 5.1 万公顷；造成 14.1 万人受灾。

5 月上旬出现一次全区型寒潮过程，全区大部分地区降温超过 6 ℃，低温持续至 5 月中旬，赤峰市喀喇沁旗、宁城县，巴彦淖尔市五原县、杭锦后旗遭受低温冷害或霜冻，玉米、谷子、其他经济作物以及大棚蔬菜等遭受损失，其中，赤峰市喀喇沁旗损失最为严重，直接经济损失达 2471 万元。

图 4.5.3　2022 年 8 月 17—18 日鄂尔多斯市准格尔旗遭受暴雨洪涝灾害(准格尔旗气象局提供)
Fig. 4.5.3　The flood disaster in Jungar Banner on August 17—18, 2022
(By Jungar Meteorological Service)

图 4.5.4　2022 年 7 月 26 日鄂尔多斯市鄂托克前旗遭受冰雹灾害(鄂托克前旗气象局提供)
Fig. 4.5.4　The flood disaster in Otog Front Banner on July 26, 2022
(By Otog Front Banner Meteorological Service)

4.6　辽宁省主要气象灾害概述

4.6.1　主要气候特点及重大气候事件

2022 年,辽宁省平均气温为 9.2 ℃,比常年偏高 0.2 ℃(图 4.6.1);年降水量为 892.1 毫米,比常年偏多 4 成(图 4.6.2);年日照时数为 2457 小时,比常年偏少 93 小时。与常年同期相比,冬季、春季、秋季气温均偏高,夏季气温偏低。11 月平均气温为 1951 以来历史同期第二高。四季降水呈现冬、春少,夏、秋多分布,其中,冬季降水量为近 10 年来同期最少,夏季为近 10 年来同期最多,秋季为 1961 年以来同期第二多。

2022 年,辽宁省主要气象灾害有暴雨洪涝、热带气旋和局地强对流,其中,暴雨洪涝对辽宁造成了严重影响,强对流及热带气旋影响的强降水灾害造成的损失最为严重。灾害共造成农作物受灾面积 79.7 万公顷，绝收面积 15.0 万公顷；受灾人口 294.7 万人；直接经济损失 128.8 亿元。

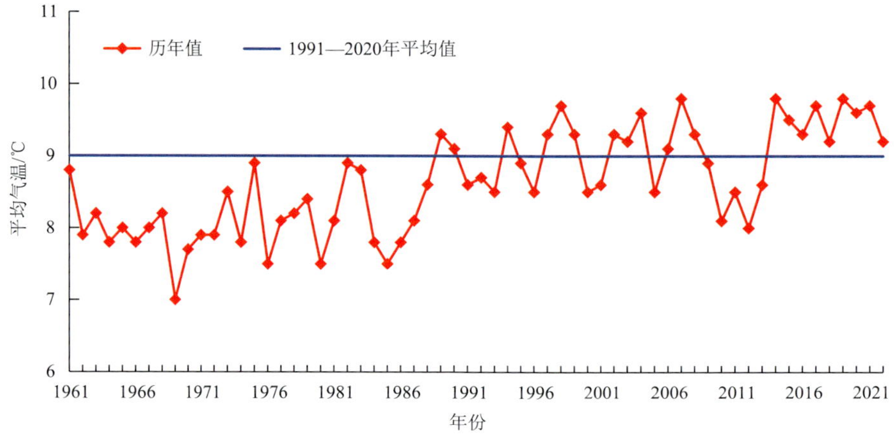

图 4.6.1　1961—2022 年辽宁年平均气温变化
Fig. 4.6.1　Annual mean temperature in Liaoning during1961—2022

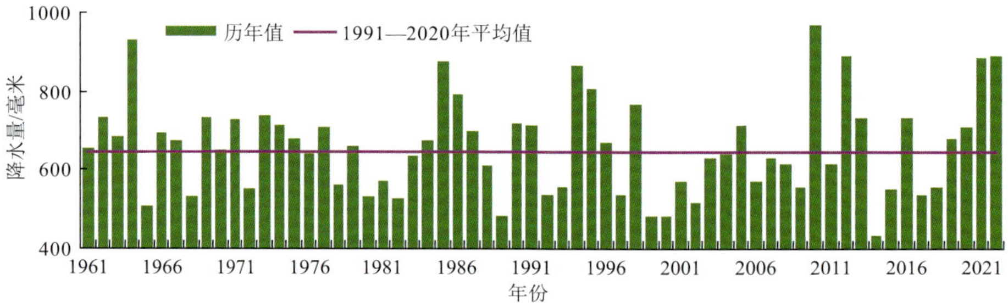

图 4.6.2　1961—2022 年辽宁省平均年降水量变化
Fig. 4.6.2　Annual precipitation in Liaoning during1961—2022

4.6.2　主要气象灾害及影响

1. 暴雨洪涝

2022 年，辽宁省共出现区域性暴雨过程 7 次，主要暴雨过程出现在 6 月 27 日、7 月 1—2 日、7 月 28—30 日、8 月 7—8 日、8 月 15 日、8 月 19 日、11 月 12 日。受持续强降水影响，多地水库超汛限，流域降水超警，部分河段出现溃口。年内受暴雨洪涝影响，共造成农作物受灾面积 76.3 万公顷，绝收面积 14.9 万公顷；受灾人口 280.1 万人；直接经济损失 126.4 亿元。8 月 7—8 日，辽宁东南部地区出现暴雨到大暴雨。最大降水量 273 毫米，出现在大连庄河市光明山镇；最大小时降水量 85.6 毫米，出现在葫芦岛绥中县东戴河新区(图 4.6.3)。

2. 热带气旋

2022 年，辽宁省受到台风"暹芭"、"梅花"2 个热带气旋影响。年内台风灾害损失主要由台风"梅花"造成的，受灾面积 1200 公顷，绝收面积 110 公顷；受灾人口 1.6 万人；直接经济损失 3600 万元。

9 月 15—16 日，受台风"梅花"影响，辽宁出现强风雨天气，中东部和南部地区出现暴雨到大暴雨。最大降水量为 307.6 毫米，出现在大连金普新区大李家街道正明寺村。最大瞬时风力 11 级(31.1 米/秒)，出现在大连长兴岛区长兴岛港。辽宁东部局地农作物受灾、农业设施受损，航班、铁路、海运受到不同程度影响。

3. 局地强对流

2022 年 5—10 月，辽宁省共发生大风灾害 7 次、冰雹灾害 11 次，造成受灾人口 12.9 万；农作物

图 4.6.3　8月庄河市暴雨洪涝(庄河市气象局)
Fig. 4.6.3　Rainstorm and flood occurred in Zhuanghe City in August 2022
(By Zhuanghe Meteorological Service)

受灾面积 3.3 万公顷,绝收面积 190 公顷;直接经济损失 2 亿元。

6 月 5 日,苏家屯、黑山、阜新、昌图、北票、大洼出现冰雹灾害,造成果树、农作物受灾和设施农业大棚受损。

4.7　吉林省主要气象灾害概述

4.7.1　主要气候特点及重大气候事件

2022 年,吉林省平均气温 5.9 ℃,比常年高 0.2 ℃(图 4.7.1)。平均年降水量 823.1 毫米,比常年多 33.1%(图 4.7.2),为 1961 年以来最多。年内主要气候特点是:春季气温偏高,波动频繁,降水接近常年,时空分布不均。夏季气温略低,入汛早,降水过程频繁,极端性强,夏季全省平均降水量为 1961 年以来最多。秋季气温偏高,降水明显偏多。冬季气温略高,且阶段性变化特征明显,降水偏少,时空分布不均。

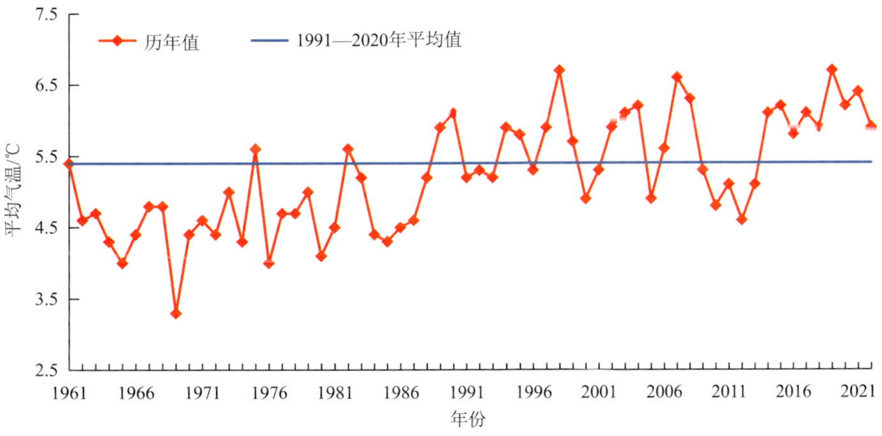

图 4.7.1　1961—2022 年吉林省年平均气温变化
Fig. 4.7.1　Annual mean temperature in Jilin during 1961—2022

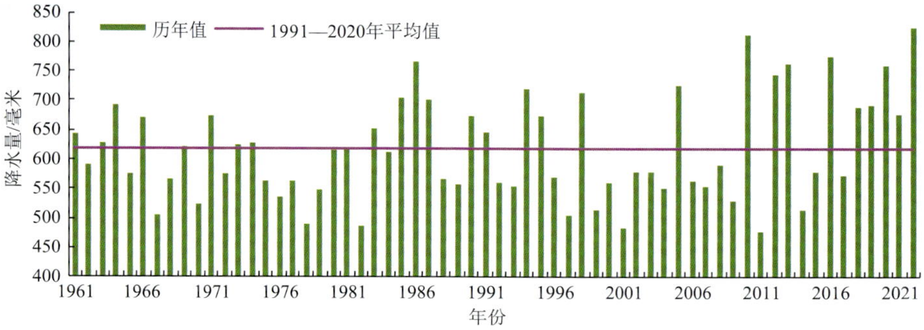

图 4.7.2　1961—2022 年吉林省平均年降水量变化

Fig. 4.7.2　Annual precipitation in Jilin during 1961—2022

2022 年，吉林省主要受到暴雨、大风、冰雹等气象灾害影响，受灾人口为 80.9 万人；农作物受灾 19.3 万公顷，绝收面积 1.8 万公顷；直接经济损失为 16.0 亿元。与常年相比，2022 年为气象灾害偏轻年份。

4.7.2　主要气象灾害及影响

1. 暴雨洪涝

2022 年，吉林省因暴雨洪涝灾害直接经济损失 14.3 亿元，占 2022 年总气象灾害损失的 89%，受灾人口共计 71.3 万；损坏房屋 600 间；农作物受灾面积 16.7 万公顷，绝收面积 1.7 万公顷。

2022 年 6 月 4 日全省进入降水集中期，较常年早 14 天。降水过程频繁，共出现 12 轮较大范围的明显降水过程。2022 年全省 50 个国家级气象站共出现 83 站日暴雨天气，较常年多 29 站日，为历史同期多暴雨的第五位，大暴雨 11 站日，较常年多 7 站日。频繁降雨导致全省多条河流和水库出现较长时间超汛限运行，低洼农田出现渍涝。受减弱的热带低压"暹芭"残余环流北上与西风带高空槽影响，7 月 6—8 日，全省出现大范围强降雨天气过程，全省平均降水量 40.1 毫米，强降水主要分布在四平、长春、辽源，过程降水量达到 100 毫米以上的有 129 站（包括区域站）。此次降水过程造成长春、四平、辽源、吉林地区多县（市）受灾，受灾总人数达 21 万人；直接经济损失 2.2 亿元；农作物受灾面积 4.7 万公顷，道路损毁 23 千米（图 4.7.3）。

图 4.7.3　2022 年 7 月 7 日长春市双阳区暴雨洪涝灾害（吉林省气象局提供）

Fig. 4.7.3　Heavy rain and flood disaster in Shuangyang of Jilin on July 7, 2022

(By Jilin Meteorological Service)

2. 强对流天气

2022 年，强对流天气导致吉林省 9.4 万人受灾；直接经济损失 1.7 亿元；农作物受灾面积 2.6 万公顷。受风雹天气影响范围最大的一次为 7 月 9 日，受强对流天气影响，柳河县和敦化市均出现分布不均的阵雨、雷阵雨天气，部分地方伴有短时强降水、冰雹。此次灾害造成柳河县 5 个乡镇一个街道 25 个村，敦化市 6 个乡镇和 27 个村不同程度受灾，冰雹最大直径 2.5 厘米。此次灾害造成直接经济损失为：柳河县 2412 万元（图 4.7.4）、敦化市 2647 万元。

图 4.7.4　2022 年 7 月 9 日强对流天气导致柳河县玉米倒伏（吉林省气象局提供）

Fig. 4.7.4　The strong convective weather led to the lodging of maize in Liuhe County of Jilin on July 9, 2022 (By Jilin Meteorological Service)

4.8　黑龙江省主要气象灾害概述

4.8.1　主要气候特点及重大气候事件

2022 年，黑龙江省平均气温为 3.6 ℃，比常年偏高 0.3 ℃（图 4.8.1）；平均年降水量为 563.8 毫米，比常年略偏多 2%（图 4.8.2）。冬季平均气温比常年低 0.5 ℃，春、夏、秋季平均气温比常年高 0.6 ℃、0.1 ℃、0.7 ℃。春季降水量比常年多 19%，夏季与往年持平，冬、秋季降水量比常年少 7%、3%。

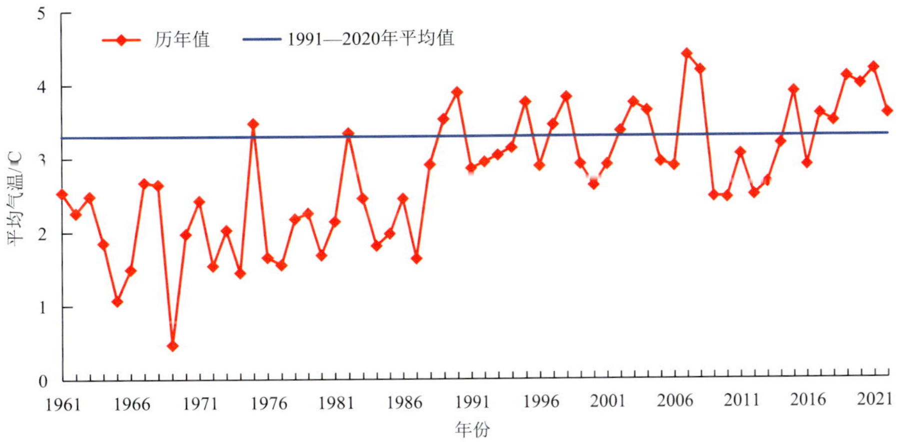

图 4.8.1 1961—2022 年黑龙江省年平均气温变化

Fig. 4.8.1　Annual mean temperature in Heilongjiang during 1961—2022

2022 年黑龙江省主要气象灾害有暴雨洪涝和局地强对流。全年因气象灾害共造成 18.1 万人受灾，死亡失踪 9 人；农作物受灾面积 9.7 万公顷，绝收面积 2.9 万公顷；直接经济损失 6.1 亿元。

年因气象灾害造成42.9万人受灾,1人死亡;农作物受灾面积约4190公顷;直接经济损失7100万元。总体评价,2022年属气象灾害较轻年份。

4.9.2 主要气象灾害及影响

1. 暴雨洪涝

2022年,上海市平均暴雨日数(11站平均)为4天,接近常年平均。暴雨主要以局地性强降水为主。暴雨导致了160余处房屋进水、30余个小区积水、160余条道路积水、110余辆车抛锚进水。

2. 台风

2022年7—9月,3个热带气旋相继影响上海地区(2205号台风"桑达"、2211号台风"轩岚诺"、2212号台风"梅花")。台风"梅花"9月15日在上海市奉贤沿海登陆(图4.9.3)。

台风"桑达"对上海影响较小。台风"轩岚诺"和台风"梅花"共造成42.9万人受灾,紧急转移15.0万人,农作物受灾面积4190公顷,直接经济损失7100万元,其中,大部分灾情为台风"梅花"造成的。暴雨造成160余处积水和30余辆车抛锚进水;大风致使740多株树木倒伏,1000余辆车被砸坏,300多条道路交通受阻,100多处停电;上海两大机场取消进出港航班600余架次,客轮全线停航。

图4.9.3 2022年9月15日台风"梅花"造成上海青浦道路积水(左)和嘉定树木倒伏(右)
(上海市青浦和嘉定气象局提供)
Fig. 4.9.3 Road flooding in Qingpu (left) and toppled trees in Jiading (right) of Shanghai caused by Typhoon "Muifa" on September 15, 2022 (By Qingpu and Jiading Meteorological Service, Shanghai).

3. 局地强对流

2022年,上海市汛期发生雷雨大风致灾28起。大风吹落杂物造成510余辆车受损,此外,还对部分交通、供电造成影响。8月6日上海部分地区出现冰雹,105辆车受损。

4. 高温热浪

2022年,上海日最高气温≥35 ℃的高温日数为50天,比常年偏多29天,仅次于1934年(55天);日最高气温≥37 ℃的高温日数为31天,仅次于1934年(34天);日最高气温≥40 ℃的高温日数达7天,创历史最多纪录,且7月10日创日最高气温≥40 ℃历史最早纪录。7月5日至8月23日上海出现多轮持续性高温。持续高温使上海地区出现用电新高峰,7月15日全市最高用电负荷达3689万千瓦,创上海最高用电负荷新纪录。

5. 低温冷冻害

2022年1月4日、2月4日,上海遭遇2次寒潮影响,出现低温。低温导致道路结冰,至少引起了46起事故,影响了6条车道的交通。

4.10 江苏省主要气象灾害概述

4.10.1 主要气候特点及重大气候事件

2022 年,江苏省平均气温 16.7 ℃,较常年偏高 1.0 ℃(图 4.10.1),为 1961 年以来次高,春季气温明显偏高,秋、冬季正常略高,夏季异常偏高,12 月显著偏低;全省平均降水量为 871.5 毫米,较常年偏少 1.8 成(图 4.10.2),秋季降水偏多,春季正常偏少,冬、夏季和 12 月偏少。2022 年江苏主要气象灾害有寒潮、低温雨雪、暴雨洪涝、强对流、台风、高温、干旱等。全省共有 45.2 万人次受灾,死亡 5 人;农作物受灾面积 7.9 万公顷;直接经济损失 16.6 亿元。其中,干旱、强对流、台风等造成的灾情损失较重。2022 年江苏省主要农作物、旅游、水环境及交通行业气候年景较好,而特色农业种植、水资源等气候年景则较差。

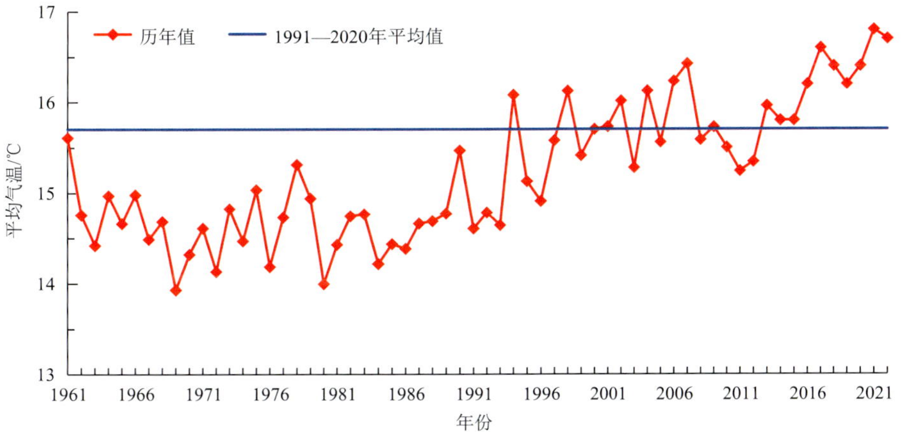

图 4.10.1　1961—2022 年江苏省年平均气温变化

Fig. 4.10.1　Annual mean temperature in Jiangsu during 1961—2022

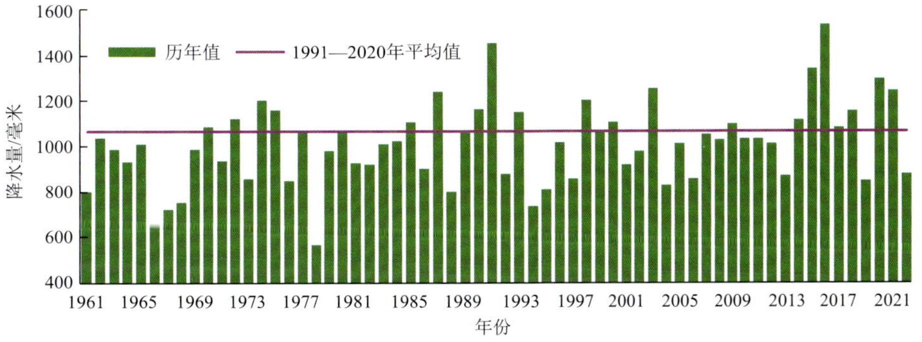

图 4.10.2　1961—2022 年江苏省平均年降水量变化

Fig. 4.10.2　Annual precipitation in Jiangsu during 1961—2022

4.10.2 主要气象灾害及影响

1. 局地强对流

2022 年,江苏省因强对流天气共造成 5 万人受灾,死亡 5 人;房屋损坏 7 千间;农作物受灾 3980 公顷;直接经济损失约 3.4 亿元。

6 月 24 日,连云港市赣榆区受局地强对流云团影响,部分地区出现小冰雹和短时雷雨大风。全

2022 年极端最高气温为三门国家级气象站的 43.1 ℃(7 月 23 日)。因高温省内多地出现热射病(重度中暑)病例。

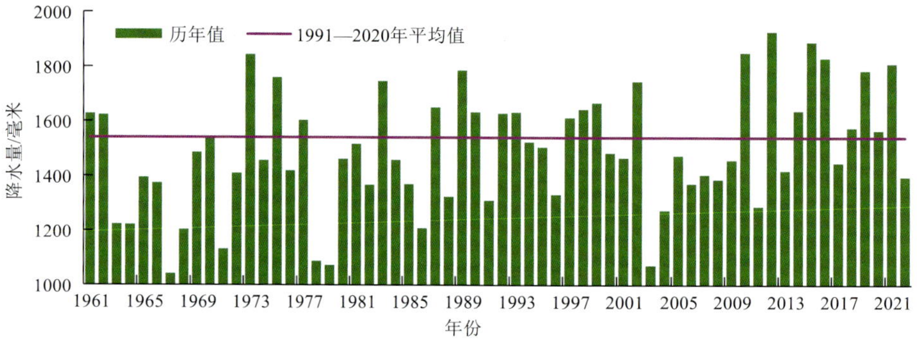

图 4.11.2 1961—2022 年浙江省平均年降水变化

Fig. 4.11.2 Annual precipitation in Zhejiang during 1961—2022

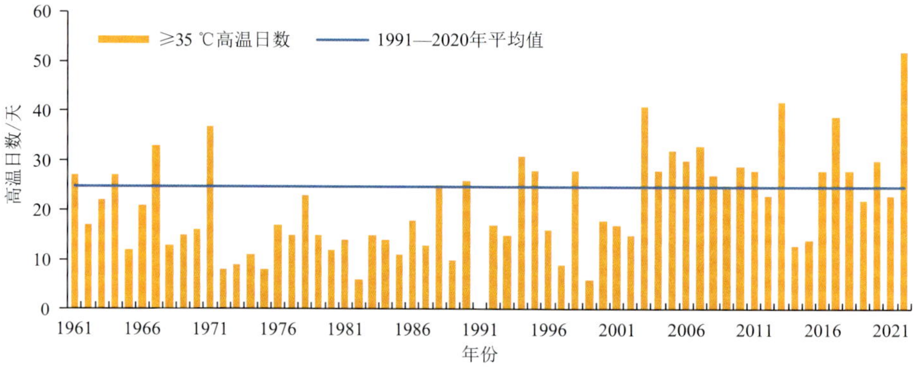

图 4.11.3 1961—2022 年浙江省平均年高温日数变化

Fig. 4.11.3 Annual variation of average hot days in Zhejiang during 1961—2022

2. 干旱

2022 年汛期(4 月 15 日至 10 月 15 日),浙江温高雨少,全省遭遇大范围气象干旱。全年共造成 20.8 万人受灾;农作物受灾面积 5.4 万公顷;直接经济损失 7 亿元,其中,农作物受灾面积和直接经济损失为近 5 年最高。

干旱主要发生在 7 月 5 日至 11 月 27 日,持续时间仅次于 2003 年及 1995 年。干旱从浙北、浙东沿海蔓延至全省,浙南旱情严重,温州、丽水多地特旱日数超过 30 天。11 月中旬起降水逐渐增多,干旱逐渐缓解,11 月 29 日受寒潮和持续较强降水影响,全省干旱解除。为有效应对旱情,全省共计开展人工影响天气作业 1097 次,发射 988 轮 4521 枚火箭弹,增雨影响面积达 7.7 万平方千米,累计增加降水 5.7 亿吨。

3. 台风

2022 年,影响浙江的台风有 4 个,分别为台风 2205 号“桑达”、2206 号“翠丝”、2211 号 “轩岚诺”和 2212 号“梅花”。其中,9 月上半月受台风“轩岚诺”和“梅花”连续影响,杭州、宁波、嘉兴、湖州、绍兴、舟山、台州等地旱涝急转。全年共造成 147.6 万人受灾;2.9 万公顷农作物受灾,绝收面积 810 公顷;直接经济损失 18.7 亿元,主要灾害损失为台风“梅花”所致。

2211 号台风“轩岚诺”于 9 月 4—5 日上午以超强台风穿过浙江以东近海海面,台风“轩岚诺”路径复杂罕见,期间舟山嵊泗等地 10 级以上大风持续 19 小时,最大岱山县下三星 35.7 米/秒(12

级)，94 个乡镇(街道)雨量超过 200 毫米，最大为余姚大岚镇夏家岭 475 毫米。台风“轩岚诺”造成浙东北局部致灾严重的同时，也很大程度上缓解了前期的干旱。

2212 号台风“梅花”于 9 月 14 日以强台风级在舟山普陀沿海登陆，登陆时强度为新中国成立以来登陆舟山台风中最强。暴雨集中、强度强、局部累计雨量特大，主要集中在宁波、舟山、绍兴等地，5 个县面雨量超过 300 毫米，198 个乡镇累计雨量超过 200 毫米；台风“梅花”登陆正值天文大潮，叠加风暴潮影响，嘉兴、宁波、舟山沿岸出现 60～120 厘米的风暴增水。台风“梅花”共造成全省 6 市 52 个县(市、区)109.9 万人受灾，紧急转移安置 35.4 万人；农作物受灾面积 2.8 万公顷；因灾直接经济损失 18.1 亿元。

4. 低温雨雪

2022 年 1 月 22 日至 2 月 23 日浙江省经历了长达 1 个月的低温、连阴雨雪寡照天气，日照时数 28.9 小时，比常年同期偏少 90.3 小时，破历史同期最少纪录。期间共出现 6 次较明显的雨雪过程，降雪主要出现在 1 月 28 日至 2 月 23 日，浙西北临安、安吉等地山区积雪明显，最大雪深(66 厘米)出现在安吉云上草原和临安清凉峰龙塘山。其中，1 月 22—30 日阴雨雪过程持续时间长达 9 天。多次积雪影响山区茶园茶树正常生长，持续气温偏低，光照不足，浙南特早生春茶开采期推迟，采摘量偏少；2 月 20 日之后的雨雪，对浙南等地部分茶园造成一定程度冻害。此外，持续连阴雨(雪)造成道路湿滑，能见度较差，给交通出行带来不便。

4.12 安徽省主要气象灾害概述

4.12.1 主要气候特点及重大气候事件

2022 年，安徽省平均气温 17.1 ℃，较常年偏高 0.9 ℃，为 1961 年以来第二高，仅低于 2021 年(图 4.12.1)。与常年相比，四季气温均偏高，其中，春、夏季均为 1961 年以来同期最高。全省平均年降水量 978 毫米，较常年偏少 2 成(图 4.12.2)。冬、夏、秋季降水偏少，其中，夏季为 1995 年以来同期最少，春季接近常年。淮河以南 6 月 19 日入梅，7 月 11 日出梅，入梅偏晚，出梅接近常年，梅雨强度等级为“偏弱”。

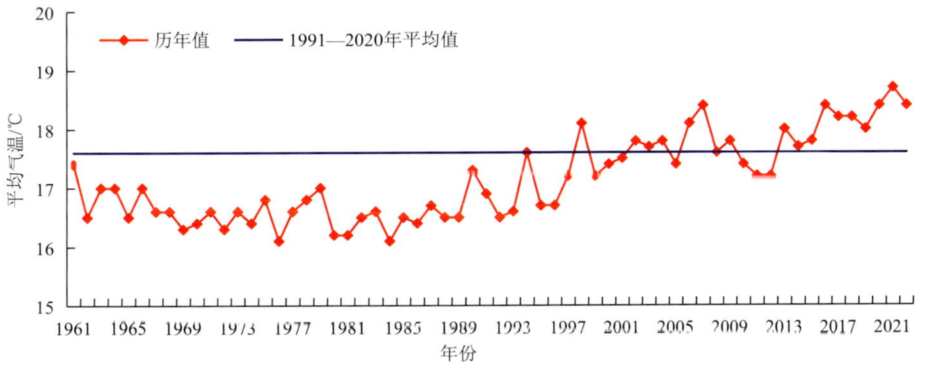

图 4.12.1 1961—2022 年安徽省年平均气温变化

Fig. 4.12.1 Annual mean temperature in Anhui during 1961—2022

2022 年安徽省发生的重大气候事件有：全省经历 1961 年以来最热夏季；淮河以南遭遇严重伏秋连旱；台风“暹芭”致皖北数地雨量破历史纪录；3 月出现有气象记录以来春季范围最广暴雨；年初雨雪频繁，居历史第二；国庆节期间气温先升后降，“冰火两重天”。2022 年影响安徽省的气象灾害

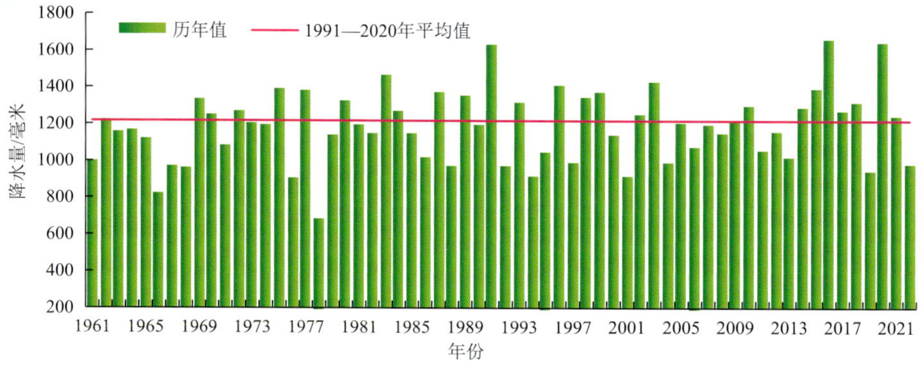

图 4.12.2　1961—2022 年安徽省平均年降水量变化

Fig. 4.12.2　Annual precipitation in Anhui during 1961—2022

主要有干旱、暴雨洪涝、台风、风雹和雪灾，总体来看，虽未出现大范围持续性洪涝灾害，但夏季高温及伏秋连旱极端性突出、影响范围广、程度重，气候年景“较差”。全年因气象灾害造成农作物受灾面积 39.0 万公顷，绝收面积 1.6 万公顷；受灾人口 263.3 万人，死亡 2 人；直接经济损失 20.2 亿元。

4.12.2　主要气象灾害及影响

1. 干旱

2022 年，干旱共造成安徽省 230.0 万人受灾，13.6 万人饮水困难；农作物受灾面积 36.5 万公顷，绝收面积 1.4 万公顷；直接经济损失 16.7 亿元。

2022 年安徽省汛期降水持续偏少，高温日数异常偏多，自 7 月下旬起，淮河以南出现严重伏秋连旱，持续 130 天(7 月 22 日至 11 月 28 日)，中旱及以上日数达 87 天，为历史同期第二多，仅少于 2019 年的 88 天。与历史典型的伏秋连旱过程相比，2022 年伏秋连旱过程强度等级达“特强”，综合强度指数位列历史第三位，仅次于 1978 年 4 月 8 日至 10 月 26 日和 1966 年 7 月 15 日至 11 月 12 日的两次干旱过程(图 4.12.3)。

图 4.12.3　2022 年 8 月中旬因高温伏旱导致黄山市歙县部分乡镇菊花减产(安徽省气候中心提供)

Fig. 4.12.3　Chrysanthemum yield reduction caused by the high temperature and drought at She County, Huangshan City in August, 2022 (By Anhui Climate Center)

2. 暴雨洪涝

2022 年，暴雨洪涝共造成安徽省 18.2 万人受灾，农作物受灾面积 1.9 万公顷，绝收面积 1330 公顷；直接经济损失 1.1 亿元。

致灾暴雨过程主要出现在 3 月中下旬、6 月下旬以及 7 月上旬。其中，3 月 17 日全省 32 个国家级气象站出现 2022 年首场暴雨，较常年提早 14 天。石台（158.3 毫米）、黄山（150.3 毫米）、太湖（137 毫米）、黄山区（133.6 毫米）、旌德（120.9 毫米）、东至（115.5 毫米）和九华山（112.6 毫米）7 个国家级气象站出现大暴雨。石台、黄山等 14 个国家级气象站单日降水量破 3 月历史记录。强降水导致石台县境内水位猛涨，秋浦河等河流出现春汛，多处出现山洪、山体滑坡，农作物、道路被淹。3 月 21 日全省 40 个国家级气象站出现暴雨，单日暴雨范围为安徽省有气象记录以来春季最广，全椒（57.4 毫米）、来安（56.7 毫米）和合肥（61.7 毫米）单日降水量破 3 月历史记录。7 月 4—6 日受台风“暹芭”残余环流影响，沿淮北和大别山区局地出现极端强降水，5 日亳州谯城区有 8 个站雨量≥250 毫米，亳州国家级气象站 248.2 毫米，为该站历史第三位；最大小时雨量泗县 107 毫米（5 日 19 时）、固镇 98.7 毫米（5 日 17 时）均破本站最大小时雨量记录。

3. 低温冷冻害和雪灾

2022 年初、年末安徽省多阴雨（雪）寡照天气。低温冷冻害和雪灾共造成安徽省 15.2 万人受灾；农作物受灾面积 6500 公顷；直接经济损失 2.4 亿元。

1 月下旬至 2 月下旬安徽省出现 5 次明显降雪过程，其中，2 月 6—7 日降雪范围为年内最广，全省 75 个国家级气象站出现积雪，淮河以南 33 个国家级气象站最大积雪深度超过 10 厘米，最大黄山达 28 厘米。本轮降雪造成池州、安庆、宣城、铜陵等地 14 个县（市、区）11.2 万人受灾；农作物受灾 5400 公顷；直接经济损失 1.6 亿元。

4.13 福建省主要气象灾害概述

4.13.1 主要气候特点及重大气候事件

2022 年，福建省平均气温 20.2 ℃，较常年偏高 0.4 ℃（图 4.13.1）；平均年降水 1660.4 毫米，接近常年略偏少（图 4.13.2）。年内气温与降水波动明显，3 月、8 月和 11 月全省月平均气温均为历史同期最高，2 月和 5 月全省月平均气温均较常年同期偏低 2 ℃以上；雨季雨多涝重，持续性强降水致多地受灾严重，历史罕见；夏秋季高温频发，范围广、时间长、极值高，屡破纪录；2022 年台风影响较轻，为 2003 年以来首个无登陆台风年。

2022 年，福建省气温起伏大，降水分布不均，极端天气气候事件频发，雨季雨多涝重，夏秋季温高雨少，极端性强，气象干旱发展迅速，台风影响轻，综合气候年景一般。气象灾害以冬季低温冰冻、雨季暴雨洪涝和夏秋气象干旱为主，损失主要集中在南平、三明和龙岩地区。全年主要气象灾害共造成全省 138.7 万人受灾；农作物受灾面积 10.6 万公顷；直接经济损失 180.7 亿元，与 2021 年相比明显偏重；除直接经济损失外，其他指标与前 10 年相比较轻。

4.13.2 主要气象灾害及影响

1. 暴雨洪涝

2022 年，暴雨洪涝共造成福建省 108 万人受灾；农作物受灾面积 6 万公顷；直接经济损失 168.7 亿元，暴雨致灾直接经济损失占全年气象灾害总损失的 93%。年内共出现 16 场暴雨过程。5 月 31 日至 6 月 20 日，福建出现年内最强的大范围大暴雨至特大暴雨过程，持续时间、影响范围、降水强度均为历史第一，松溪出现 1955 年建站以来最大洪峰（图 4.13.3）。由于持续强降水及叠加效应明显，多地出现城市内涝、山洪和地质灾害，其中，南平、三明和龙岩受灾较重，直接经济损失达 35.7 亿元。

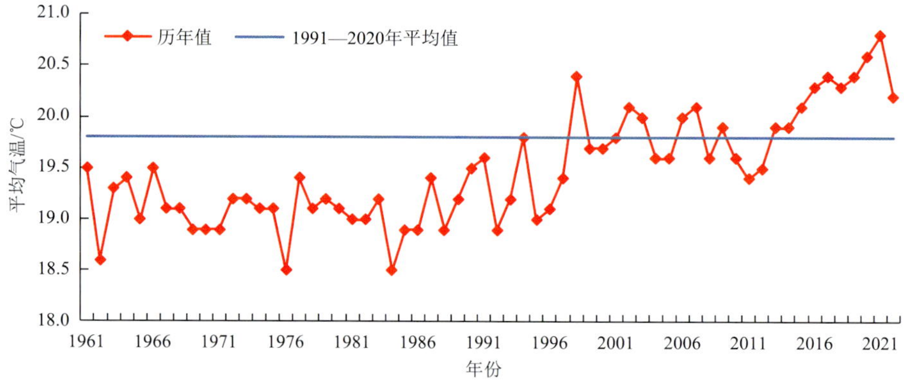

图 4.13.1　1961—2022 年福建省年平均气温变化
Fig. 4.13.1　Annual mean temperature in Fujian during 1961—2022

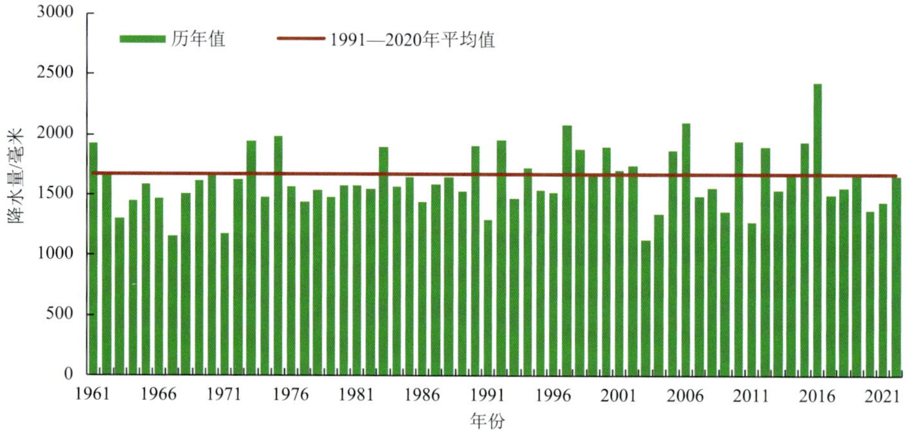

图 4.13.2　1961—2022 年福建省平均年降水量变化
Fig. 4.13.2　Annual precipitation in Fujian during 1961—2022

图 4.13.3　2022 年 6 月 18 日松溪县城洪水情况（松溪县气象局提供）
Fig. 4.13.3　Flood in Songxi County on June 18, 2022 (By Songxi Meteorological Services)

2. 局地强对流

2022年，强对流造成全省4万人受灾；农作物受灾面积5290公顷；直接经济损失2.9亿元。年内共经历11次强对流过程，最早发生于3月26日，最晚出现于11月29日，其中，4月22—24日过程范围广、强度强、致灾重，南平、三明、龙岩、泉州、漳州等地共14个县(市)出现冰雹，三明市多地和龙岩长汀县出现不同程度灾情，直接经济损失达2亿元。

3. 低温冷冻

2022年，低温冷冻灾害导致全省14.3万人口受灾，直接经济损失4.4亿元。年内出现10次冷空气过程，其中，11月30日至12月3日和12月18—20日过程达全省型寒潮标准。12月18—20日，全省30个县(市)达寒潮标准，闽西北和鹫峰山区的7个县(市)气温低于−4.0 ℃，以屏南和寿宁−4.9 ℃为最低，三明和宁德多地出现降雪、冰挂和雾凇现象。2月19—23日出现近20年同期范围最大的降雪、雨夹雪或冻雨，17个县(市)出现积雪。

4. 干旱

2022年，旱灾共导致全省12.4万人受灾；农作物受灾面积2.6万公顷；直接经济损失4.7亿元。由于入夏后持续高温少雨，夏秋连旱迅速发展，8月下旬气象干旱由福州、宁德、三明向南部沿海和西部内陆迅速发展，最严重时超九成县(市)出现重度以上气象干旱，部分群众生活饮水受影响。11月中旬多轮降水使旱情由西北向东南沿海陆续解除。

5. 高温热浪

2022年，高温频发，春夏秋季皆出现高温过程，共计7次，其中，2次过程强度位于历史前十，以8月9—31日过程为最强，7月20日至8月2日过程次之。最晚高温日10月4日创历史纪录。年内共有59个县(市)日最高气温≥37 ℃；全年高温日数达56天，破历史纪录。8月9—31日，福建出现大范围持续性高温过程，范围之广并列1961年以来第一位，持续时间和综合强度位列历史第二位，全省共有57个县(市)日最高气温≥37 ℃，福鼎、南安、长泰、上杭、龙岩市区、宁化和武平共7个县(市)持平或刷新当地历史纪录。

4.14 江西省主要气象灾害概述

4.14.1 主要气候特点及重大气候事件

2022年全省平均气温19 ℃，偏高0.7 ℃(图4.14.1)，为1961年以来第二高位，仅次于2021年；平均年降水量1518.2毫米，偏少1.2成(图4.14.2)。年内，气温偏高但波动起伏大，除冬季外，其余各季平均气温均偏高，其中，夏、秋季平均气温创新高。降水偏少且时空分布不均，除冬季外，其余各季降水均偏少，其中，8月和9月雨量均创月新低。高温日数多、持续时间长、强度大，全省年均高温日数59.9天，有44个县(市、区)创新高，有26个县(市、区)日最高气温突破年极值。伏秋出现历史罕见气象干旱，6月下旬至11月中旬江西遭遇了1961年以来最严重的气象干旱，省内五大河及支流出现历史新低水位，多处出现枯竭断流，鄱阳湖提前进入枯水期，8次刷新历史最低水位。

年内，全省主要的气象灾害有暴雨洪涝、高温干旱、低温冷冻及雪灾等，其中，洪涝灾害经济损失最大，占全年气象灾害总损失的65.8%；其次是干旱，占总灾损的25.5%。全省1109.7万人受灾，因灾死亡5人；农作物受灾面积111.2万公顷；绝收面积12.3万公顷；直接经济损失282亿元。2022年江西省旱涝并重，气候灾害年景评估结果为差。

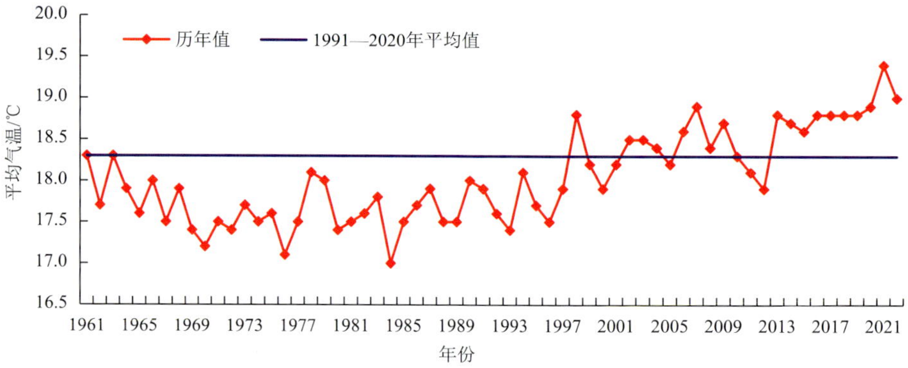

图 4.14.1 1961—2022 年江西省年平均气温变化

Fig. 4.14.1 Annual mean temperature in Jiangxi during 1961—2022

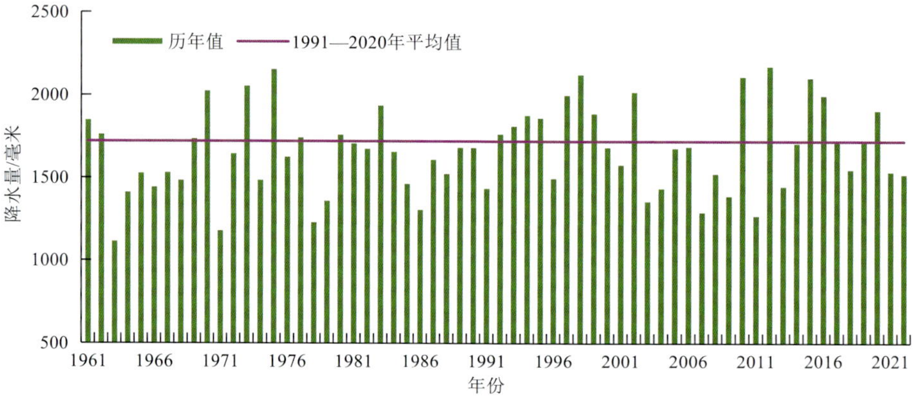

图 4.14.2 1961—2022 年江西省平均年降水量变化

Fig. 4.14.2 Annual precipitation in Jiangxi during 1961—2022

4.14.2 主要气象灾害及影响

1. 暴雨洪涝

2022 年，洪涝灾害共造成全省 423.7 万人受灾，因灾死亡 3 人；农作物受灾面积 29.2 万公顷，绝收面积 3.8 万公顷；倒塌房屋 1400 间；因灾直接经济损失 185.6 亿元。

年内致灾的暴雨过程主要出现在 5—6 月。其中，6 月 17—21 日北部遭受区域性暴雨到大暴雨袭击(图 4.14.3)，此次暴雨过程具有持续时间长、影响范围广、雨强和累计雨量大等特点，全省有 307 个测站累计雨量超过 250 毫米；102 个测站出现了特大暴雨；赣东北的婺源和景德镇两地日降水量突破月极值，玉山突破年极值。受强降水影响，信江、昌江、乐安河、修河相继发生 6 次编号洪水，13 条河流及鄱阳湖 27 站次超警戒线、5 站超历史最高水位，农业、水利、交通、供水、供电等基础设施和民房受损严重。洪涝灾害造成全省 206 万人受灾；农作物受灾 15.4 万公顷；直接经济损失达 93.5 亿元。

2. 高温干旱

2022 年夏秋季江西遭遇历史罕见的高温干旱。6 月 23 日至 8 月 30 日全省高温持续时间长、范围广、强度大，期间 8 月 23 日，全省有 53 个县(市、区)最高气温超过 40 ℃，高温酷热范围打破历史纪录，该高温过程综合强度为 1961 年以来最强。7 月、8 月、10 月分别有 7 个、29 个、93 个县(市、区)极端最高气温突破月极值，有 26 个县(市、区)极端最高气温突破年极值。6 月 23 日至 11 月 21 日，全省平均降水偏少 6.7 成，排历史同期第一低位；无雨日数及连续无雨日数分别排位历史同期

图 4.14.3　2022 年 6 月 21 日乐平市礼林镇黄家村被淹(江西省气候中心提供)

Fig. 4.14.3　The Flood in Huangjia Village, Leping on June 21, 2022 (By Jiangxi Climate Center)

第一、第二高位;全省平均气温、高温日数排历史同期第一高位。受降水持续偏少、气温异常偏高、蒸发量大影响,全省气象干旱发展快、重旱持续时间长且覆盖范围广、旱情影响重,鄱阳湖主体及附近水域面积屡创新低(图 4.14.4)。2022 年,干旱导致 546.5 万人受灾,饮水困难人口 2 万;农作物受灾面积 70.3 万公顷,绝收面积 8.0 万公顷;直接经济损失逾 71.8 亿元。

图 4.14.4　2022 年 10 月 22 日鄱阳湖干旱(江西省气候中心提供)

Fig. 4.14.4　Poyang Lake drought on October 22, 2022 (By Jiangxi Climate Center)

3. 低温冷冻害和雪灾

2022 年,主要的雨雪冰冻过程集中在 2 月,先后出现 5 次雨雪天气过程。其中,2 月 21—23 日的雨雪天气过程具有降雪范围广和降雪强度大等特点,赣北和赣中北部的大部分地区出现大雪,部分地方暴雪,16 个县(市、区)最大积雪深度超过 5 厘米,铜鼓、庐山、万载、宜丰超过 10 厘米,以铜鼓

3570 公顷；房屋损坏 300 余间；直接经济损失 4.2 亿元。

7 月 4—6 日，河南省南部、东部和北部出现大范围区域暴雨天气，部分地区出现大暴雨、局部特大暴雨。周口、信阳、商丘 3 市局部降水量超过 200 毫米；鹿邑站最大降水量达 294.5 毫米，其中 7 月 5 日降水量 257.0 毫米，突破该站建站以来日降水量历史极值。7 月强降水造成 15 市 68 个县(市、区)35.6 万人次受灾；农作物受灾面积 2.2 万公顷；直接经济损失 3.6 亿元。

3. 局地强对流

2022 年，因大风、冰雹造成全省 38.0 万人受灾，因灾死亡失踪 2 人；农作物受灾面积 3.3 万公顷，绝收面积 1550 公顷；损坏房屋 1000 余间；直接经济损失 4.1 亿元。

7 月 25—26 日，河南省大部出现雷暴大风、短时强降水等强对流天气，济源、郑州和许昌等地 41 个县(市、区)局部出现 10 级以上雷暴大风；南阳、驻马店和郑州等 10 市出现分散性暴雨或大暴雨，其中，南阳市瓦店气象站最大降水量达 166.4 毫米，郑州花园口小时降水量 103.7 毫米(25 日 18—19 时)。25 日 15—18 时三门峡陕州区、新乡获嘉县、洛阳洛宁县和嵩县、新乡平原示范区、焦作武陟县、博爱县等地出现冰雹，其中，嵩县城关镇最大冰雹直径 4～6 厘米(图 4.16.3)。灾害造成 10 市及济源示范区 24 个县(市、区)145 个乡镇(街道)28.7 万人受灾，1 人死亡；农作物受灾面积 2.5 万公顷；直接经济损失 1.8 亿元。

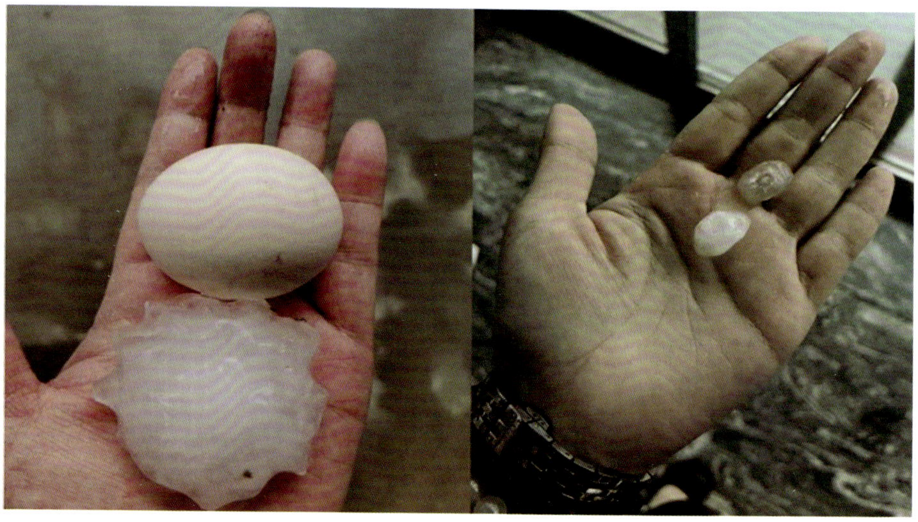

图 4.16.3　2022 年 7 月 25 日洛阳嵩县(左)和新乡平原示范区(右)冰雹实况
(洛阳市、新乡市气象局提供)

Fig. 4.16.3　Hailstones occurred in Songxian County, Luoyang (left) and Xinxiang Plain Demonstration Zone (right) on July 25, 2022 (By Luoyang and Xinxiang Meteorological Service)

4. 低温冷冻害和雪灾

2022 年，共发生 4 次降雪过程和 3 次冷空气过程。共造成全省 7.8 万人受灾，农作物受灾面积 1.2 万公顷，直接经济损失 3.7 亿元。

3 月 16—17 日，河南省出现大范围冷空气过程，各地先后出现明显大风、降温和降水天气过程；全省 90％站点达中等强度以上冷空气标准，其中 46 县(市)(占 38％)达寒潮标准。75 县(市)24 小时最低气温降幅超过 8 ℃，其中 9 县(市)超过 10 ℃，最大降幅为汝州的 14.9 ℃。3 月的低温冷冻灾害造成洛阳、平顶山、三门峡 3 个市 6 县(市)45 乡镇受灾。

4.17 湖北省主要气象灾害概述

4.17.1 主要气候特点及重大气候事件

2022 年，湖北省平均气温 17.7 ℃，较常年偏高 1 ℃，刷新了 2021 年 17.4 ℃的最高纪录，排 1961 年以来首位(图 4.17.1)。冬季前暖后冷；春、夏、秋季气温持续偏高，其中夏季平均气温、最高气温和最低气温均排历史同期首位，7 月 30 日至 8 月 27 日出现 1961 年以来最强高温过程，多项高温纪录被追平或突破。年均降水量 984.8 毫米，较常年偏少近 2 成(图 4.17.2)，冬季雨(雪)过程频繁；春季区域性暴雨发生早，强度大，多站大风突破极值；夏季降水偏少，出现大范围干旱，但局地降水强度大；秋冬季降水持续偏少，伏秋冬连旱，综合强度为 1961 年以来最强。

年内主要气象灾害有：冬季持续低温阴雨雪和寡照，春季强降雨、强对流和低温，盛夏持续高温，秋季阶段性高温和强寒潮，历史最强伏秋冬连旱等。据统计，共造成 1163.9 万人受灾；农作物受灾面积 117.5 万公顷，绝收面积 11.2 万公顷；直接经济损失 112.4 亿元。2022 年总体气候年景偏差。

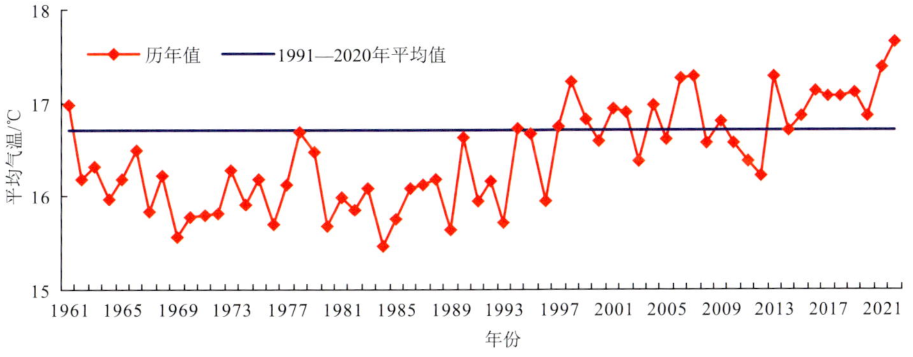

图 4.17.1 1961—2022 年湖北省年平均气温变化

Fig. 4.17.1 Annual mean temperature in Hubei during 1961—2022

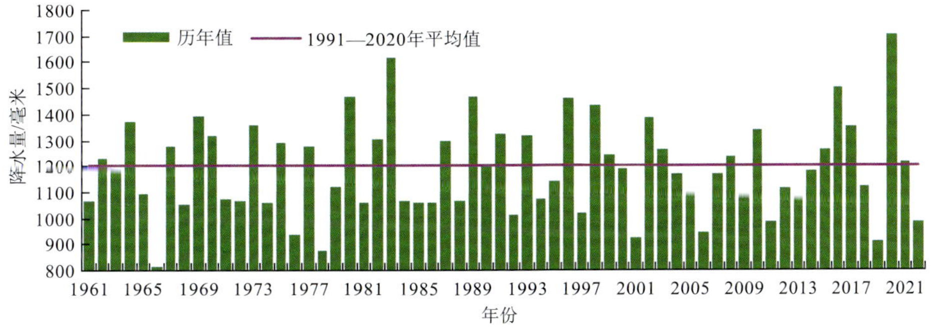

图 4.17.2 1961—2022 年湖北省平均年降水量变化

Fig. 4.17.2 Annual precipitation in Hubei during 1961—2022

4.17.2 主要气象灾害及影响

1. 干旱

7 月 9 日出梅以来，湖北省平均降水量 256.9 毫米，为 1961 年以来同期最少，发生严重伏秋冬连旱。干旱范围覆盖全省，其中特旱最大发生范围达 69.7%，重旱及以上等级最大发生范围达 92.1%，干旱过程综合强度为 1961 年以来最强。同时，此次干旱过程与异常高温和长江流域性干旱

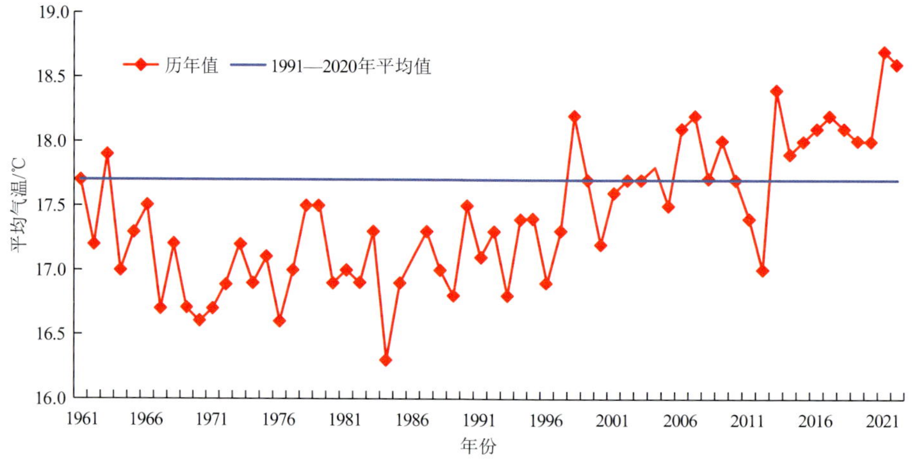

图 4.18.1 1961—2022 年湖南省年平均气温变化

Fig. 4.18.1 Annual mean temperature in Hunan during 1961—2022

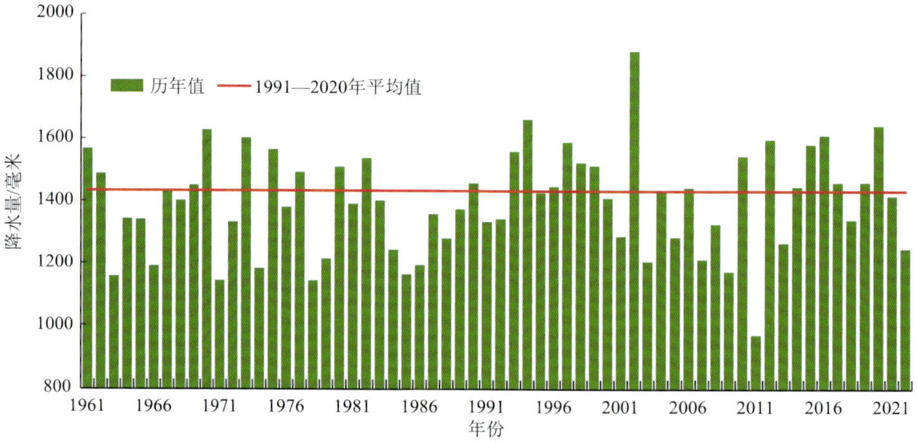

图 4.18.2 1961—2022 年湖南省平均年降水量变化

Fig. 4.18.2 Annual precipitation in Hunan during 1961—2022

4.18.2 主要气象灾害及影响

1. 低温冷冻害和雪灾

2022 年，低温冰冻共造成湖南省多地不同程度受灾，受灾人口 175.5 万；农作物受灾面积 7.3 万公顷，绝收面积 4130 公顷；倒塌损坏房屋约 6000 间；直接经济损失 21.6 亿元。2022 年初湖南经历四次暴雪天气过程，多个县(市、区)出现特大暴雪，洪江、邵阳市、邵阳县、隆回、洞口积雪深度突破当地历史极值，2 月 17—23 日的低温雨雪冰冻天气造成怀化、邵阳、湘西州、郴州、娄底等 13 个市(自治州)47 个县(市、区)发生雪灾。受灾人口 20.8 万人；农作物受灾面积 8740 公顷；倒塌房屋 171 间，损坏房屋 333 间；直接经济损失 1.2 亿元。

2. 干旱

2022 年，干旱共造成 573.1 万人受灾，因旱饮水困难人口 66.8 万人；农作物受灾面积 69.2 万公顷，绝收面积 7.7 万公顷；直接经济损失 66.4 亿元。2022 年 7 月 8 日至 12 月 30 日全省平均气温 21.5 ℃，为历史同期最高，降水量 180.3 毫米，为历史同期最少，隆回最长无有效降雨日数 147 天(7 月 30 日至 12 月 27 日)，出现了历史上最强的夏秋冬连旱。10 月 5 日干旱达到高峰，全省 122 个县

(市、区)全部达到重旱以上等级(图 4.18.3)。

图 4.18.3　2022 年 9 月 20 日湖南省株洲市菜花坪镇高连村水库干涸
(湖南省气候中心提供)
Fig. 4.18.3　Gaolian Village Reservoir in Caihuaping Town, Zhuzhou City, Hunan Province dried on September 20, 2022 (By Hunan Climate Center)

3. 暴雨洪涝

2022 年,暴雨洪涝灾害共造成湖南全省 14 个市(自治州)422.3 万人受灾;农作物受灾面积 34.6 万公顷,绝收面积 4 万公顷;直接经济损失 109.9 亿元。2022 年湖南省春夏两季暴雨频发,多地出现强对流天气(图 4.18.4)。3 月下旬开始至 7 月上旬,省内共出现 14 次区域性暴雨过程,其中,6 月 1—5 日连续 5 天出现暴雨、大暴雨天气,累计雨量大、极端性强、落区重叠度高且夜雨特征明显,多县(市)降水量达到极端事件标准,并出现气象洪涝。

图 4.18.4　2022 年 7 月 18 日湖南省衡阳县强降水(衡阳县气象局提供)
Fig. 4.18.4　Severe precipitation in Hengyang County, Hunan Province on July 18, 2022
(By Hengyang Meteorological Service)

4.19 广东省主要气象灾害概述

4.19.1 主要气候特点及重大气候事件

2022年，广东省平均气温22.2 ℃，与常年基本持平（图4.19.1），但各月气温起伏波动大，平均高温日数31.8天，为1961年以来第二多，其中，7月出现历史第二强高温过程；平均年降水量2057.6毫米，较常年偏多14%（图4.19.2），但阶段性明显。3月24日开汛，较常年偏早18天，前汛期出现了近20年最强5月暴雨过程以及1961年以来第三强"龙舟水"，北江发生超百年一遇洪水。初台偏晚，全年共有5个热带气旋登陆广东，登陆个数较历史平均偏多1.3个。2月出现历史同期少见的持续低温阴雨寡照天气。9—10月温高雨少，气象干旱严重。灰霾日数继续维持较低水平。2022年全省共造成408.6万人受灾，因灾死亡失踪11人；农作物受灾面积19.4万公顷，绝收面积3.4万公顷；直接经济损失182.9亿元。属偏差气候年景。

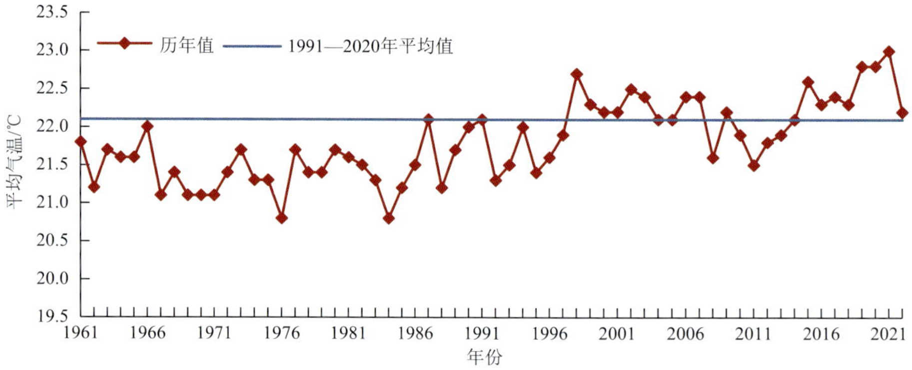

图4.19.1 1961—2022年广东省年平均气温变化

Fig. 4.19.1 Annual mean temperature in Guangdong during 1961—2022

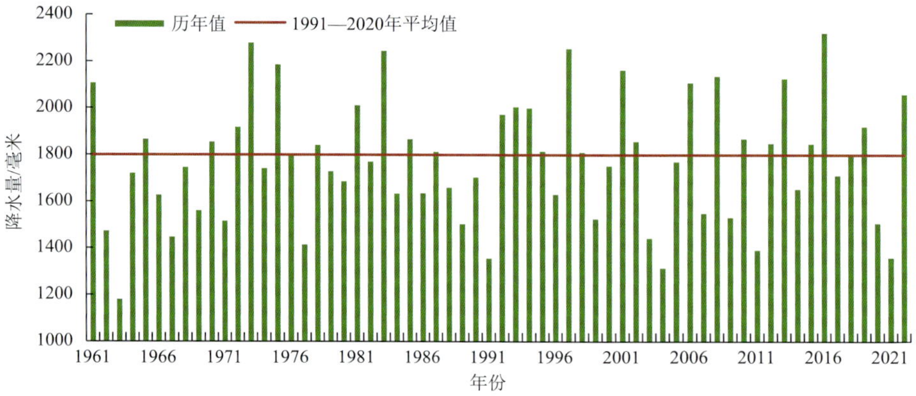

图4.19.2 1961—2022年广东省平均年降水量变化

Fig. 4.19.2 Annual precipitation in Guangdong during 1961—2022

4.19.2 主要气象灾害及影响

1. 暴雨洪涝

2022年，广东省共出现暴雨810站日，较常年（652站日）偏多24.2%。暴雨洪涝灾害导致248万人受灾，死亡失踪5人；农作物受灾面积11.3万公顷，绝收面积2.6万公顷；倒塌房屋4900间，损坏房屋 6100 间;直接经济损失 161.1 亿元。

汛期共出现 19 次大范围强降水过程。5 月 10—15 日,广东出现 2003 年以来最强 5 月暴雨,清远、珠海、江门、阳江、中山等地出现特大暴雨。其中台山赤溪镇录得全省最大过程雨量 939.9 毫米,中山市三乡镇、汕尾红海湾开发区、珠海斗门区和金湾区等地也录得超过 750 毫米的过程雨量。"龙舟水"期间(5 月 21 日至 6 月 21 日)广东全省平均雨量 514.5 毫米,较常年同期偏多 54%,是 1961 年以来第三多,乐昌、翁源等 18 个县(区)"龙舟水"破历史纪录。其中,6 月 5—10 日,广东持续 6 天出现了大范围的暴雨到大暴雨,局地特大暴雨;6 月 13—21 日,广东再度出现大范围持续性暴雨过程,清远英德市东华镇录得过程最大累计雨量 990.5 毫米,韶关翁源县新江镇录得 979.4 毫米。广东和周边省份多日持续强降水导致北江流域出现了超百年一遇的特大洪水,粤北县(市)出现了严重的城乡积涝,山区县(市)出现了严重的滑坡、泥石流等地质灾害,多灾种叠加,导致广东受灾极重。

2. 热带气旋

2022 年,有 4 个台风("暹芭""木兰""马鞍"和"尼格")和一个未编号的热带低压登陆广东,较历史平均登陆数(3.7 个)偏多 1.3 个。此外,还有 1 个未登陆广东的台风("纳沙")给广东带来了持续大风影响。2022 年台风共导致广东 159.4 万人受灾,1 人死亡;农作物受灾面积 7.6 万公顷;绝收面积 6840 公顷;直接经济损失 20.1 亿元。

7 月 2 日第 3 号台风"暹芭"以台风级在茂名电白沿海登陆,为初台,较常年偏晚 7 天。台风"暹芭"影响期间,全省 21 个市(地)均出现了日雨量超过 100 毫米的大暴雨,有 14 个市(地)出现了日雨量超过 250 毫米的特大暴雨。台风"暹芭"停编之后,其残余环流继续给广东带来了强降水;台风"暹芭"影响期间,南海中北部、北部湾海面、广东中西部海面、粤西沿海县(市)出现了 10～12 级大风。此外,受台风"暹芭"及其外围环流影响,广东先后出现了 5 个陆地龙卷和 2 个海上龙卷,历史罕见。第 7 号台风"木兰"8 月 10 日以热带风暴级在湛江徐闻沿海登陆;受其影响,8 月 8—11 日,粤西、珠三角南部和粤东县(市)出现了暴雨到大暴雨,其中阳江的阳春和阳西、茂名的电白和高州出现了特大暴雨,南海北部、广东省海面和沿海县(市)出现了平均风 7～9 级、阵风 10～11 级的大风。第 9 号台风"马鞍"8 月 25 日以台风级强度在茂名电白沿海地区登陆,受其影响,粤西县(市)和江门出现了暴雨到大暴雨局部特大暴雨,其中特大暴雨集中在湛江徐闻,广东中西部沿海县(市)和海面、南海北部海面出现了平均风 9～12 级、阵风 13～14 级的大风。第 22 号台风"尼格"11 月 3 日以热带低压强度登陆珠海,较常年偏晚 37 天,是 1975 年以来最晚登陆珠三角的台风。

3. 低温冷害

2022 年,影响广东的冷空气总体偏弱,较强及以上冷空气过程(含寒潮)主要出现在 1 月、2 月、3 月、11 月和 12 月。其中,2 月广东出现了历史同期少见的持续低温阴雨寡照天气。2022 年低温冷冻共造成广东 1.1 万人受灾;农作物受灾面积 5680 公顷;直接经济损失 1.7 亿元。

2 月 1—24 日,广东出现持续低温阴雨寡照天气,此次过程具有"阴雨寒冷时间长,降水显著偏多,日照显著偏少,粤北冰冻多"的特点。其中,2 月 19—22 日,受强冷空气影响广东出现了大范围降温和降雨天气,过程降温幅度 6～12 ℃,粤北和珠江三角洲县(市)连续出现了 2～5 ℃的低温,其中粤北高寒山区 −3～0 ℃;清远连州和连山、韶关乐昌和乳源、肇庆怀集高寒山区出现了雨夹雪和冰冻。惠东、紫金、惠阳 3 个县(市)达到寒潮级别,恩平、广州、遂溪等 48 个县(市)达到强冷空气级别。此次过程造成肇庆、清远、韶关、江门、茂名、惠州 6 市 10 县(区)受灾。

4. 高温

2022 年,广东平均高温日数(日最高气温≥35 ℃)31.8 天,较常年偏多 10.3 天,为 1961 以来第二多(最多为 2021 年的 42.9 天)。仁化、乳源等 10 个县(市)为当地有气象记录以来最多。2022 年全省共出现11次大范围高温天气过程，主要出现在7—9月。7月9日至8月2日，广东连续25天出现大范围持续性高温天气过程。顺德、兴宁等32个县(市)高温日数创下历史同期最多纪录，7月24—25日高温范围最广、强度最强，7月25日五华和高要的日最高气温(分别为39.6 ℃和38.8 ℃)创本站历史新高，兴宁、花都和南海3个站平本站有气象记录以来极端最高气温纪录。

4.20 广西壮族自治区主要气象灾害概述

4.20.1 主要气候特点及重大气候事件

2022年，广西平均气温20.9 ℃，与常年持平(图4.20.1)；冬季气温偏低1.2 ℃，为2012年来同期最低；秋季气温偏高1.4 ℃，为1951年来同期最高；春、夏季气温接近常年同期。广西平均年降水量1651.2毫米，较常年偏多4%(图4.20.2)；冬、春季降水量分别偏多80%和17%；秋季降水量偏少23%；夏季降水量接近常年同期；全年共出现10次区域性暴雨过程，最强"龙舟水"损失超百亿元；夏秋连旱严重；年初遭遇2009年来同期最严重低温雨雪冰冻天气，秋末出现1961年来同期最强寒潮；有3个台风影响广西，个数偏少，初台偏晚，终台偏早；共出现7次大范围高温过程，高温日数偏多；7次强对流天气过程影响偏轻；春播期低温阴雨日数偏少，结束期偏早；桂北大部寒露风开始偏晚、桂南大部偏早，寒露风日数接近常年。年内冷暖起伏大、降雨分布不均、前涝后旱，暴雨、干旱和低温冷害偏重，总体而言，属偏差气候年景。

2022年，因气象灾害共造成农作物受灾面积37.6万公顷，绝收面积3.3万公顷；受灾人口713.9万，死亡8人；直接经济损失168.8亿元。

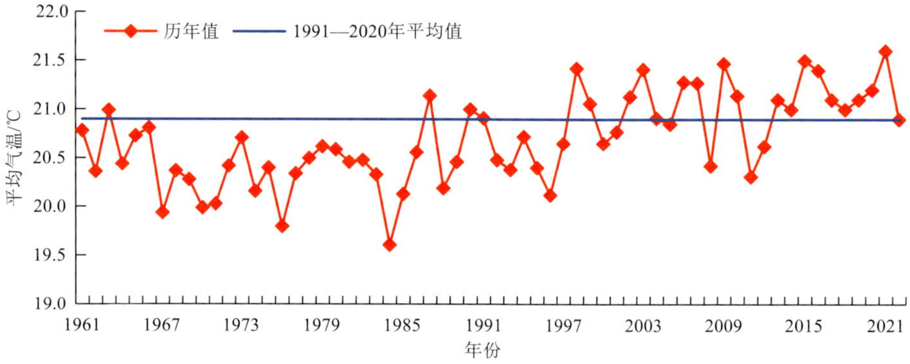

图4.20.1 1961—2022年广西壮族自治区年平均气温变化

Fig. 4.20.1 Annual mean temperature in Guangxi during 1961—2022

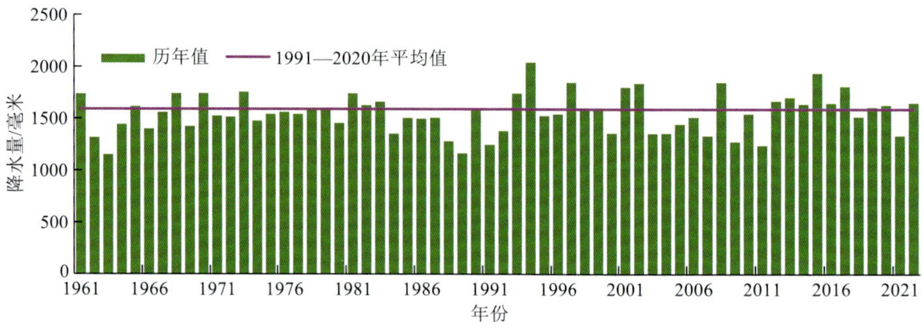

图4.20.2 1961—2022年广西壮族自治区平均年降水量变化

Fig. 4.20.2 Annual precipitation in Guangxi during 1961—2022

4.20.2 主要气象灾害及影响

1. 暴雨洪涝

2022年，广西平均暴雨日数6天，与常年持平。1—11月均有暴雨出现，5—6月的暴雨总日数占全年的60%。全年暴雨洪涝共造成农作物受灾面积21.1万公顷，绝收面积2.1万公顷；483.4万人受灾，死亡失踪8人；直接经济损失130.7亿元，占广西全年气象灾害总损失的77.4%。6月17—21日，受低涡切变、西南季风共同影响，广西出现"龙舟水"期间极端性最强的一次暴雨过程（图4.20.3）。过程累计降水量超过600毫米有8个乡镇，最大出现在临桂区宛田乡，达913.4毫米。环江6月20日降水量280.3毫米，打破当地建站以来日降水量纪录。本次过程造成南宁、柳州、桂林等9市61县（市、区）出现洪涝灾害，共造成168.4万人受灾，死亡失踪3人；农作物受灾面积7.7万公顷；直接经济损失77.3亿元。

图4.20.3 2022年6月17日广西金秀县农田被淹（金秀县气象局提供）

Fig. 4.20.3 The farmland flooded during the rainstorm in Jinxiu County on June 17, 2022 (By Jinxiu Meteorological Service)

2. 干旱

全年干旱共造成112.3万人受灾；农作物受灾面积11.3万公顷，绝收面积7910公顷；饮水困难人口8000人；直接经济损失22.2亿元。

2022年7月中旬至11月中旬，广西大部地区发生夏秋连旱。7月11日至11月14日，广西平均气温较常年同期偏高1.0 ℃，为1951年来同期第二高。广西平均降水量较常年同期偏少近5成，为1951年以来同期第二少；大部地区偏少3～9成，桂林、柳州、百色等33个站降水量为当地建站以来同期最少。高温少雨导致南宁、柳州、桂林等9市46县（市、区）出现干旱灾情，99.1万人受灾，4194人饮水困难；农作物受灾近10万公顷；直接经济损失21.0亿元。

3. 热带气旋

2022年，有3个台风（2203号"暹芭"、2207号"木兰"、2209号"马鞍"）影响广西，个数偏少。初台"暹芭"7月2日影响，较常年偏晚3天；终台"马鞍"8月25日影响，较常年偏早37天。全年热带气旋灾害共造成87.7万人受灾；农作物受灾3.5万公顷；直接经济损失9.6亿元。

4. 低温冷冻和雪灾

2022年，低温冷冻共造成29.7万人受灾；农作物受灾面积1.7万公顷；直接经济损失6.1亿元。

2022年，全年出现区域性冷空气过程10次，其中2次过程达寒潮级；1月末至2月遭遇2009年来同期最严重低温雨雪冰冻天气，秋末出现1961年来同期最强寒潮；低温阴雨日数较常年偏少、结束偏早；大部地区寒露风开始较常年偏晚、桂南大部偏早，寒露风日数接近常年。

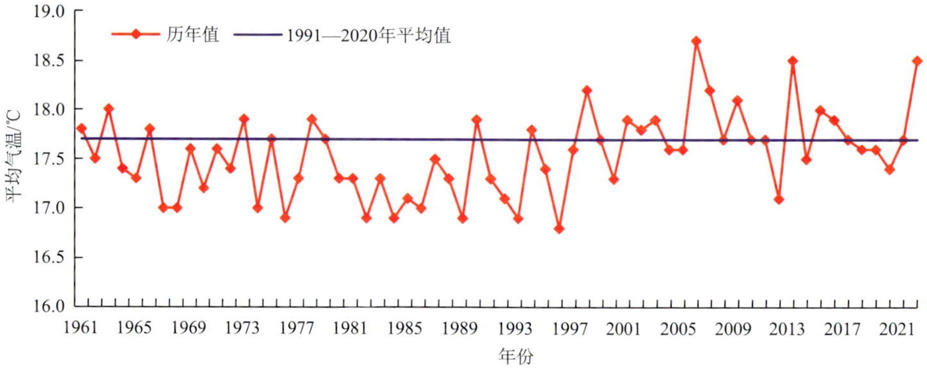

图 4.22.1　1961—2022 年重庆市年平均气温变化

Fig. 4.22.1　Annual mean temperature in Chongqing during 1961 to 2022

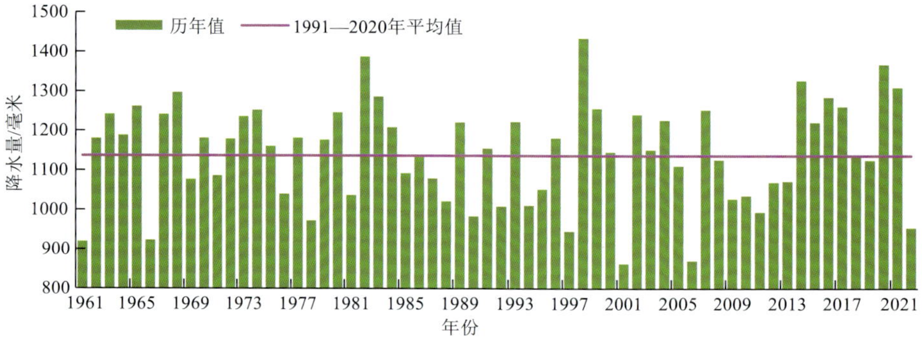

图 4.22.2　1961—2022 年重庆市平均年降水量变化

Fig. 4.22.2　Annual precipitation in Chongqing during 1961—2022

4.22.2　主要气象灾害及影响

1. 干旱

2022 年，重庆伏秋旱偏强。夏季，重庆地区出现 1961 年以来最强的高温灾害天气过程，重庆大部地区出现中度以上气象干旱，其中，西北部、中部和东北部局部地区达重旱到特旱，多区（县）突发山火。其中，7 月 24 日至 8 月 29 日的高温过程持续时间长（37 天）、影响范围广（31 个区（县）出现 40 ℃以上最高气温）、极端性强（北碚站 8 月 18 日、19 日极端最高气温均达到 45 ℃），综合强度达特重等级，为 1961 年以来最强高温过程。11—12 月除东北部以外大部地区仍有轻到中度气象干旱，局地重旱。

干旱灾害造成的直接经济损失占全年气象灾害的 8 成以上，灾情总体偏重，共造成 297.8 万人受灾，88.3 万人饮水困难；农作物受灾面积 33.2 万公顷（图 4.22.3），绝收面积 6.6 万公顷；直接经济损失 39.6 亿元。

2. 暴雨洪涝

2022 年，重庆市先后出现 17 次强降水天气过程，其中，7 次为暴雨天气过程，较多年平均偏少 3 次，较 2021 年偏少 6 次，为 2008 年以来第二少（2009 年 6 次为第一少）。暴雨过程平均影响 11 个区（县），较 2021 年均值偏少 6 个。6 月 26 日夜间至 27 日白天，重庆市出现了年内最强的一次暴雨天气过程，强度等级为重度，22 个区（县）出现暴雨（图 4.22.4）。

2022 年，重庆市共造成 52.8 万人受灾，1 人因灾死亡失踪；农作物受灾面积 2.7 万公顷，绝收面积 3930 公顷；倒塌房屋 600 间，损坏房屋 7200 间；直接经济损失 5.6 亿元。

图 4.22.3　2022 年 9 月 28 日巴南区干旱造成农作物受灾(巴南区气象局提供)

Fig. 4.22.3　Crops damaged by drought in Banan County on September 28, 2022 (By Banan Meteorological Service)

图 4.22.4　2022 年 6 月 26 日巴南区暴雨造成农作物受灾(巴南区气象局提供)

Fig. 4.22.4　Crops damaged by raintorm in Banan County on June 26,2022 (By Banan Meteorological Service)

经济损失 35.4 亿元。

2 月 19—22 日云南出现寒潮天气过程，滇西北、滇中及以东降雪，其中，昭通市南部、曲靖市、昆明市北部降中到大雪局部暴雪、大暴雪，积雪深度达 6～20 厘米(会泽)。全省除西双版纳州外的 15 个市(自治州)发生雪灾、低温冻害，直接经济损失 30.3 亿元。3 月 31 日至 4 月 2 日，曲靖市、昆明市、玉溪市东部、红河州北部、丽江市、大理州北部等地 27 个站点出现寒潮天气。

图 4.25.3　2 月 22 日建水县低温冻害(建水县应急管理局)
Fig. 4.25.3　Chilling damage happened in Jianshui County on Feb 22, 2022
(By Jianshui Emergency Management Bureau)

2. 干旱

2022 年干旱灾害造成 225.7 万人受灾，8.3 万人饮水困难；农作物受灾面积 16.9 万公顷，绝收面积 2.6 万公顷；直接经济损失 12.1 亿元。

滇东北、滇东及滇南等地出现夏旱。7—9 月，全省平均降水量较常年同期偏少 22.0%；平均气温较常年同期偏高 0.8 ℃，为历史同期最高值。其中，昭通市 7—8 月极端最高气温为 33.5～44.0 ℃，平均气温较常年同期偏高 2.6 ℃，降水较常年同期偏少 43.5%。高温少雨天气造成部分水源、溪流干枯断流。

3. 暴雨洪涝

2022 年云南省局地强降水造成的洪涝灾害突出(图 4.25.4)。出现 8 次全省性强降水天气过程，较历史同期偏少 4 次，但出现 14 次区域性较强降水天气过程。2022 年洪涝灾害造成 175.8 万人受灾，9 人死亡；损坏房屋 1.0 万间；农作物受灾面积 11.8 万公顷，绝收面积 1.6 万公顷；直接经济损失 29.7 亿元。

5 月下旬至 6 月下旬，滇西、滇西南、滇东南、滇东等地洪涝灾情较重，7—9 月局地强降水引发的洪涝灾害对临沧、曲靖、大理、丽江等市(自治州)影响较重，损失主要集中在农林牧渔业和基础设施区域。其中，丘北县"5.27"洪涝灾害造成 6 人死亡、1 人失踪，农作物受灾 9400 公顷，直接经济损失 6.6 亿元；河口县"6.14"特大暴雨引发的洪涝灾害造成城镇内涝，直接经济损失 995 万元。

4. 局地强对流

春、夏季大风、冰雹、雷电灾害偏重发生。2022 年共出现大风灾情 116 站次、冰雹灾情 237 站次、雷电灾情 10 站次。2022 年局地强对流灾害共造成 242.7 万人受灾，10 人死亡；房屋受损 8400

图 4.25.4 6 月 11 日弥勒市洪涝灾害(弥勒市气象局提供)

Fig. 4.25.4 Flood happened in Mile County on Jun 11, 2022 (By Mile Meteorological Service)

间;农作物受灾面积 22.2 万公顷,绝收面积 3.4 万公顷;直接经济损失 32.7 亿元。

4 月中旬至 5 月中旬,强对流天气频繁发生,滇西、滇西南、滇东、滇东南的大风、冰雹灾害造成农作物受灾并有人员伤亡,瑞丽市 4 月 15 日大风灾害造成 1 人死亡(图 4.25.5);7—8 月,冰雹、大风灾害点多面广,曲靖、玉溪、大理、昆明、保山等市(自治州)灾情较重。其中,7 月上旬,曲靖、保山、大理、红河等市(自治州)发生大风、冰雹灾害,造成农作物受灾面积 7.4 万公顷;房屋受损 739 间;直接经济损失 12.5 亿元;隆阳区 8 月 7 日雷电灾害造成 2 人死亡。

图 4.25.5 4 月 15 日瑞丽市大风灾害(瑞丽市气象局提供)

Fig. 4.25.5 Gale in Ruili City on April 15, 2022 (By Ruili Meteorological Service)

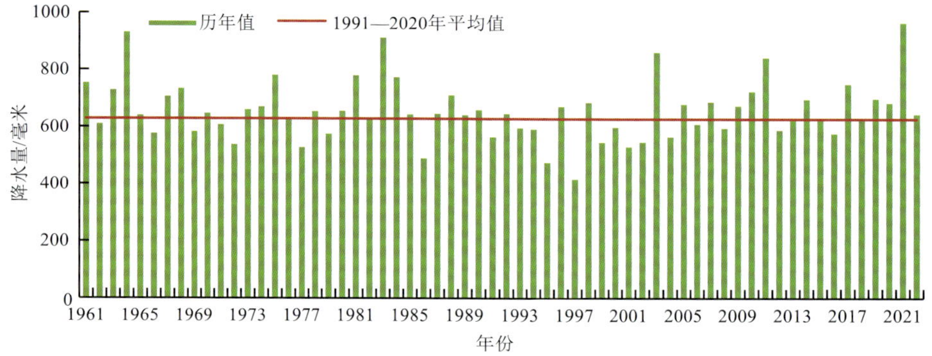

图 4.27.2　1961—2022 年陕西省平均年降水量变化

Fig. 4.27.2　Annual precipitation in Shaanxi during 1961—2022

万人受灾；农作物受灾面积 9.1 万公顷，绝收面积 1.4 万公顷；倒塌房屋 510 间；直接经济损失 13.5 亿元。

2. 风雹灾害

2022 年，风雹灾害造成全省 61.5 万人受灾；农作物受灾面积 10.4 万公顷，绝收面积 1.7 万公顷；因灾损坏房屋 2300 间；直接经济损失 13.1 亿元。5 月 11 日延安市强对流天气强度大，持续时间长，造成严重的冰雹灾害。全市 5 个县(区)28 个乡镇受灾，受灾人口 6.8 万；农作物受灾面积 1.3 万公顷，绝收面积 1647 公顷；直接经济损失 2.9 亿元。

3. 高温和干旱

2022 年夏季，全省 92%的站点出现 35 ℃以上高温，29%的站点出现 40 ℃以上高温，汉中、洋县、城固首次出现 40 ℃以上高温。汉中、安康、洋县等 17 县(区)最高气温突破历史极值，华州、西乡、平利等 17 县(区)最长连续高温日数突破历史极值。持续性强高温过程导致全省出现不同程度干旱灾害，2022 年干旱造成 244.9 万人受灾，饮水困难人口 14.4 万人；农作物受灾面积 28.1 万公顷，绝收面积 4.4 万公顷；直接经济损失 17 亿元。7 月 1 日至 8 月 24 日关中、陕南地区降水量为 183.4 毫米，较常年偏少 23.8%，降水量最少镇坪为 94.9 毫米，较常年偏少 67.7%，为本站 1961 年以来历史同期最少。关中、陕南出现强伏旱天气，强度为 1961 年以来第四强，伏旱造成秋粮和经济林果受灾严重，农作物受灾 4.2 万公顷；直接经济损失 3.6 亿元(图 4.27.3)。

图 4.27.3　6 月 30 日杨凌猕猴桃日灼情况(左)和 8 月 17 日安康汉阴县玉米受旱情况
(陕西省农业遥感与经济作物气象服务中心提供)

Fig. 4.27.3　Sunburned Kiwifruit in Yangling on June 30(left) and corns affected by drought in Hanyin on August 17 (right) (By Shaanxi Meteorological Service)

4. 低温冷冻和雪灾

2022年，低温冷冻灾害和雪灾造成3.3万人受灾；农作物受灾面积8690公顷，绝收面积3850公顷；直接经济损失3600万元。1月下旬大范围雨雪冰冻天气造成农业低温寡照灾害严重，设施农业、安全生产、春节前安全返乡受到不利影响。11月29—30日剧烈降温对陕北、渭北中西部的设施农业和畜牧业生产造成一定影响。

4.28 甘肃省主要气象灾害概述

4.28.1 主要气候特点及重大气候事件

2022年，甘肃省年平均气温9.5 ℃，较常年偏高1.0 ℃（图4.28.1）。冬季气温较常年偏低0.2 ℃；春季气温偏高1.6 ℃；夏季气温偏高1.6 ℃，为1961年以来最高；秋季气温偏高1.1 ℃。平均年降水量363.7毫米，较常年偏少11.3%（图4.28.2）；冬季降水较常年偏多24.6%；春季降水偏少20.5%；夏季降水接近常年同期；秋季降水偏少32.6%，为近20年来最少。

2022年，甘肃省出现暴雨日数和范围均较常年偏多；年内15个县（市、区）出现极端日降水事件，较常年同期偏多；冰雹日数和范围均为1961年以来第二少。连阴雨出现次数较常年同期偏少；大风日数偏多，沙尘暴偏少；寒潮天气较常年同期偏多。2022年出现春夏秋连旱，气象干旱日数和范围均较常年偏多，为近10年最多。高温天气范围为近5年最大，出现站次为1961年以来最多，极端高温事件较常年同期偏多。

2022年，气象灾害共造成474.1万人受灾，死亡失踪15人；农作物受灾面积48.8万公顷，绝收面积1.8万公顷；直接经济损失77.9亿元。总体评估，2022年属气候条件一般的年景。

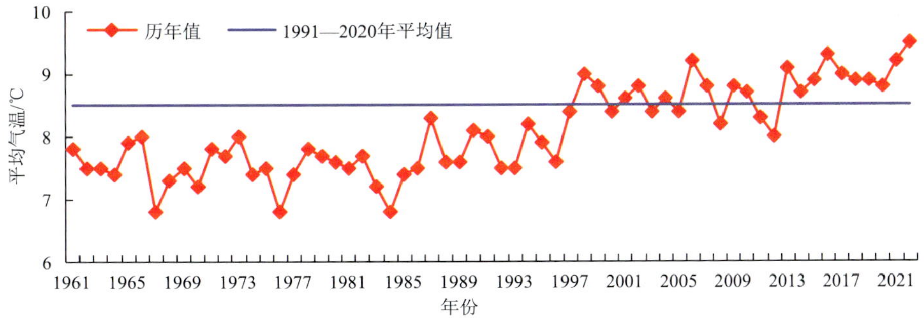

图4.28.1 1961—2022年甘肃省年平均气温变化

Fig. 4.28.1 Annual mean temperature in Gansu during 1961—2022

4.28.2 主要气象灾害及影响

1. 干旱

2022年因干旱造成140.6万人受灾；农作物受灾面积17万公顷，绝收面积5920公顷；直接经济损失8.3亿元。

2022年出现春夏秋连旱，夏季全省76个县（市、区）出现干旱，干旱范围占全省95%，重旱范围占全省61%，42个县（市、区）干旱日数在30天以上，永登、安定和通渭重旱日数达51～65天。6月份，永登县出现连续干旱，导致3.5万人受灾；农作物受灾面积1.5万公顷；直接经济损失约为2411万元。

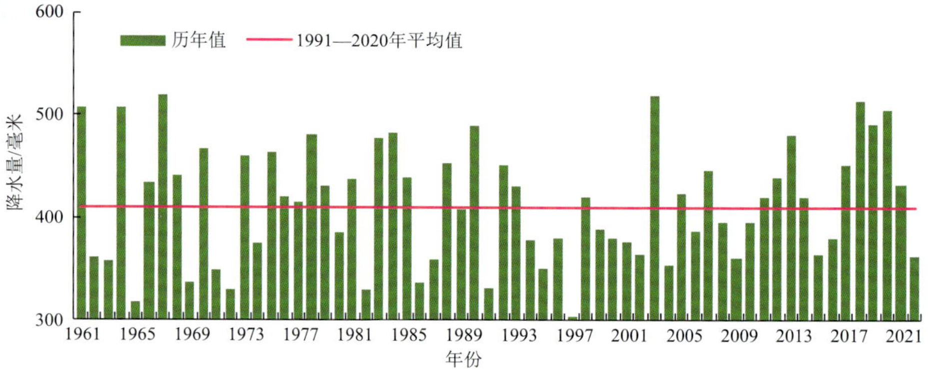

图 4.28.2　1961—2022 年甘肃省平均年降水量变化

Fig. 4.28.2　Annual precipitation in Gansu during 1961—2022

2. 暴雨洪涝

2022 年，因暴雨洪涝灾害造成 85.7 万人受灾，死亡失踪 13 人；农作物受灾面积 6 万公顷，绝收面积 4720 公顷；损坏房屋 3.4 万间，倒塌房屋 3900 间；直接经济损失 53.7 亿元。

7 月 11—16 日，张掖以东出现大范围强降水天气，陇东南出现 273 站次暴雨、47 站次大暴雨、6 站次特大暴雨。其中，陇南市武都区 113 个站点降水量超过 100 毫米，强降水引发洪涝灾害（图 4.28.3），造成 2.9 万人受灾，死亡失踪 4 人；直接经济损失 7788 万元。

图 4.28.3　2022 年 7 月 11—15 日陇南市洪涝（左）和滑坡（右）灾害（陇南市气象局提供）

Fig. 4.28.3　Floods (left) and landslides (right) by strong rainfall in Longnan city during July 11—15, 2022 (By Longnan Meteorological Service)

3. 局地强对流

2022 年大风、冰雹等强对流天气共造成 78 万人受灾，死亡失踪 2 人；农作物受灾面积 10.5 万公顷，绝收面积 5910 公顷；损坏房屋 2000 间；直接经济损失 11 亿元。

7 月 24 日，白银市大部分地方出现降水，局地出现冰雹和阵性大风。其中，白银区出现持续约 10 分钟的冰雹，冰雹最大直径 0.5～1.0 厘米，最大风力 6～8 级，造成部分乡镇农作物不同程度受灾（图 4.28.4），共造成 1.5 万人受灾；农作物受灾面积 1168 公顷，绝收面积 246 公顷；直接经济损失 3803 万元。

4. 低温冷冻害和雪灾

2022 年，低温冷冻害和雪灾共造成 169.8 万人受灾；农作物受灾面积 15.3 万公顷，绝收面积 1630 公顷；直接经济损失 4.9 亿元。

5 月 1—3 日，张掖市民乐县持续出现低温冷冻天气，地面最低温度下降到 −3 ℃，致使部分乡

图 4.28.4　2022 年 7 月 24 日甘肃省白银市大风冰雹天气(白银市气象局提供)
Fig. 4.28.4　Gale and hail weather in Baiyin city of Gansu Province on July 24, 2022
(By Baiyin Meteorological Service)

镇农作物遭受低温冷冻灾害,4113 人受灾;农作物受灾面积 518 公顷;直接经济损失约 139 万元。

4.29　青海省主要气象灾害概述

4.29.1　主要气候特点及重大气候事件

2022 年,青海省平均气温 3.7 ℃,较常年偏高 0.9 ℃(图 4.29.1),为 1961 年以来第二高,冬季气温偏低,春、夏季气温列 1961 年以来历史第一高。年降水量 365.1 毫米,较常年偏少 4.2%(图 4.29.2),冬季降水偏多,春季偏少。

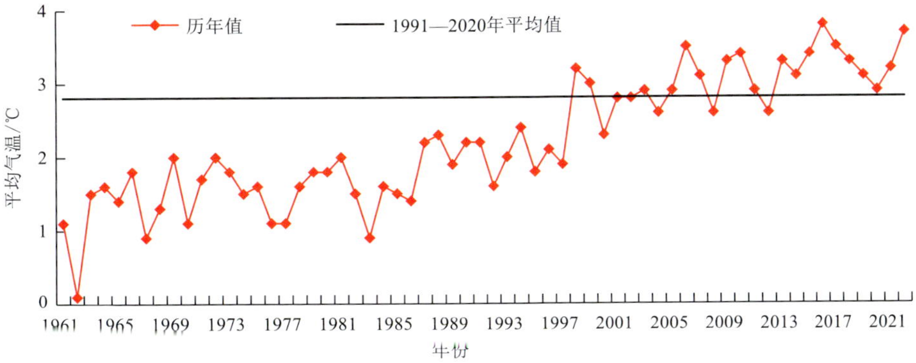

图 4.29.1　1961—2022 年青海省年平均气温变化
Fig. 4.29.1　Annual mean temperature in Qinghai during 1961—2022

2022 年,青海省共发生 182 起气象灾害,主要包括暴雨洪涝、冰雹、雷电、大风、冻害、干旱、雪灾等,共造成 61 人死亡失踪,76.7 万人受灾;农作物受灾面积 9.3 万公顷,绝收面积 8350 公顷;直接经济损失 22.1 亿元。其中,暴雨洪涝、冰雹、雷电造成的灾害损失最为严重。

4.29.2　主要气象灾害及影响

1. 暴雨洪涝

暴雨洪涝主要出现在 6—9 月,年内共发生 80 起,19.4 万人受灾,因灾死亡失踪 34 人;直接经济损失 13.2 亿元。年内多地降水量超历史同期极值,与 2021 年相比,暴雨洪涝发生次数、受灾人

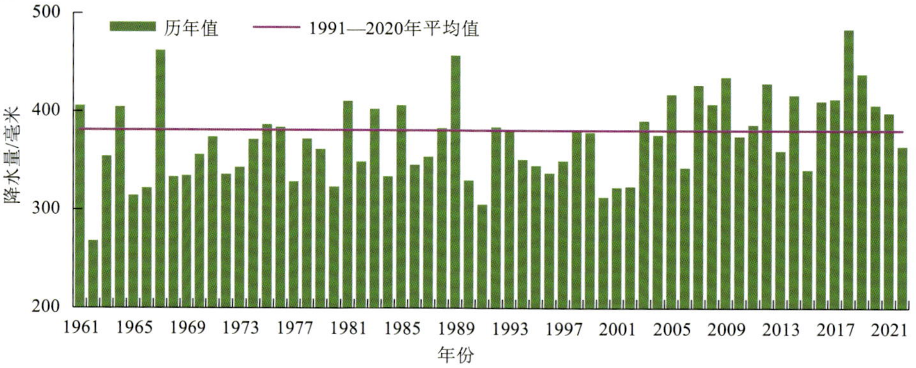

图 4.29.2 1961—2022 年青海省平均年降水量变化

Fig. 4.29.2 Annual precipitation in Qinghai during 1961—2022

数、因灾死亡人数、经济损失均明显增多。8 月 17 日夜间至 18 日凌晨，西宁市大通县青林乡、青山乡出现短时强降水天气，青林乡半小时内降雨量达 37.2 毫米。灾害共造成全县 15 个乡镇 3.1 万人受灾，27 人死亡、4 人失联，紧急转移安置 3346 人；直接经济损失 5.8 亿元。

2. 强对流

2022 年，冰雹、大风、雷电灾害共发生 93 起，造成 27 人死亡，36.4 万人受灾；农作物受灾面积 6.5 万公顷；直接经济损失 8.2 亿元。与 2021 年相比，各灾害受灾人数、经济损失明显增多。7 月 26 日 17—19 时，互助县多地出现冰雹天气，最大冰雹直径 20 毫米，互助县 8 个乡镇 9 万人受灾；直接经济损失 1.8 亿元。7 月 13 日，称多县称文镇白龙村发生 1 起雷电灾害，造成 6 人死亡，3 人受伤。

3. 雪灾、冻害

2022 年，雪灾、冻害共发生 8 起，共造成 17.4 万人受灾；直接经济损失 5500 万元。与 2021 年相比，灾情发生次数增多，经济损失增加。5 月 16 日互助县最低气温在 −4.9～0.4 ℃，较 15 日最低气温下降 8～13 ℃，互助县 8 个乡镇 10.8 万人受灾；农作物受灾面积 3980 公顷；直接经济损失 2450 万元。4 月 29—30 日，贵德县尕让乡出现 2 次降雪天气，贵德县 9 个行政村 123 户 588 人受灾；死亡大牲畜(牛)102 头、小牲畜(羊)213 只；直接经济损失 47.6 万元。

4.30 宁夏回族自治区主要气象灾害概述

4.30.1 主要气候特点及重大气候事件

2022 年，宁夏气候年景总体偏差。年平均气温 9.8 ℃，较常年偏高 0.8 ℃(图 4.30.1)，为 1961 年以来仅次于 2021 年的历史第二高；年降水量 234.3 毫米，较常年偏少 17%(图 4.30.2)；年日照时数 2585 小时，较常年偏少 228 小时。异常天气气候事件多发，2021/2022 年冬季降雪日数多，为 1961 年以来第四多；冬末春初气候差异大，2 月异常“湿冷”，3 月异常“暖干”；春季沙尘天气为 2011 年以来同期第二多，大风日数为第四多；夏季高温强度强、频次高、过程持续时间长、覆盖范围广，全区平均高温日数为 1961 年以来最多；春夏出现“旱涝急转”，“旱期”和“涝期”降水量之差为 1961 年以来同期第十多；南部山区春夏秋连旱，持续时间为 1961 年以来同期最长；10 月至年末出现 4 次明显降温过程，降温幅度大，一次达寒潮级别。年内，冰雹、暴雨洪涝、低温冻害等灾害共造成 28.5 万人受灾；农作物受灾面积 6.9 万公顷；直接经济损失 6.6 亿元。

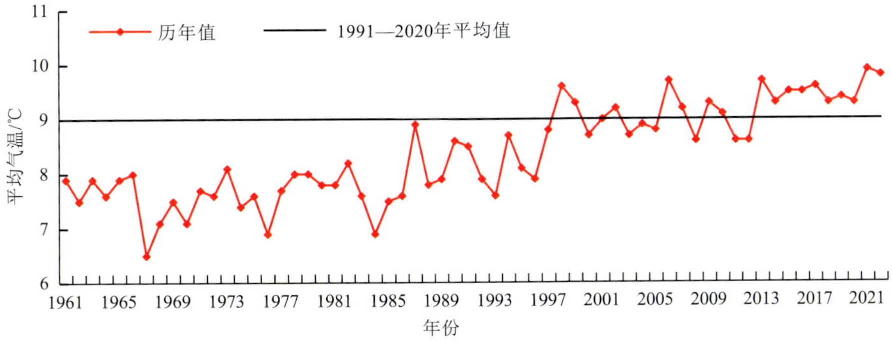

图 4.30.1 1961—2022 年宁夏回族自治区年平均气温变化

Fig. 4.30.1 Annual mean temperature in Ningxia during 1961—2022

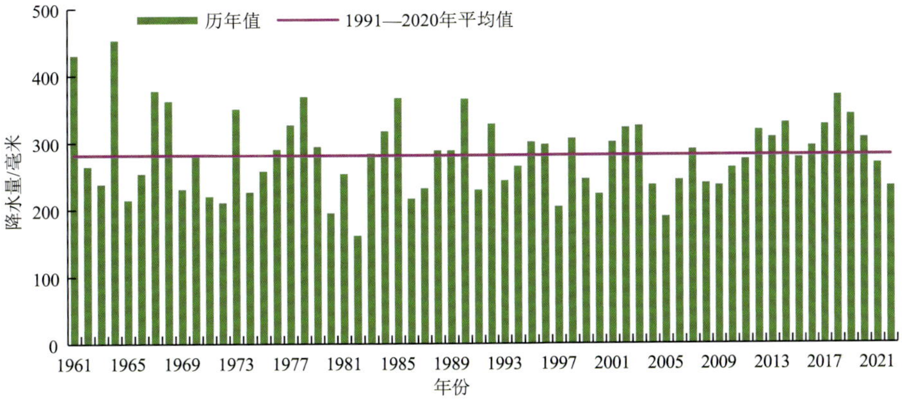

图 4.30.2 1961—2022 年宁夏回族自治区平均年降水量变化

Fig. 4.30.2 Annual precipitation in Ningxia during 1961—2022

4.30.2 主要气象灾害及影响

1. 局地强对流(冰雹、大风)

2022 年,宁夏风雹灾害共造成 6.8 万人受灾;农作物受灾面积 2 万公顷,绝收面积 5170 公顷;损坏农业塑料大棚 153 间;直接经济损失约 3.5 亿元。9 月 8 日午后,中卫市沙坡头区部分乡镇出现短时强降雨,最大小时雨强 36.2 毫米/时;东园镇、永康镇、宣和镇出现冰雹,冰雹持续 10～20 分钟,直径 3～4 毫米。冰雹、暴雨导致 4 个乡镇 1.0 万人和 3422 公顷农作物受灾;经济损失 1.2 亿元(图 4.30.3)。

2. 暴雨洪涝

2022 年,暴雨洪涝灾害共造成 8.2 万人受灾;农作物受灾面积 1.8 万公顷;直接经济损失 1.7 亿元。8 月 9 日夜间到 10 日上午,银川市灵武市马家滩镇、宁东镇、临河镇出现强降水天气,马家滩镇西三社区出现大暴雨,最大累计降水量和最大小时雨强分别为 210.7 毫米和 89.5 毫米/时。暴雨引发洪水造成马家滩镇镇区沉积淤泥达 10 万余立方米,主要街道淤泥深达 1 米;308 间房屋被淹,41 间房屋和 17.4 千米道路受损,冲毁两处桥涵;直接经济损失 3051 万元(图 4.30.4)。

3. 低温冷冻害

年内低温冷冻共造成 7.5 万人受灾;农作物受灾面积 4610 公顷,绝收面积 650 公顷;直接经济损失约 4900 万元。5 月 1 日清晨,灵武市最低气温在−4.1～3.4 ℃,局地出现重霜冻,致使灵武市

图 4.30.3　2022 年 7 月 24 日宁夏中卫市沙坡头区冰雹灾害(沙坡头区气象局提供)
Fig. 4.30.3　Hail disaster in Shapotou District on July 24, 2022 (By Shapotou Meteorological Service)

图 4.30.4　2022 年 8 月 10 日宁夏灵武市洪水灾害(灵武市气象局提供)
Fig. 4.30.4　Flood disaster in Lingwu city on August 10, 2022 (By Lingwu Meteorological Service)

园艺试验场 94 公顷正处于萌芽期的核桃树和幼果期的苹果树、梨树、李子、杏树受冻,300 户 950 人受灾;直接经济损失 1597 万元。4 月 30 日固原市隆德县气温骤降,4 月 30 日至 5 月 3 日最低气温达−11.5～−0.2 ℃,全县 12 个乡镇 2895 户 1.5 万人口受灾;568 公顷农作物受灾;直接经济损失 809 万元。

4. 高温和干旱

2022 年,干旱共造成 6 万人受灾;作物受灾面积 2.6 万公顷,绝收面积 1130 公顷;直接经济损失 8900 万元。南部山区 3—9 月持续 7 个月降水量偏少,持续偏少时间为 1961 年以来同期最长;除 7 月外,其他各月偏少 20%以上,尤其春季 3 月和秋季 9 月分别偏少 86%和 50%;隆德降水量为 1961 年以来同期最少,西吉、泾源分别为第三、第四少值。夏季全区平均高温日数 7.2 天,较常年同期偏多 4.7 天,为 1961 年以来最多;7 月 7 日 19 个国家级气象站出现高温,单日高温范围及银川站最高气温(39.1 ℃)均为 1961 年以来并列最大。

4.31　新疆维吾尔自治区主要气象灾害概述

4.31.1　主要气候特点及重大气候事件

2022 年,新疆气温偏高、降水偏少。全疆平均气温 9.6 ℃,较常年偏高 1.1 ℃,居 1961 年以来第一高(图 4.31.1)。全疆大部分月份气温均偏高,尤其 1 月、5 月、9 月气温偏高居历史同期第一位,仅 2 月、8 月、12 月气温偏低;全疆平均降水量 150.3 毫米,较常年偏少 16%(图 4.31.2)。年内降水仅春季略偏多,其他季节均偏少。

2022 年为新疆有气象记录以来最暖年,年内多月气温偏高,1 月、5 月、9 月气温偏高破极值,春夏季气温均为历史最高,夏季高温天气出现早、强度大、持续时间长;高温少雨致北疆、东疆遭遇严重气象干旱;冷空气过程总体偏少,但极端性强;2022 年气象条件总体对粮食作物、棉花、大部地区特色林果的生长较为有利,对香梨等林果、大部分牧区天然牧草生长、部分牧区牧业生产产生不利影响。

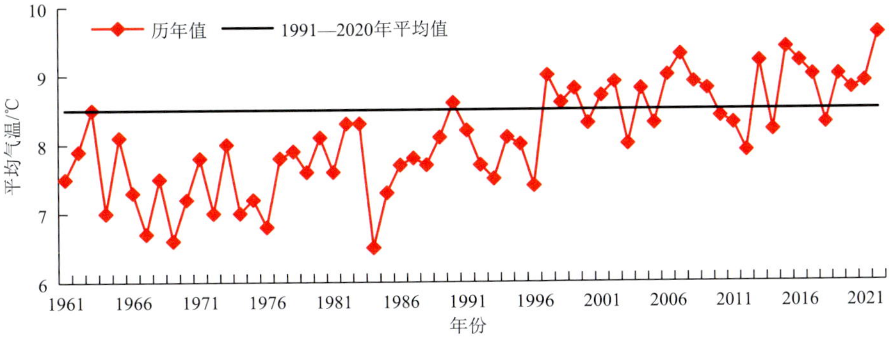

图 4.31.1　1961—2022 年新疆维吾尔自治区年平均气温变化

Fig. 4.31.1　Annual mean temperature in Xinjiang 1961—2022

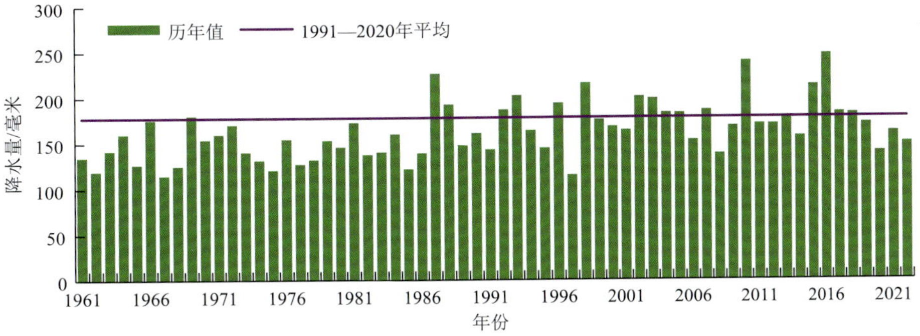

图 4.31.2　1961—2022 年新疆维吾尔自治区平均年降水量变化

Fig. 4.31.2　Annual precipitation in Xinjiang during 1961—2022

4.31.2　主要气象灾害及影响

2022 年新疆各类气象灾害造成直接经济损失约 25.1 亿元;受灾人口 35.2 万人;农作物受灾面积 23.2 万公顷,绝收面积 1.0 万公顷。大风、冰雹等局地强对流造成的灾害损失最重,占全年气象灾害总损失的 57.4%;其次是干旱灾害,占 33.4%;暴雨洪涝占 8.8%;低温冷冻和雪灾占 0.4%。上述气象灾害对新疆生态植被、农牧业、林果业、交通运输、人民生命及财产安全等造成不利影响。

1. 大风和冰雹

2022 年,新疆大风、冰雹等局地强对流造成的灾害损失最重。直接经济损失达 14.4 亿元;农作物受灾面积 19.1 万公顷;受灾人口 21.9 万人。

2022 年,新疆有 10 个地州(市)共 26 县次出现大风灾害,造成农作物受灾面积 7.3 万公顷。11 月 27 日阿克苏地区库车市一光伏电厂受大风天气影响,导致已完成安装的支架和光伏组件大面积受损,造成直接经济损失约 6.0 亿元(图 4.31.3)。

2022 年,新疆有 5 地州(市)共 15 县次出现冰雹灾害,农作物受灾严重,直接经济损失约 8 亿元。其中,阿克苏地区发生次数最多,为 7 县次,农作物受灾最严重。8 月 18 日凌晨,阿克苏地区阿瓦提县、阿拉尔市先后遭遇短时强降雨、冰雹等强对流天气,冰雹持续 50 分钟,最大冰雹直径 9 毫米；冰雹造成上述两县(市)共11乡镇的棉花和香梨、葡萄、红枣等特色林果严重受损，影响面积约6600公顷，为年内最强冰雹事件(图4.31.4)。

图4.31.3 2022年11月27日库车市一光伏电厂被大风吹毁(阿克苏地区气象局提供)
Fig. 4.31.3 Wind disaster occurred in Kuqa City on November 27, 2022
(By Aksu Meteorological Service)

图4.31.4 2022年8月18日阿瓦提县、阿拉尔市冰雹灾害(阿克苏地区气象局提供)
Fig. 4.31.4 Hail disasters occurred in Awat County and Aral City, on August 18, 2022
(By Aksu Meteorological Service)

2. 干旱

2022年，新疆气象干旱呈偏重发生。年内哈密市、阿勒泰地区、昌吉州、吐鲁番市共计4县次出现干旱灾害，造成直接经济损失8.4亿元。受持续高温少雨影响，特别是6—7月，区域性高温频发，导致干旱进一步加剧，气象干旱面积最大达96万平方千米，其中，昌吉州、哈密市、阿克苏地区等26万平方千米发生重度气象干旱，昌吉州、哈密市北部7万平方千米达特旱等级。持续的干旱对北疆天然草地植被的生理造成胁迫，致使天然草地牧草长势变差，植被受干旱胁迫提前进入黄枯期，部分农作物减产、绝收。

3. 暴雨洪涝

2022年，新疆暴雨洪涝呈偏轻发生。年内共造成直接经济损失2.2亿元。5月5—7日，伊犁州出现特大暴雨，过程累计降水量为24.1～103.3毫米，其中，54站达暴雨以上量级，16站大暴雨，暴雨致部分河流溢水，沿河房屋及牲畜受险，局部路段积水严重，交通出行受阻，山区部分路段引发塌方、泥石流等地质灾害(图4.31.5)。

图 4.31.5 2022 年 5 月 5—7 日伊犁州发生特大暴雨引发山洪地质灾害（新疆气候中心提供）
Fig. 4.31.5 Heavy rain caused mountain flood in Ili on May 5—7,2022
(By Xinjiang Climate Center)

第5章　全球重大气象灾害概述

5.1　基本情况

2022年是21世纪第一个“三峰”拉尼娜年，全球拉尼娜事件自2020年8月开始，并于2021年6—8月短暂休整，之后持续至2023年。旷日持久的拉尼娜现象影响着全球降水模态的同时，也影响着全球气温，带来了明显降温效果。尽管如此，2022年（1—9月）全球平均温度较工业化前（1850—1900年）偏高1.15 ℃（±0.13 ℃），位列历史第五高。同时，2015—2022年可能是有记录以来最热的8年。

全球不同地区的平均温度距平分布不均，但2022年1—9月，全球大多数陆地和海洋地区的温度都高于1991—2020年的平均水平。欧亚大陆西部和东亚部分地区夏季平均气温异常偏高，其中，欧洲经历了有史以来最热的夏季。加拿大部分地区、非洲南部和南美洲南部部分地区的气温低于平均水平。热带太平洋较低的平均温度与同期的拉尼娜现象有关，而拉尼娜“冷舌”周围地区平均温度却偏高，从北太平洋沿太平洋西缘一直延伸到南太平洋。

2022年，全球海洋上层2000米的热容量超过了2021年，创下的历史纪录，再创历史新高。海洋变暖毋庸置疑，也是衡量地球能量失衡的一个关键指标：空气中过量的温室气体将更多的热量聚集在气候系统中并推动全球变暖。由于海洋热容量大，90%以上的热量聚集在海洋中，其余的热量表现为大气变暖、陆地变暖变干、陆地冰川和海冰融化。2019—2022年全球海洋热含量是有记录以来最高的4年，北太平洋、北大西洋、地中海和南大洋区域的海洋热含量也达到了20世纪50年代以来的最高值。

2022年，全球平均海平面继续上升，全球平均海平面在2021年1月至2022年8月增加了约5毫米。在有卫星观测的30年（1993—2022年）中，全球平均海平面上升速率为（3.4±0.3）毫米/年，但相对于第一个10年（1993—2002年），近10年（2013—2022年）该速率翻了一番，超过4.4毫米/年。

2022年，北极海冰面积在大部分时间都低于1981—2010年平均值。2022年，最小的北极海冰面积约为467万平方千米（9月18日），位列历史第九或第十低位。2022年2月25日，南极海冰面积降至192万平方千米，比常年（1981—2010年）平均值低近100万平方千米。继2月出现南极海冰面积低值后，截至2022年10月，南极海冰总面积持续低于1981—2010年平均值，甚至在6月和7月创历史新低。

5.2　全球重大气象灾害分述

5.2.1　暴雨洪涝

根据GPCC（全球降水气候中心）观测资料，2022年，东北亚、东南亚、印度西部、澳大利亚东南部、新西兰、南美洲北部、北美局部和加勒比地区、非洲中部、阿拉伯半岛南部的降水量高于常年值；欧洲、中亚、澳大利亚北部、东非、北非大部分地区、南美洲中部和南部以及北美中部和西部降水量较常年偏少。2022年全球降水异常与拉尼娜现象有关，巴塔哥尼亚和北美洲西南部比常年干燥，而非洲南部、南美洲北部、海洋大陆和澳大利亚东部比常年更湿润。东南亚经历了更强烈和更长的季风降雨；肯尼亚、埃塞俄比亚和索马里的大部分地区经历了连续5个低于平均水平的雨季。

在亚洲，6—8月，巴基斯坦频繁遭遇强降水袭击。巴基斯坦全国平均降水量6月偏多68%，7月偏多180%，8月偏多243%，其中，7月和8月降水量均为1961年以来历史同期最多。信德省受灾尤其严重，8月降水量高达1228.5毫米，最大日降水量达355毫米，均创下月和日降水量最高纪录。持续强降水导致巴基斯坦约三分之一国土被淹没，超3300万人受影响，近1700人死亡；主要农作物棉花有45%被洪水冲毁，水果、蔬菜和大米等也遭受巨大损失，食品价格上涨了29%，据估计，洪涝灾害造成的经济损失近700亿元人民币。8月7—11日，韩国首都圈遭遇极端暴雨事件，具有持续时间长、短时降雨强、累计雨量大等特点。8日，首尔市韩国气象厅附近1小时最大雨量达141.5毫米、3小时最大雨量达259.0毫米、6小时最大雨量达303.5毫米，短时降水极强。首尔市8日降水量超过380毫米，不仅超过常年8月降水量，还突破日降水量历史极值，为近百年来最大。极端暴雨引发严重内涝，不少城市出现积水，地铁站、地下设施进水严重，大量车辆被淹，一些地区出现山体滑坡，累计造成10余人死亡，超过7000人被迫撤离家园。印度和孟加拉国在季风季节的不同阶段也发生了严重的洪水，印度东北部有600多人死于洪水和山体滑坡，另有900人死于雷暴灾害。

在欧洲，9月15—16日，意大利中北部连降暴雨，马尔凯地区几小时的降水量就达到常年年降水量的一半，暴雨导致山洪暴发，造成至少10人死亡。

在大洋洲地区，澳大利亚年降水量比1961—1990年平均高25%，澳大利亚东南部地区的降水量远高于气候均值，持续降雨导致大面积洪水泛滥，全年多次发生暴雨洪涝灾害事件。2月下旬至3月，澳大利亚东部发生多场洪水，造成22人死亡，数十万人紧急转移，近千所学校因洪水被迫关闭，随后的供应链危机导致东部地区食品短缺，澳大利亚总理于3月9日宣布该国进入国家紧急状态。据澳大利亚保险委员会估计，此次洪灾是历史上最为昂贵的自然灾害，保险公司支付了价值超过35亿澳元的索赔。8月17—20日，新西兰西部和北部地区连续三日遭遇特大暴雨袭击，其中，尼尔森地区4天降水量达到701毫米，超过了当地冬季平均降水量，暴雨引发道路、学校关闭及滑坡，新西兰3个地区17日宣布进入紧急状态，约233户家庭紧急疏散。

在美洲，由于拉尼娜现象导致的异常降雨分布，南美洲北部陆续发生暴雨洪涝灾害，巴西1—5月发生4次重大暴雨洪涝灾害事件。2021年12月底至2022年1月初，巴西东北部巴伊亚州遭遇连续强降雨，引发的洪水和山体滑坡导致数10人丧生，数万人流离失所；1月下旬，巴西东南部圣保罗州至少有18人死于洪水；2月15日，巴西里约热内卢州彼得罗波利斯市3小时降水量达到258毫米，导致山洪暴发和山体滑坡，造成231人死亡，这是彼得罗波利斯有记录以来最严重的山体滑坡灾害；5月下旬，巴西东北部遭遇持续强降雨天气，其中，伯南布哥州部分地区在27日晚至29日上午的降雨量达到了常年5月总降水量的70%，持续强降雨引发洪涝和滑坡等次生灾害，导致该州126人死亡。

在非洲，4月，亚热带低压与切断低压系统相结合，造成南非东部夸祖鲁-纳塔尔省的特大洪水，11—12日的24小时降水量高达311毫米，超过400人死于洪水、4万人流离失所，此次洪灾造成交通、建筑和水利基础设施损毁严重，影响了农产品储存、加工、运输以及市场消费。6—10月，尼日利亚遭遇10年来最严重洪涝灾害，该国大部分地区7—9月的降水量达250～400毫米，远超气候均值，洪灾造成超过600人死亡，140万人流离失所，8.2万栋住宅和大约11万公顷农田被毁。

5.2.2 高温干旱

在亚洲，4 月下旬至 5 月上旬，南亚高压系统给印度和巴基斯坦带来异常高温，多个地区创下了新的最高和最低温度纪录。据巴基斯坦气象部门观测，4 月 30 日信德省雅各布巴德的气温飙升至 49.0 ℃，比 2018 年创下的最高纪录高 1.0 ℃；卡拉奇机场的最低气温为 29.4 ℃，也是该地区的新纪录。6 月，日本经历了自 1875 年有记录以来最严重的连续高温天气，6 月 25 日群马县伊势崎市最高气温达到 40.1 ℃，刷新了 6 月日本最高气温新纪录，同时也是日本 6 月最高气温首次达到 40.0 ℃。6 月 13 日至 8 月 30 日，中国中东部地区出现了大范围持续高温天气过程。此次高温事件持续 79 天，为 1961 年以来中国区域性高温过程持续时间最长；35 ℃以上覆盖 1692 站（占全国总站数 70%），为 1961 年以来历史第二多；37 ℃以上覆盖 1445 站（占全国总站数 60%），为 1961 年以来最多；有 361 站（占全国总站数 14.9%）日最高气温达到或超过历史极值，重庆北碚连续 2 天日最高气温达 45 ℃。高温少雨导致中国长江流域气象干旱快速发展。8 月 18 日至 11 月 16 日，中央气象台和国家气候中心联合发布气象干旱黄色、橙色气象干旱预警 90 期。此次干旱过程影响遍及川渝至长江中下游地区，其过程强度、最大范围、单日最大强度和范围以及重旱、特旱站数比例等指标均为历史第一强（多）。持续高温干旱对中国长江流域及其以南地区农业生产、水资源供给、能源供应、生态系统平衡及人体健康产生较大影响。

在欧洲，5—8 月出现持续性极端高温天气，欧洲经历了有记录以来最热的夏季（6—8 月）。法国、葡萄牙和西班牙经历了有记录以来最热的 5 月；6 月，高温继续席卷欧洲多个地区，整个欧洲经历了有记录以来第二热的 6 月；7 月，高温热浪从西班牙和葡萄牙开始，进一步向北和向东蔓延至法国、英国、中欧和北欧，英国于 7 月 19 日在林肯郡的康宁斯比创下了 40.3 ℃的全国日最高气温纪录，这是该国有史以来首次记录超过 40 ℃的气温；8 月，欧洲大部分地区气温仍高于平均水平。夏季高温热浪造成欧盟超半数地区处于干旱“预警”状态。旱情导致欧洲部分国家的水库蓄水量以及河流水位大幅下降，西班牙全国水库蓄水量降至 37.9%，创下 1995 年以来历史新低；德国莱茵河的水位急剧下降，流量严重不足，已严重影响到正常航运。同时，旱情还导致野火蔓延，严重破坏生态系统。2022 年 1 月至 8 月中旬，欧盟已有超过 74 万公顷森林被烧毁，创 2006 年以来的同期新高。仅西班牙 2022 年的森林大火过火面积就已经超过 2018—2021 年的总和。持续干旱还威胁着欧洲能源供应，欧洲 2022 年 1—7 月水力发电量比去年同期减少两成，核能发电量减少 12%。

在北美，4 月开始席卷南部平原的热浪一直持续到夏季，美国得克萨斯州经历了有记录以来最温暖的 4—7 月。美国夏季（6—8 月）的平均温度为 23.3 ℃，是有记录以来第三热的夏季。9 月的第 1 周，一股热浪席卷了美国西部，截至 9 月 9 日，近 1000 个高温纪录被打破。10 月 16 日，历史性的同期热浪席卷美国西北部地区和加拿大西南部地区，带来夏季般的高温，打破多项日高温纪录。俄勒冈州波特兰市有 12 天达到至少 26.7 ℃，是之前 10 月记录的两倍。持续的高温导致美国中西部发生严重干旱，加州至少 97%的土地面积处于严重干旱状态。干旱导致多地山火频发，发生频数和烧毁面积都远高于过去 10 年平均。干旱还导致农作物产量严重减产，其中，棉花减产 4 成以上。受高温干旱影响，作为美国农产品运输主要航道的密西西比河水位达 10 年来最低，部分驳船通道关闭。

在非洲。北非地区和东非大部分地区在过去 3～4 年中一直处于干旱状态。2022 年，东非经历了连续第 4 年干旱的雨季，导致多国遭遇 40 年来最严重干旱。干旱导致粮食歉收甚至绝收，埃塞俄比亚、索马里和肯尼亚的 2300 多万人面临严重饥荒。

5.2.3 热带气旋

2022 年，全球共生成 40 个热带气旋，数量和强度均低于历史平均水平。北大西洋、东太平洋和南印度洋的气旋活动接近正常，其他地区的气旋活动都低于正常水平，其中，西太平洋连续3年低于常年水平。

在北大西洋，9月中下旬，飓风"菲奥娜"带来的大规模降水引发洪灾，导致美国海外属地波多黎各全境断电，飓风"菲奥娜"于9月24日在加拿大新斯科舍省登陆，造成当地2人死亡、大面积断电，成为加拿大近20年以来最强、损失最惨重的飓风。9月27日，三级飓风伊恩在古巴西部登陆，离境古巴后于28日增强为四级飓风，并以接近四级飓风上限的强度（67米/秒）登陆美国佛罗里达州西南部，造成美国数百万人断电和百余人死亡，成为美国有记录以来损失第三惨重的飓风，仅次于飓风"卡特里娜"和飓风"哈维"。仅数周后，11月10日，飓风"妮可"在佛罗里达州东部登陆，并带来大规模降水，引发洪涝，飓风"妮可"是1985年以来11月首次登陆佛罗里达州的飓风。

在东太平洋，5月30日，飓风"阿加莎"在墨西哥瓦哈卡州登陆，造成当地11人死亡，超过4万人受到影响，这是自1949年有记录以来5月袭击墨西哥沿岸最强的太平洋飓风。10月9日，飓风"茱莉亚"袭击尼加拉瓜中部加勒比海岸，给中美洲带来了暴雨，并在多国引发洪涝和山体滑坡等灾害，造成近百人遇难。10月，飓风"奥琳"和"罗斯林"在墨西哥海岸的同一地区登陆，相隔仅3周，其中，飓风"罗斯林"是2015年以来登陆墨西哥的最强东太平洋飓风。

在西太平洋，4月10日，台风"鲇鱼"在菲律宾中部萨马省登陆，其强度弱、生命周期短、但致灾严重，造成菲律宾224人死亡，超过200万人受灾。9月6日，台风"轩岚诺"在韩国南部庆尚南道南岸登陆，是韩国历史上最强的台风之一。台风"轩岚诺"过境韩国时造成11人死亡，同时导致日本九州地区超3.5万户居民停电。9月18日，台风"南玛都"登陆日本九州岛指宿市沿海，登陆时中心附近最大风力为14级（45米/秒），造成当地约34万户居民停电，航班大面积取消，公路铁路交通停驶。台风"奥鹿"在9月25日和28日分别登陆菲律宾和越南，给菲律宾以及东南亚造成了严重破坏，尤其是农业损失超过了3.6亿元。10月29日，台风"尼格"袭击菲律宾，造成160多人死亡；随后台风"尼格"于30日穿越菲律宾吕宋并移入南海，不但令中国香港、澳门两地发出半个世纪以来首个于11月生效的八号热带气旋警告，更是继1954年后首个于11月正面吹袭港澳两地的热带气旋。

在南半球，马达加斯加受到前所未有的6场热带气旋影响，其中，影响最大的是热带气旋"巴齐雷"，造成了大范围的风灾和洪涝，导致89人死亡。澳大利亚和西南太平洋地区的热带气旋活跃程度低于历史平均水平，其中，西南太平洋是自2008/2009年以来首次未出现大型气旋。

5.2.4 寒流和暴风雪

1月2—7日，冬季风暴从美国中部横扫到大西洋沿岸的大片地区。根据监测，阵风的最高速度达到每小时56千米，能见度近乎为零；马里兰、弗吉尼亚、佐治亚、田纳西和南卡罗莱纳等州积雪超过25厘米。此次暴风雪天气造成马里兰、弗吉尼亚、佐治亚、田纳西和南北卡罗莱纳等37个州超过9000万人受到影响，90万户家庭遭遇停电；受暴风雪天气影响，美国东部多州出现交通严重堵塞，交通事故频发，数百辆汽车被困95号洲际公路长达一夜时间，超过6500架次国内外进出美国航班因暴风雪取消，多个联邦政府部门临时关闭。

2月18—19日，强风暴"尤尼斯"袭击西欧等地多个国家，英国南部、英吉利海峡、北海南部、西欧及中欧北部沿海等地普遍出现8级以上大风，英国南部、英吉利海峡等地阵风超过10～12级。英国怀特岛的尼德尔斯观测到最大阵风达到16级（54.4米/秒），创英格兰有史以来最大阵风记录。此次事件严重影响了铁路、航空、航运系统；造成欧洲多国电网破坏，数以百万计的家庭和企业断电；同时导致至少16人死亡，大量房屋建筑受损。

12月17—18日，莫斯科出现特大暴雪，降雪量达到莫斯科12月平均总降雪量的三分之一；积

第 6 章　防灾减灾重大气象服务事例

2022 年，全国平均降水量较常年偏少，为 2012 年以来最少；华南前汛期、华北雨季、东北雨季雨量偏多，南方大部地区出现夏秋连旱。全国平均气温较常年偏高，为 1951 年以来历史次高，春夏秋三季气温均为历史同期最高；南方大部地区 7—8 月出现持续性高温天气，大范围站点高温突破历史极值。登陆台风偏少、登陆地段集中、登陆强度偏弱、移动路径复杂；2022 年最强台风“梅花”4 次登陆我国。强对流天气过程较常年明显偏少，但局地龙卷集中暴发。面对各类极端天气气候事件，在党中央、国务院的正确领导下，气象部门坚持“人民至上、生命至上”，不断提升气象服务能力和水平，在重大灾害性天气过程、重大活动中，为各级党委政府和相关部门提供了重要的支撑和服务，为防灾减灾做出贡献，也得到了各方的充分肯定。

6.1　华南出现历史第二强“龙舟水”事件

2022 年“龙舟水”期间（5 月下旬至 6 月中旬），华南地区连续出现 7 次强降雨过程，平均降雨量达 472.5 毫米，为 1951 年以来第二多，广东、广西多站累计降雨量突破历史极值。此次“龙舟水”具有累计雨量大、空间分布不均，强降水过程频繁、暴雨日数多，极端性强、多站破历史纪录等特点。受极端强降雨影响，“龙舟水”后期广东、广西出现流域性洪水、大范围城乡内涝和地质灾害。

6.1.1　高度重视，及时启动应急响应

针对华南地区多次强降雨过程，中国气象局高度重视，“龙舟水”期间三次启动重大气象灾害（暴雨）Ⅳ级应急响应，两次启动Ⅲ级应急响应，相关省份也适时启动相应级别的应急响应。中央气象台加强与地方气象部门的会商，对降雨起始时间、强度等进行精细化分析预报。“龙舟水”期间，中央气象台共发布相关暴雨预警 59 期（蓝色预警 33 期、黄色预警 26 期）；强对流预警 33 期（蓝色预警 22 期、黄色预警 11 期）。

6.1.2　强化决策气象服务，公众服务并驾齐驱

针对华南多次强降雨过程，中央气象台提前谋划，加强中期时段预报，5 月 25 日、27 日先后两期《重大气象信息专报》给出未来 10 天降雨趋势展望；聚焦灾害影响，根据降雨落区、强度、当前灾情，分阶段提炼防御重点；注重加强历史相似案例比较，为决策层提供有效参考；滚动进行实况监测，并对实况产品进行多样化展示。“龙舟水”期间，中央气象台开展全流程预报、跟踪、总结、评估服务工作，共报送《重大气象信息专报》《气象灾害预警服务快报》《两办刊物信息》及各类相关决策气象服务材料 70 余份。在公众服务方面，充分利用各种媒体平台，及时向公众传递预报预警信息，提醒公众做好防护。

6.1.3　强化与各部门应急联动

中国气象局及时向中办、国办及相关部门提供强降雨过程预报预警信息，并为重点部门提供专项服务、行业影响评估，联合相关部委开展会商，提供针对性影响评估分析。中央气象台加强部门

联动，27 次参加应急管理部防汛调度会，与水利部联合发布山洪灾害气象预警 32 期，与自然资源部联合发布地质灾害风险预警 31 期。广西区局派出多名骨干进驻自治区防汛指挥部，与水文、自然资源、住建、消防等部门人员组成专家组，开展 24 小时联合值班，为科学调度提供技术支撑；广东省局多次参加省政府和省防总防汛工作会议，与应急管理厅视频会商，进一步完善气象灾害预警信息与应急响应联动机制，省防总和应急管理部门根据精细化乡镇短临预警，第一时间开展“点对点”的风险指导和精准防御调度，及时指导基层迅速开展人员转移等防御工作。

6.2 中东部地区出现 1961 年以来最强高温天气

6 月 13 日至 8 月底，我国中东部地区出现大范围持续性高温天气，综合强度达到 1961 年以来最强。期间，高温天气主要经历 3 个阶段：6 月 13—26 日主要影响北方地区，7 月 5—17 日影响南方地区，7 月 21 日至 8 月 30 日南方再次出现持续性高温天气。其中，7 月 21 日至 8 月 30 日的高温过程呈现出 40 ℃以上高温影响范围广、持续时间长、大范围站点高温突破历史极值等特点，并对南方地区农业生产、能源供应、水资源等方面产生较大影响。

6.2.1 高度重视，及时启动应急响应，中央气象台首次发布高温红色预警

中国气象局高度重视高温天气影响，于 7 月 8 日启动高温Ⅳ级应急响应，8 月 13 日将高温应急响应提升为Ⅲ级，南方相关各省也适时启动应急响应。期间，中央气象台共发布高温预警 103 期，并于 8 月 12 日起连续发布高温红色预警 22 期，这也是我国气象预警机制建立以来首次发布高温红色预警；并与农业农村部联合发布一季稻高温热害风险预警 4 期、农业干旱风险预警 1 期。针对高温干旱天气，南方多个省份组织开展人工增雨作业。

6.2.2 聚焦影响，高频次报送决策服务信息

中国气象局强化能源保供气象服务，为国家能源局及其各省派驻机构提供高温对能源保供的影响分析；为南方电网、华北电力调度控制中心、晋能集团提供高温对风光发电的影响分析。期间，共制作《重大气象信息专报》《能源保供气象服务专报》《迎峰度夏能源保供气象服务周报》《全国风光发电气象条件预报专报》及各类服务材料 60 余期。公众服务方面，充分利用各种媒体渠道，及时向公众传递高温预报预警信息，提醒公众做好防暑降温措施。

6.3 台风“梅花”4 次登陆我国

2022 年第 12 号台风“梅花”于 9 月 14 日 20 时 30 分以强台风级登陆我国浙江舟山普陀区，成为 2022 年登陆我国的最强台风，随后又依次在上海、青岛、辽宁登陆。由于台风“梅花”与冷空气结合，给我国带来的风雨影响范围广、强度大、持续时间长，浙江、山东、辽宁、吉林共 23 个国家级气象观测站日降雨量突破 9 月极值，山东福山日降雨量突破建站以来历史极值。“梅花”造成浙江、上海、江苏、山东等地航班大面积取消、部分列车停运、海上航行停航、局地农作物受淹倒伏、设施农业受损、树木倒伏、电线杆折断等。

6.3.1 高度重视，及时启动气象灾害应急响应

针对 2022 年登陆我国的最强台风“梅花”，中国气象局及各相关省（市）气象部门高度重视，及时启动应急响应，提前部署各项服务工作。中国气象局在台风“梅花”登陆前两天（12 日）启动重大气象灾害（台风）Ⅲ级应急响应，登陆前夕（14 日）提升为Ⅱ级应急响应。浙江省气象局启动台风Ⅰ级应急响应，江苏、上海启动台风Ⅱ级应急响应，山东启动台风Ⅲ级应急响应，福建、安徽启动台风Ⅳ

级应急响应；此外，辽宁启动暴雨Ⅱ级应急响应，吉林启动暴雨Ⅳ级应急响应。

6.3.2 部门联动，准确及时发布预报预警信息

针对台风“梅花”，中央气象台与相关省（市）气象部门密切合作，加强预报会商，准确预报并及时发布预报预警信息。中央气象台共发布台风预警18期（其中橙色预警4期、红色预警2期），暴雨预警10期。同时，中央气象台加强与自然资源部、水利部门会商，滚动提供山洪灾害预警5期，地质灾害预警5期，中小河流洪水预警3期。

6.3.3 加强气象服务信息报送

针对台风“梅花”，中央气象台强化对中办、国办及应急管理部等部委的决策气象服务信息报送，并加大报送频次，加强台风监测与风雨影响评估，共发送相关决策气象服务材料18期，其中《重大气象信息专报》1期，《气象灾害预警服务快报》7期；另外，每日参加应急管理部组织的视频会商，提供最新实况监测和预报预警信息。

6.4 2022年11月26日至12月1日最强寒潮影响我国大部

11月26日至12月1日，入冬以来最强寒潮天气给我国大部地区带来剧烈降温、大风沙尘和大范围雨雪，综合强度达到历史同期（11月）第五，超过2021年11月上旬寒潮。此次寒潮天气的主要特点是降温剧烈，部分地区降温幅度达到历史同期第一；中东部地区气温由前期明显偏高转为偏低；贵州至长江中下游一带出现今冬首场降雪和冰冻天气。雨雪冰冻和大风天气对相关省份的交通造成影响，局地设施农业和果树遭受风灾和冷冻害；新疆强寒潮影响牧业转场和交通，并造成人员伤亡和财产损失。

6.4.1 及时启动应急响应，准确发布预警信息

针对此次大范围雨雪天气过程，中国气象局于11月27日09时启动重大气象灾害（寒潮）Ⅲ级应急响应，新疆、宁夏、内蒙古、陕西、江苏、安徽、湖北、贵州等省（区）气象局相继启动寒潮Ⅲ级应急响应。中央气象台发布了寒潮最高等级的橙色预警及低温黄色预警、海上大风黄色预警；全国气象部门共发布暴雪、道路结冰、大风、寒潮、低温、道路冰雪、低温凝冻、寒冷、降温、强降温等预警信息7140条，其中，红色预警127条，橙色预警567条，黄色预警2918条，蓝色预警3528条。

6.4.2 加强决策和公众气象服务

中国气象局强化决策服务信息报送，滚动发布和报送最新预报预警和实况影响信息，并提示重点关注对能源保供、交通运输及疫情防控等的不利影响。期间，向党中央、国务院报送相关决策气象服务材料7期；联合交通运输部发布《重大公路气象预警》；为国家能源局及各能源相关企业提供《迎峰度冬能源保供气象服务周报》。中央气象台微博对寒潮全程进行了跟踪反馈和实时解读，积极回应公众关注和新闻热点，向各大重要媒体发布寒潮新闻通稿9篇；发布相关微博110余条，微博阅读量累计超过1000万，其中，11月28日发布的寒潮橙色预警阅读量达到95万。

6.5 北京冬奥会冬残奥会气象保障服务

2022年，第24届冬季奥林匹克运动会、第13届冬季残疾人奥林匹克运动会在北京成功举办。全国气象部门深入贯彻落实习近平总书记关于办好北京冬奥会和冬残奥会系列重要指示和对气象工作重要指示精神，深入落实党中央、国务院决策部署，紧紧围绕“简约、安全、精彩”办赛目标，举全

部门之力，集气象行业之智，坚持“三个赛区、一个标准”，圆满完成了北京冬奥会和冬残奥会气象保障服务各项任务。

6.5.1 精准天气预报为冬奥会和冬残奥会竞赛指挥决策提供强大支撑，确保所有赛事顺利完赛

北京、延庆、张家口3个赛区两个冬奥期间，先后共经历了降雪、大风、沙尘等9次高影响天气过程，28项官方训练或比赛活动受到影响，气象部门派出优秀工作专班进驻冬奥组委主运行中心、各个赛区场馆、冬奥村，与各场馆竞赛指挥团队会商沟通，滚动提供精准预报和赛事调整建议，为各项比赛在合适的窗口期顺利完成提供重要的决策支撑，确保安全、顺利完赛。

6.5.2 精细服务有力保障了冬奥会和冬残奥会开闭幕式圆满举行

组建开闭幕式气象保障专项工作组和预报服务专班团队，针对开闭幕式彩排演练开展了20余次天气会商，提供了80余次专项预报，提前3天精准预报冬奥会、冬残奥会开幕式和闭幕式天气，派出专家赴国家体育场提供了为期3个月的现场服务，为文艺演出、焰火燃放等提供精细服务。

6.5.3 专项服务为中国体育代表团夺金保驾护航

首次选派中央气象台首席预报员参加中国体育代表团，充分调研参赛队伍需求，提供针对性专项服务，确保所有中国体育代表团参赛队能够根据天气预报和影响提示选择雪板打蜡时间和材质，为谷爱凌、苏翊鸣等夺得金牌提供气象保障。

6.5.4 为冬奥会和冬残奥会应急救援和空气质量保障提供专项气象服务

积极主动对接生态环境、应急管理、交通运输等部门，配合做好北京冬奥会和冬残奥会期间空气质量、应急救援、森林草原防火、交通保畅以及城市运行保障等服务工作。冬奥气象中心还为火炬传递提供了专项气象保障服务。

6.5.5 深度融合构建军地联合人影指挥体系

中国气象局牵头，联合北京市政府、河北省政府、军委联合参谋部作战局和战场环境保障局、空军参谋部等相关单位设立军地联合指挥中心，构建了职责清晰、统一指挥、运行有序、保障有力的军地联合人影作业指挥体系。科学设计部署空地一体化作业力量，分别设置以“鸟巢”国家体育场、张家口崇礼、延庆海陀山为中心，半径180千米范围的三道防线，为冬春季重大活动保障积累了丰富经验。

6.6 中国共产党第二十次全国代表大会气象保障服务

2022年10月16—22日，中国共产党第二十次全国代表大会(以下简称“二十大”)在北京人民大会堂胜利召开。中国气象局高度重视“二十大”的气象保障服务工作，提前部署，组织各部门开展精细化预报服务工作。

6.6.1 组建气象服务专班，加强天气会商沟通

针对此次服务，国家气象中心联合北京市气象局、天津市气象局、河北省气象局组建了气象服务专班，制定了工作方案，明确了重点任务、职责分工、人员、会商安排、服务流程等内容，并指出各单位要高度重视，加强组织领导和岗位值守，明确职责，加强安全意识，提供高标准、高质量和高效率的气象服务。期间，国家气象中心加强与北京、天津、河北气象部门的沟通和天气会商，共同分析研判天气趋势和转折变化情况，尤其关注大风降温、降水、雾、霾等灾害性天气的趋势和影响以及出现持续寒潮、暴雨(雪)的可能性，并确保对外服务预报结论的一致性。在制作专项保障服务材料过程中，加强材料的针对性，突出关键信息，强化把关审核，确保材料质量和及时性，共报送“二十大”

气象服务专报 17 期。

6.6.2 对接服务需求，建立沟通机制，确保服务环节畅通

北京市气象局高度重视此项工作，按照中国气象局、北京市总体要求和统一部署，加强组织领导，统筹推进各项工作。期间，成立了专项气象服务保障领导小组，落实有关指示要求，并召开专题部署会，安排具体保障任务。同时，尽早与北京市有关部门开展需求对接，逐步明确需求和任务，结合北京 2022 年天气气候特点，编制工作方案、应急预案和重点工作任务排期表，确保各项工作落实落细、有序开展，并建立服务畅通机制，按需及时报送相关服务产品和工作动态信息。此外，提早做好技术准备和服务产品模板，组建预报专班，对照需求分阶段向相关部门提供了气候背景和风险评估分析、气候预测、天气趋势以及精细化天气预报等内容。

附　录

附录 A　气象灾害统计年表

表 A.1　2022 年气象灾害总受灾情况统计

Table A.1　Summary of total meteorological disasters in China in 2022

地区	农作物受灾情况		人员受灾情况		直接经济损失/亿元
	受灾面积/万公顷	绝收面积/万公顷	受灾人口/万人次	死亡失踪人口/人	
北　京	0.9	0.1	9.2		6.4
天　津	0.5		0.5		0.3
河　北	13.5	2.0	93.9	15	9.5
山　西	37.2	2.3	214.2	7	40.2
内蒙古	139.5	16.1	256.3	17	117.2
辽　宁	79.7	15.0	294.7		128.8
吉　林	19.3	1.8	80.9		16.0
黑龙江	9.7	2.9	18.1	9	6.1
上　海	0.4	0.0	42.9	1	0.7
江　苏	7.9	0.5	45.2	5	16.6
浙　江	10.5	0.8	203.7	2	54.0
安　徽	39.0	1.6	263.3	2	20.2
福　建	10.6	1.1	138.7		180.7
江　西	111.2	12.3	1109.7	5	282.0
山　东	4.5	0.1	31.5	4	12.8
河　南	68.3	4.4	799.9	3	46.0
湖　北	117.5	11.2	1163.9		112.4
湖　南	113.0	12.3	1183.4	2	199.2
广　东	19.4	3.4	408.6	11	182.9
广　西	37.6	3.3	713.9	8	168.8
海　南	0.4	0.1	9.8	4	2.7
重　庆	36.9	7.1	372.3	1	48.3
四　川	61.3	6.7	1033.2	54	104.0
贵　州	42.0	4.7	591.0	10	81.6
云　南	81.0	11.0	1028.5	19	110.1
西　藏	0.8	0.1	16.4	8	1.2
陕　西	55.3	9.0	427.6		67.0
甘　肃	48.8	1.8	474.1	15	77.9
青　海	9.3	0.8	76.7	61	22.1
宁　夏	6.9	0.7	28.5		6.6
新疆(含兵团)	23.2	1.9	35.2	16	25.1
全国总计	1206.3	135.1	11165.6	279	2147.3

表 A.2　2022 年干旱灾害情况统计

Table A.2　Summary of drought disasters in China in 2022

地区	农作物受灾情况		人员受灾情况		直接经济损失/亿元
	受灾面积/万公顷	绝收面积/万公顷	受灾人口/万人	饮水困难人口/万人	
北　京					
天　津					
河　北	2.8	0.6	21.5		1.6
山　西	11.3	0.4	29.9		4.7
内蒙古	54.3	5.1	82.8	1.3	28.5
辽　宁					
吉　林					
黑龙江					
上　海					
江　苏	7.2	0.5	21.4		12.8
浙　江	5.4	0.6	20.8	3.1	7.0
安　徽	36.5	1.4	230.0	13.6	16.7
福　建	2.6	0.2	12.4	0.1	4.7
江　西	70.3	8.0	546.5	2.0	71.8
山　东	0.2		0.1		0.0
河　南	60.3	3.9	707.3	0.1	34.0
湖　北	96.5	9.4	861.3	120.7	82.7
湖　南	69.2	7.7	573.1	66.8	66.4
广　东					
广　西	11.3	0.8	112.3	0.8	22.2
海　南					
重　庆	33.2	6.6	297.8	88.3	39.6
四　川	52.2	5.4	761.6	121.4	48.0
贵　州	26.6	2.7	331.9	34.3	25.0
云　南	16.9	2.6	225.7	8.3	12.1
西　藏	0.3	0.0	4.1		0.1
陕　西	28.1	4.4	244.9	14.4	17.0
甘　肃	17.0	0.6	140.6	0.0	8.3
青　海	0.5	0.0	3.6		0.2
宁　夏	2.6	0.1	6.0		0.9
新疆(含兵团)	3.7	0.2	9.8		8.4
全国总计	609.0	61.2	5245.2	475.2	512.9

表 A.3　2022 年暴雨洪涝灾害情况统计

Table A.3　Summary of rainstorm induced flood disasters in China in 2022

地区	农作物受灾情况		人员受灾情况		房屋倒损情况		直接经济损失/亿元
	受灾面积/万公顷	绝收面积/万公顷	受灾人口/万人	死亡失踪人口/人	倒塌房屋/万间	损坏房屋/万间	
北　京			0.1				
天　津							0.0
河　北	2.5	0.2	21.5			0.1	2.3
山　西	14.2	1.4	113.8	7	0.1	1.0	25.3
内蒙古	49.8	7.2	101.2	17	0.0	1.3	67.5
辽　宁	76.3	14.9	280.1		0.0	1.1	126.4
吉　林	16.7	1.7	71.3			0.1	14.3
黑龙江	5.3	2.3	10.8	8		0.1	4.4
上　海							
江　苏							
浙　江	2.2	0.2	35.3	2	0.0	0.2	28.4
安　徽	1.9	0.1	18.2				1.1
福　建	6.0	0.7	108.0		0.5	2.3	168.7
江　西	29.2	3.8	423.7	3	0.1	0.9	185.6
山　东	2.2	0.1	18.6	2	0.0	0.1	10.3
河　南	3.6	0.4	46.8	1	0.0	0.0	4.2
湖　北	11.8	0.5	138.3		0.1	0.8	13.9
湖　南	34.6	4.0	422.3		0.4	3.1	109.9
广　东	11.3	2.6	248.0	5	0.5	0.6	161.1
广　西	21.1	2.1	483.4	8	0.5	1.9	130.7
海　南	0.0	0.0	0.2				0.0
重　庆	2.7	0.4	52.8	1	0.1	0.7	5.6
四　川	5.4	0.9	222.5	16	0.2	1.3	48.7
贵　州	7.0	1.0	154.3	10	0.1	3.4	43.2
云　南	11.8	1.6	175.8	9	0.0	1.0	29.7
西　藏	0.2	0.0	4.0		0.0	0.1	0.3
陕　西	15.9	2.5	117.9		0.1	1.5	36.6
甘　肃	6.0	0.5	85.7	13	0.4	3.4	53.7
青　海	1.3	0.1	19.4	34	0.0	1.1	13.2
宁　夏	1.8	0.0	8.2		0.0	0.1	1.7
新疆(含兵团)	0.5	0.0	3.3	5	0.0	0.1	2.2
全国总计	341.4	49.3	3385.3	171	3.1	26.2	1289.0

表 A.4　2022 年大风、冰雹及雷电灾害情况统计

Table A.4　Summary of gale, hail and lightning disasters in China in 2022

地区	农作物受灾情况		人员受灾情况		房屋倒损情况		直接经济损失/亿元
	受灾面积/万公顷	绝收面积/万公顷	受灾人口/万人次	死亡失踪人口/人	倒塌房屋/万间*	损坏房屋/万间	
北　京	0.9	0.1	9.1			0.9	6.4
天　津	0.5		0.5				0.3
河　北	5.0	0.9	41.4	15		0.1	4.5
山　西	10.2	0.5	59.2			0.1	7.8
内蒙古	30.3	3.8	58.2		0.0	0.1	19.3
辽　宁	3.3	0.0	12.9			0.0	2.0
吉　林	2.6	0.2	9.4			0.0	1.7
黑龙江	4.5	0.6	7.4	1		0.1	1.8
上　海				1			
江　苏	0.4	0.0	5.0	5	0.0	0.7	3.4
浙　江							
安　徽			0.0	2			0.0
福　建	0.5	0.1	4.0			0.9	2.9
江　西	3.4	0.2	36.4	2		0.2	2.9
山　东	1.6	0.1	7.7	2			2.3
河　南	3.3	0.2	38.0	2		0.1	4.1
湖　北	3.8	0.7	52.7		0.0	1.2	5.7
湖　南	1.8	0.1	12.5	2		0.3	1.3
广　东	0.0	0.0	0.0	5			0.0
广　西	0.0	0.0	0.8			0.0	0.2
海　南			0.0	2			
重　庆	0.9	0.1	18.3		0.0	1.2	2.5
四　川	2.5	0.4	36.7	8	0.0	1.3	4.6
贵　州	6.3	1.0	69.5			0.8	9.9
云　南	22.2	3.4	242.7	10		0.8	32.7
西　藏	0.3	0.1	3.7	2		0.1	0.3
陕　西	10.4	1.7	61.5			0.2	13.1
甘　肃	10.5	0.6	78.0	2		0.2	11.0
青　海	6.5	0.7	36.4	27		0.4	8.2
宁　夏	2.0	0.5	6.8				3.5
新疆(含兵团)	19.1	1.7	21.9			0.2	14.4
全国总计	152.8	17.5	930.6	88	0.1	9.7	166.7

*统计数据有效位数原因，该列合计数与累计数有所不同。

表 A.5　2022 年台风灾害情况统计

Table A.5　Summary of typhoon disasters in China in 2022

地区	农作物受灾情况		人员受灾情况			倒塌房屋/万间	直接经济损失/亿元
	受灾面积/万公顷	绝收面积/万公顷	受灾人口/万人次	死亡失踪人口/人	紧急转移安置人口/万人次		
北　京							
天　津							
河　北							
山　西							
内蒙古							
辽　宁	0.1	0.0	1.6		0.1		0.4
吉　林							
黑龙江							
上　海	0.4	0.0	42.9		15.0		0.7
江　苏	0.3	0.0	18.8		1.6		0.3
浙　江	2.9	0.1	147.6		49.4		18.7
安　徽							
福　建							
江　西	0.4	0.1	3.7		0.0		1.7
山　东	0.6	0.0	5.1				0.2
河　南							
湖　北							
湖　南							
广　东	7.6	0.7	159.4	1	4.6	0.0	20.1
广　西	3.5	0.3	87.7		2.7	0.1	9.6
海　南	0.3	0.1	9.6	2	1.8		2.6
重　庆							
四　川							
贵　州							
云　南							
西　藏							
陕　西							
甘　肃							
青　海							
宁　夏							
新疆(含兵团)							
全国总计	16.1	1.2	476.4	3	75.2	0.1	54.2

表 A.6　2022 年雪灾和低温冷冻灾害情况统计

Table A.6　Summary of low-temperature and frost disasters in China in 2022

地区	农作物受灾情况		人员受灾情况		房屋倒损情况		直接经济损失/亿元
	受灾面积/万公顷	绝收面积/万公顷	受灾人口/万人次	死亡人口/人	倒塌房屋/万间	损坏房屋/万间*	
北　京							
天　津							
河　北	3.2	0.3	9.6				1.1
山　西	1.5	0.0	11.3				2.4
内蒙古	5.1	0.0	14.1				1.9
辽　宁	0.0		0.0				
吉　林	0.1		0.1				0.0
黑龙江							
上　海							
江　苏	0.0		0.0				0.2
浙　江							
安　徽	0.7	0.0	15.2			0.0	2.4
福　建	1.4	0.1	14.3			0.0	4.4
江　西	7.9	0.2	99.4			0.1	20.0
山　东							
河　南	1.2	0.0	7.8				3.7
湖　北	5.4	0.6	111.6		0.0	0.1	10.1
湖　南	7.3	0.4	175.5		0.1	0.5	21.6
广　东	0.6	0.0	1.1				1.7
广　西	1.7	0.1	29.7			0.0	6.1
海　南							
重　庆	0.1	0.0	3.5			0.0	0.5
四　川	1.1	0.1	12.4			0.0	2.8
贵　州	2.2	0.1	35.3			0.1	3.5
云　南	30.1	3.4	384.2			0.2	35.4
西　藏	0.0	0.0	4.6	6		0.0	0.4
陕　西	0.9	0.4	3.3				0.4
甘　肃	15.3	0.2	169.8				4.9
青　海	1.0	0.0	17.4				0.6
宁　夏	0.5	0.1	7.5				0.5
新疆(含兵团)	0.0		0.2	11			0.1
全国总计	87.1	5.9	1128.1	17	0.1	1.2	124.6

* 统计数据有效位数原因，该列合计数与累计数有所不同。

附录 B　主要气象灾害分布图

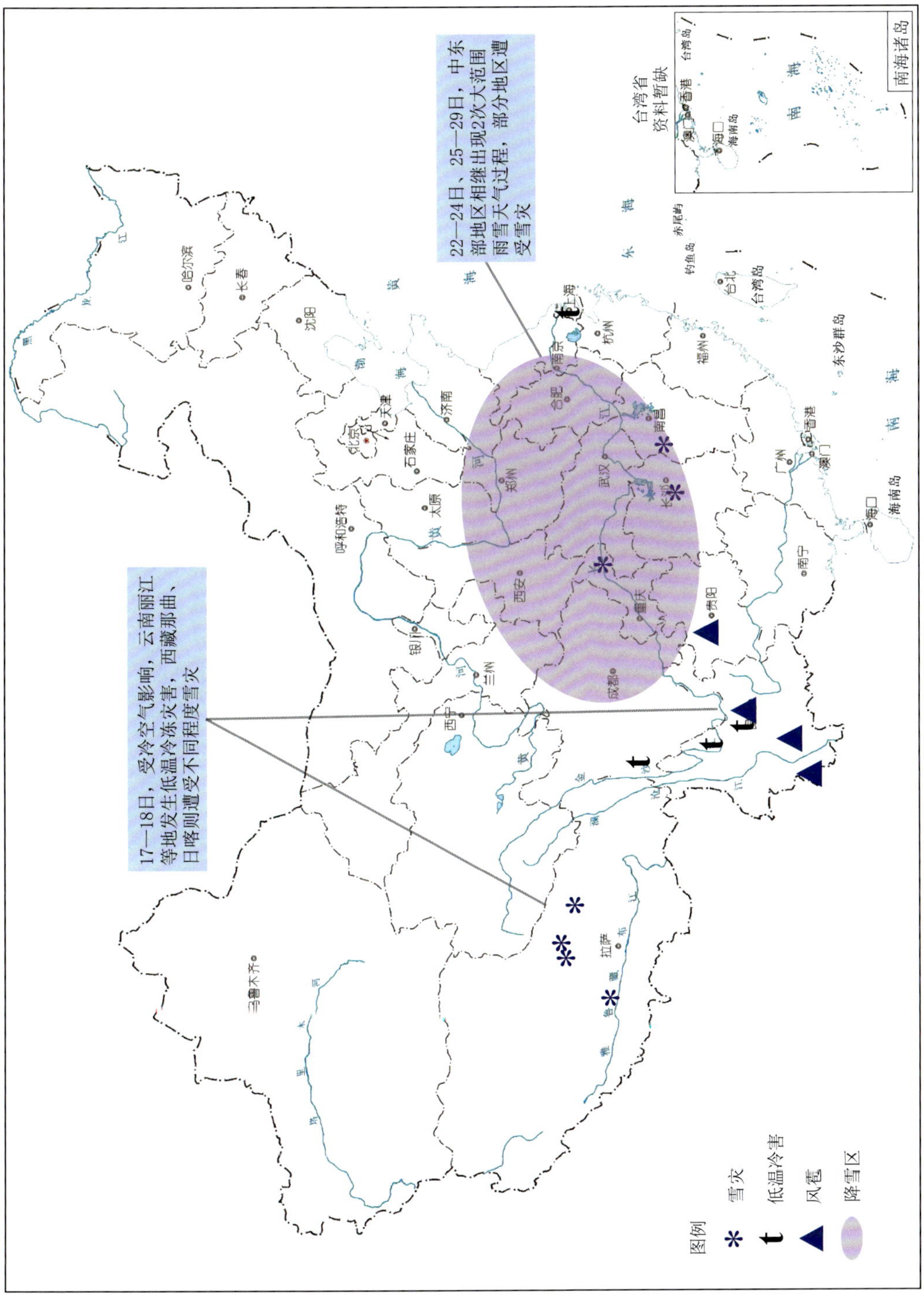

图 B.1　2022 年 1 月全国主要气象灾害分布

Fig. B.1　The distribution of major meteorological disasters over China in January 2022

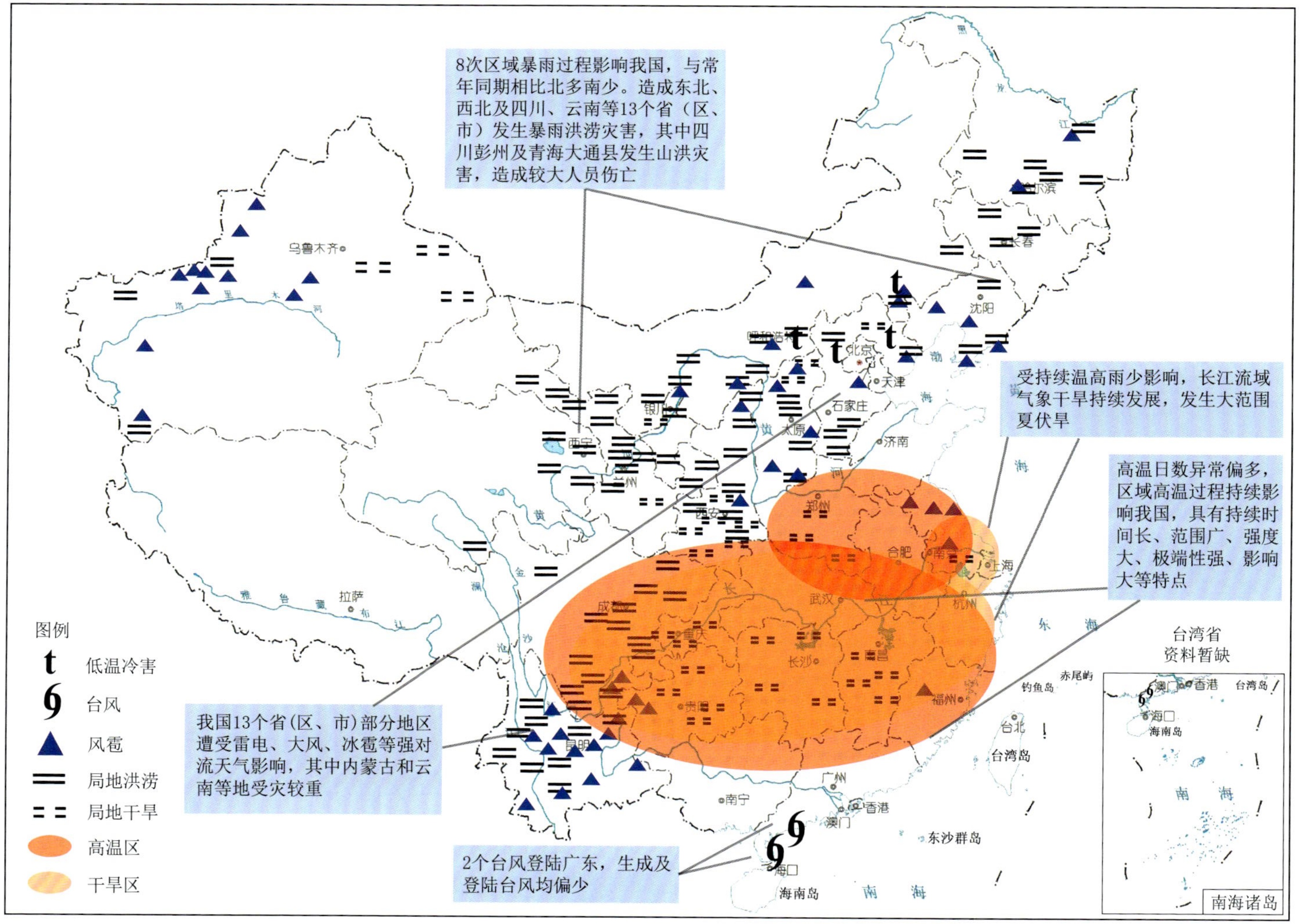

图 B.8　2022 年 8 月全国主要气象灾害分布

Fig. B.8　The distribution of major meteorological disasters over China in August 2022

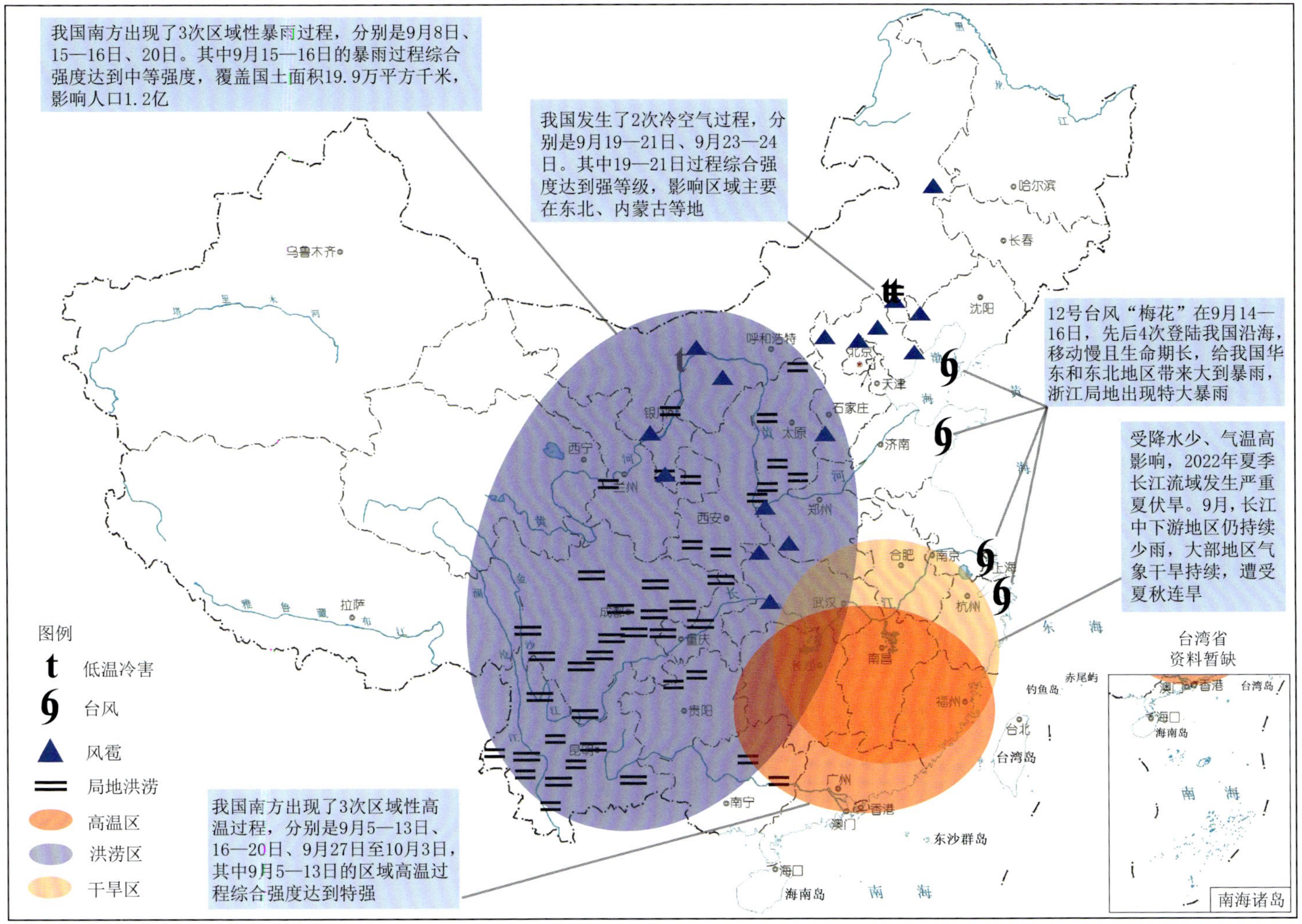

图 B.9　2022 年 9 月全国主要气象灾害分布

Fig. B.9　The distribution of major meteorological disasters over China in September 2022

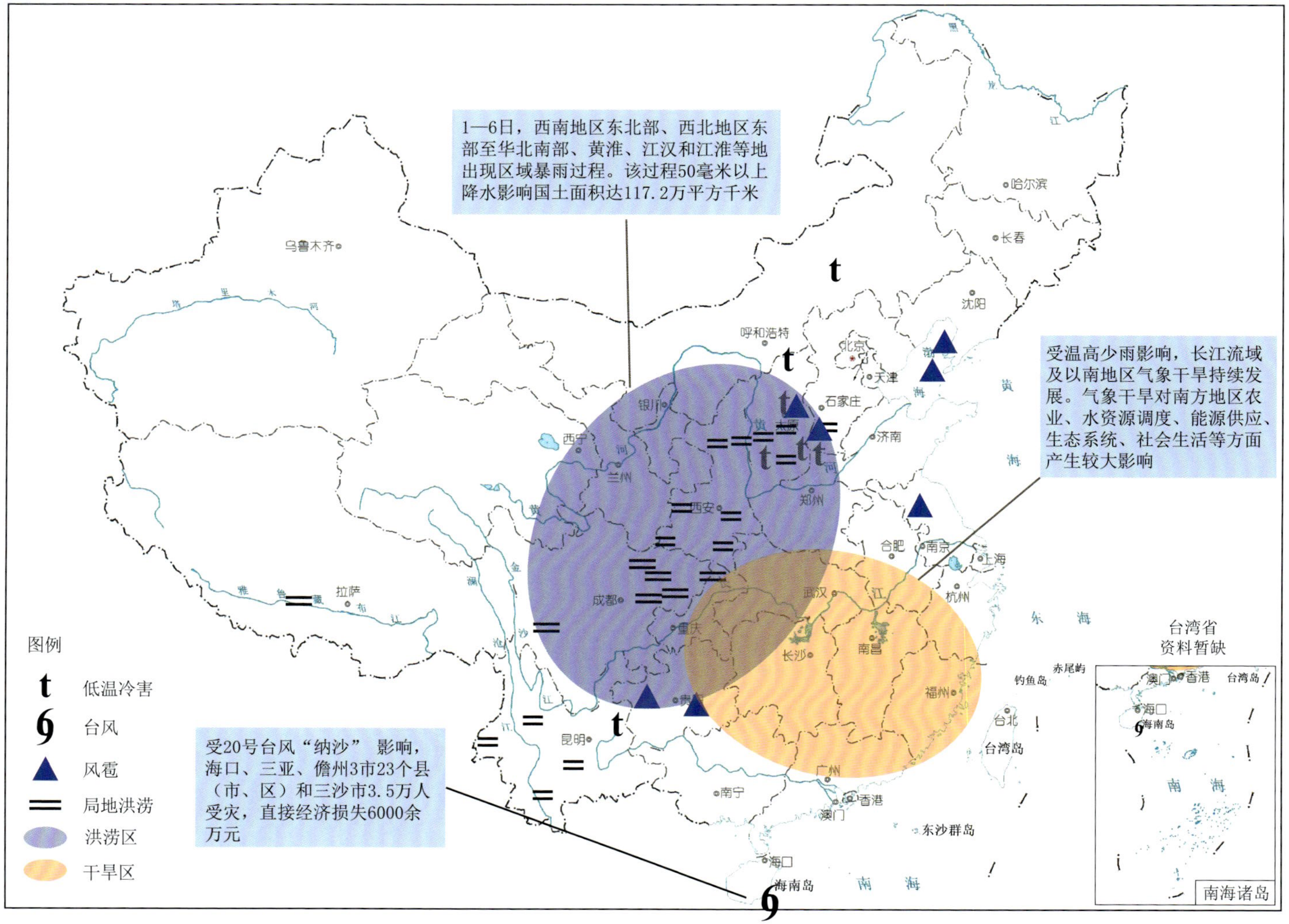

图 B.10　2022 年 10 月全国主要气象灾害分布

Fig. B.10　The distribution of major meteorological disasters over China in October 2022

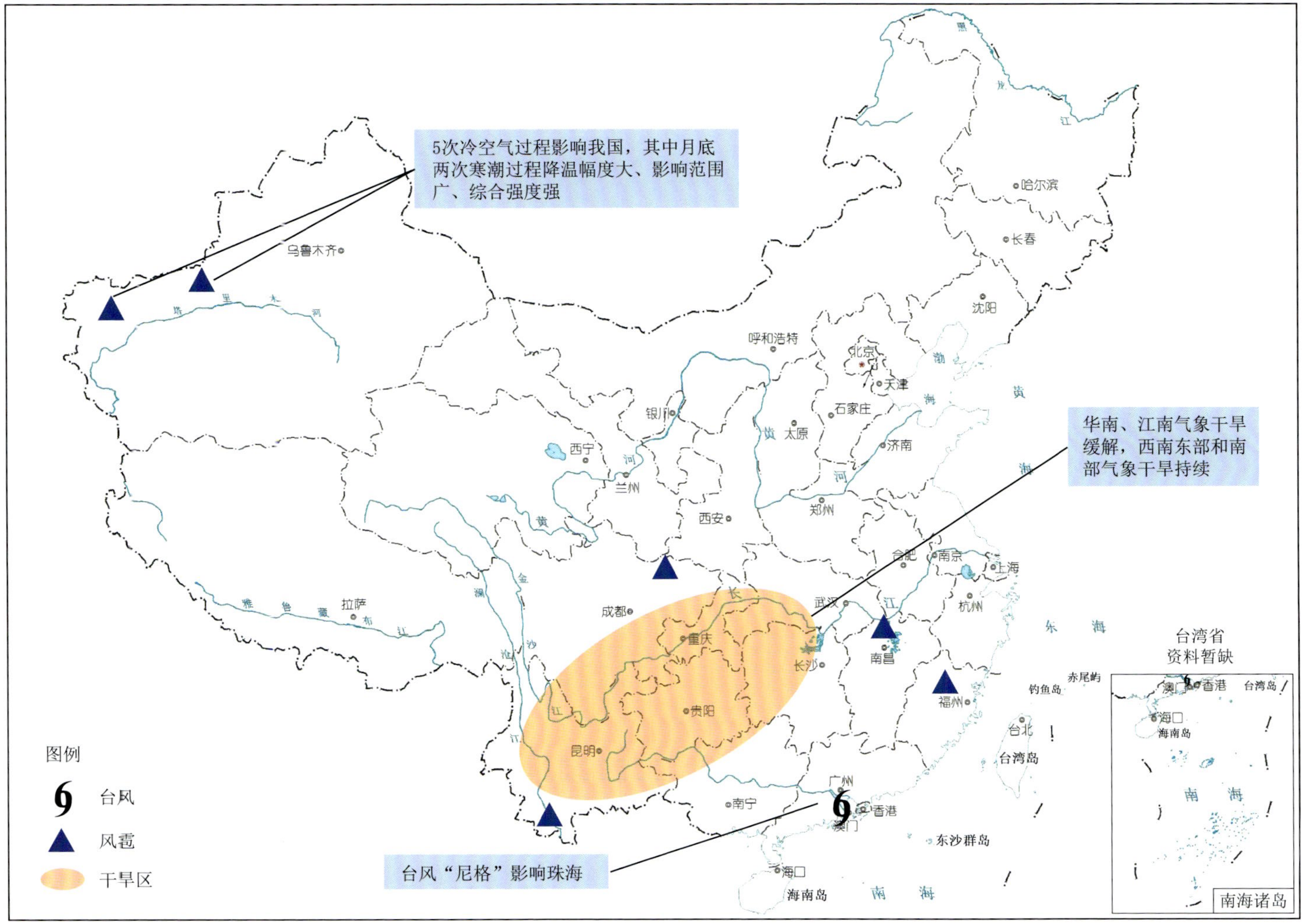

图 B.11　2022 年 11 月全国主要气象灾害分布

Fig. B.11　The distribution of major meteorological disasters over China in November 2022

图 B.12　2022 年 12 月全国主要气象灾害分布

Fig. B.12　The distribution of major meteorological disasters over China in December 2022

附录 C 气温特征分布图

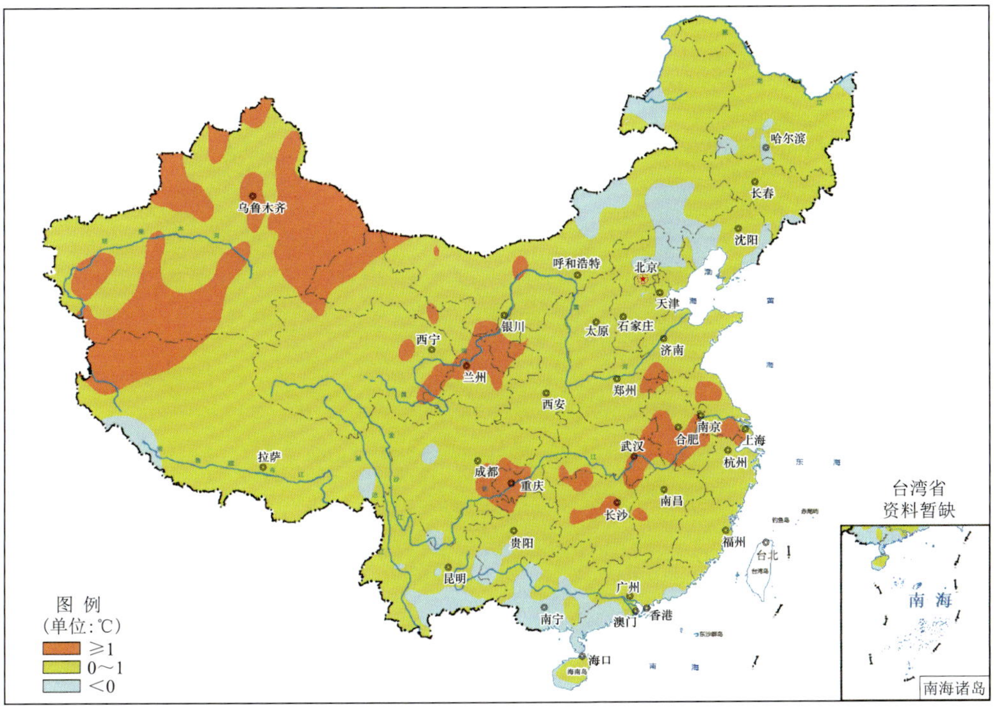

图 C.1 2022 年全国年平均气温距平分布

Fig. C.1 Distribution of annual mean temperature anomalies over China in 2022

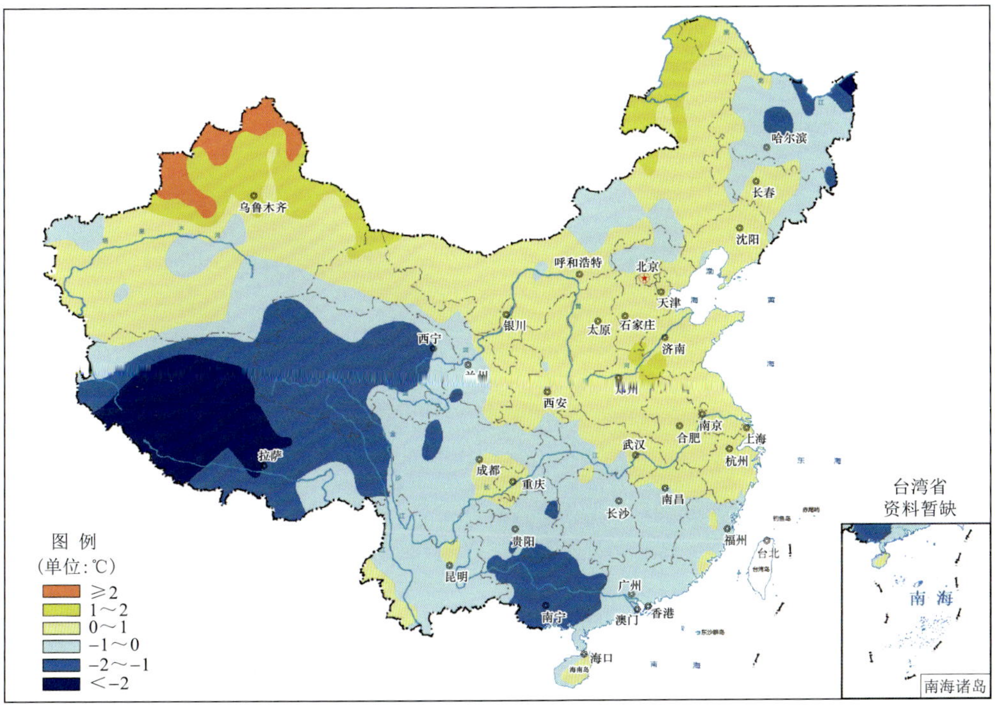

图 C.2 2022 年全国冬季平均气温距平分布

Fig. C.2 Distribution of annual mean temperature anomalies over China in winter of 2022

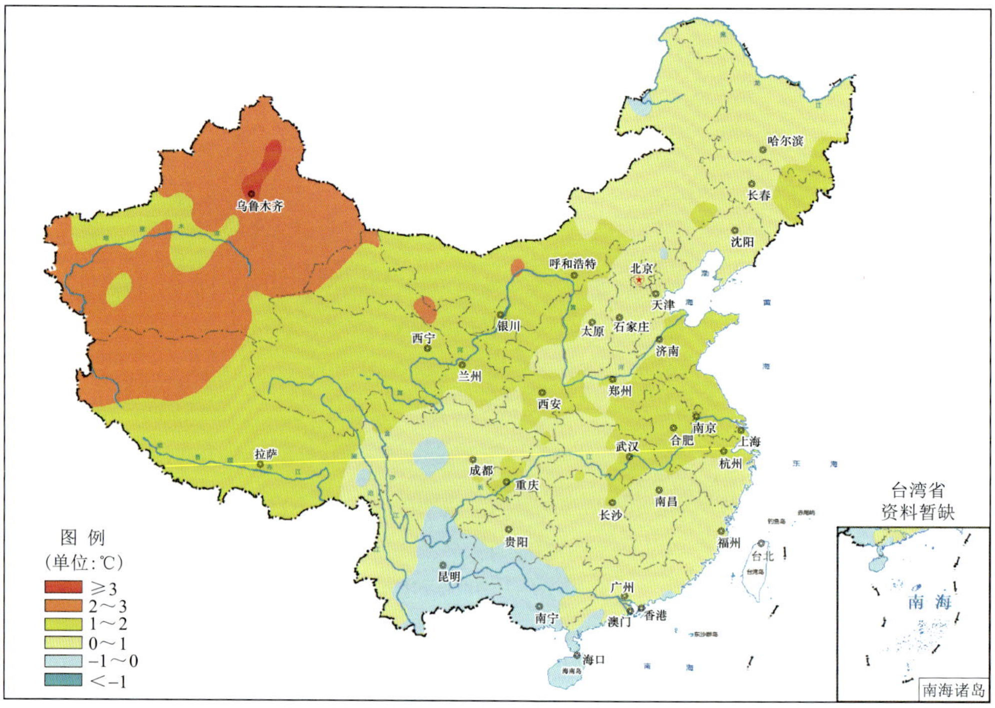

图 C. 3　2022 年全国春季平均气温距平分布

Fig. C. 3　Distribution of annual mean temperature anomalies over China in spring of 2022

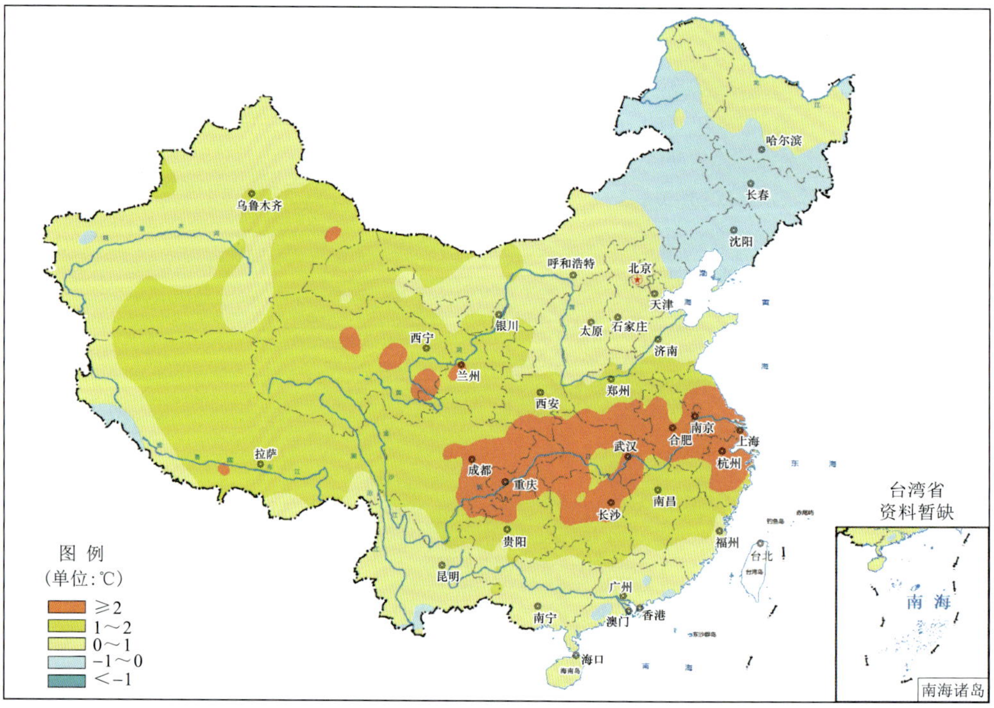

图 C. 4　2022 年全国夏季平均气温距平分布

Fig. C. 4　Distribution of annual mean temperature anomalies over China in summer of 2022

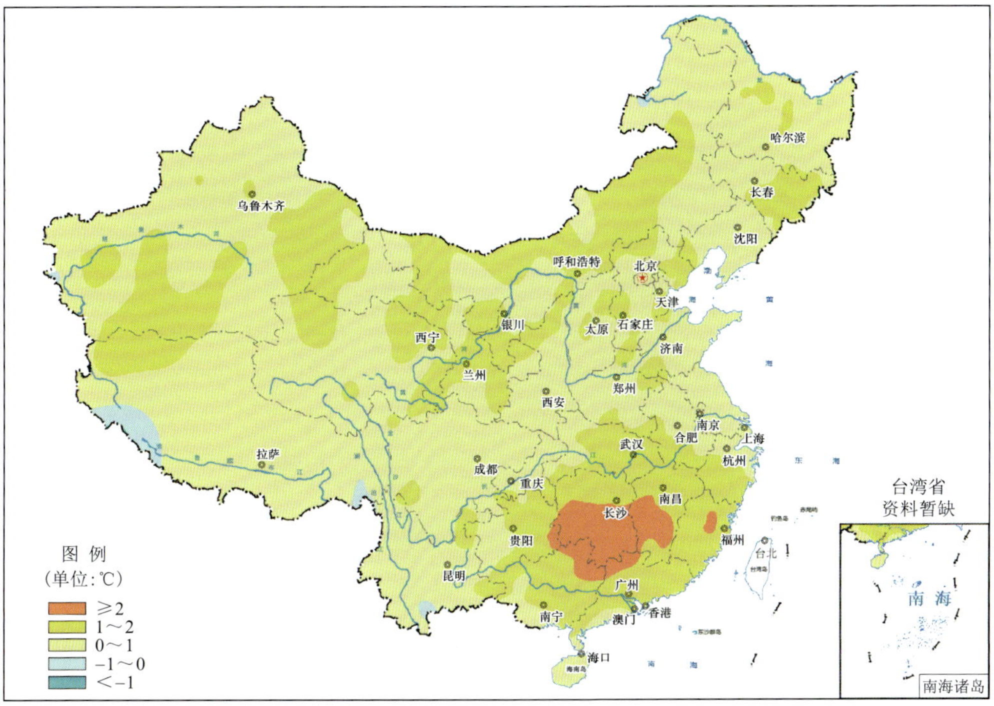

图 C.5 2022 年全国秋季平均气温距平分布

Fig. C.5 Distribution of annual mean temperature anomalies over China in autumn of 2022

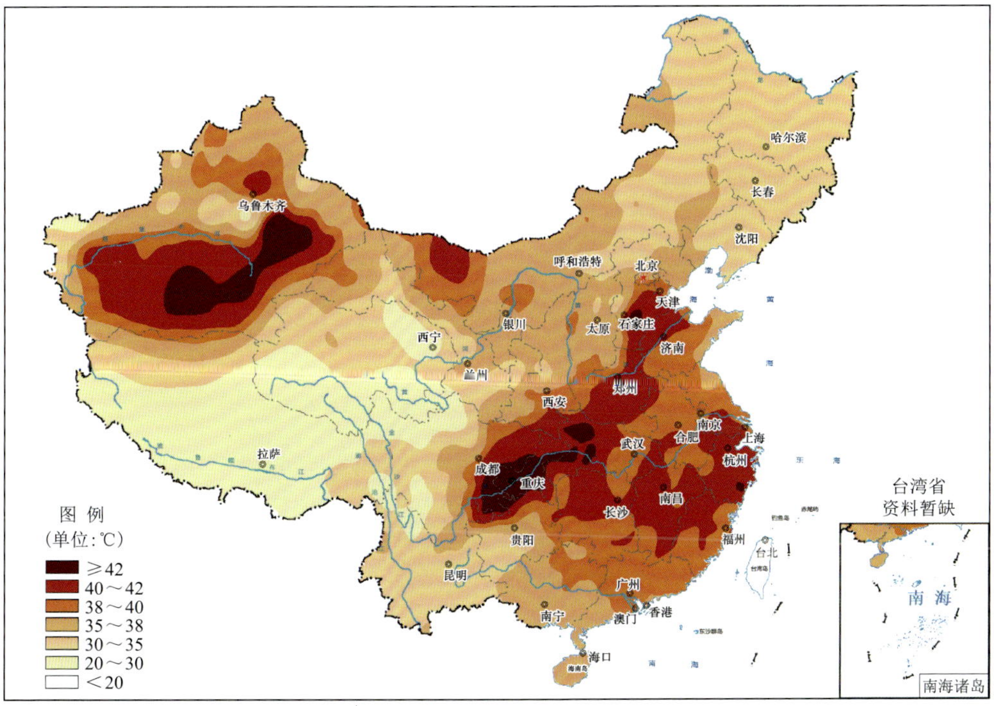

图 C.6 2022 年全国极端最高气温分布

Fig. C.6 Distribution of annual extreme maximum temperature over China in 2022

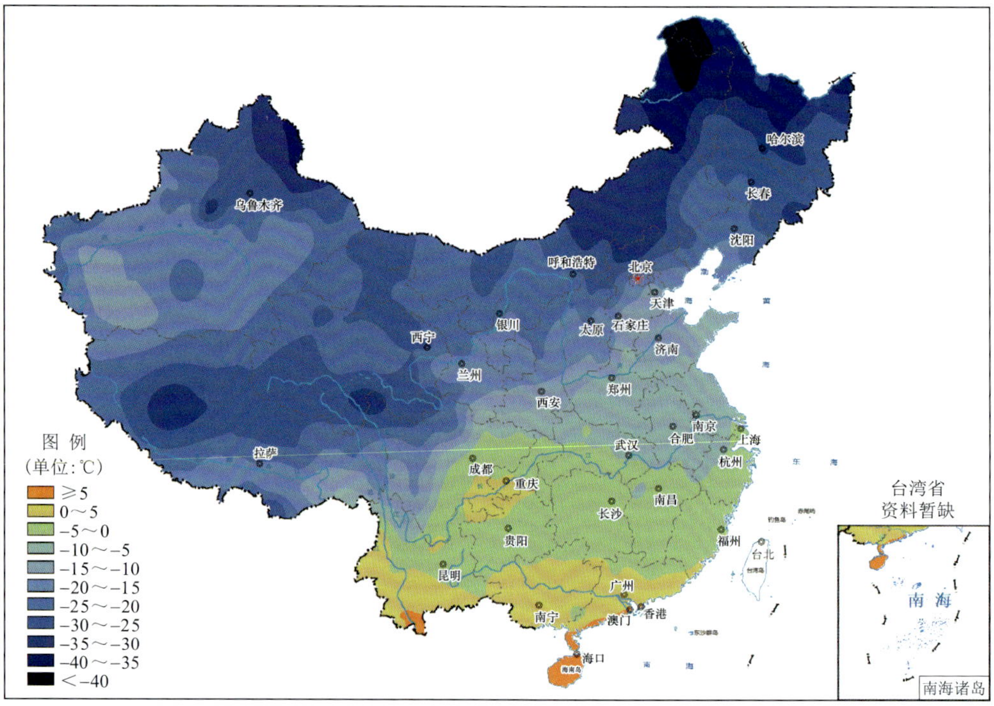

图 C.7　2022 年全国极端最低气温分布

Fig. C.7　Distribution of annual extreme minimum temperature over China in 2022

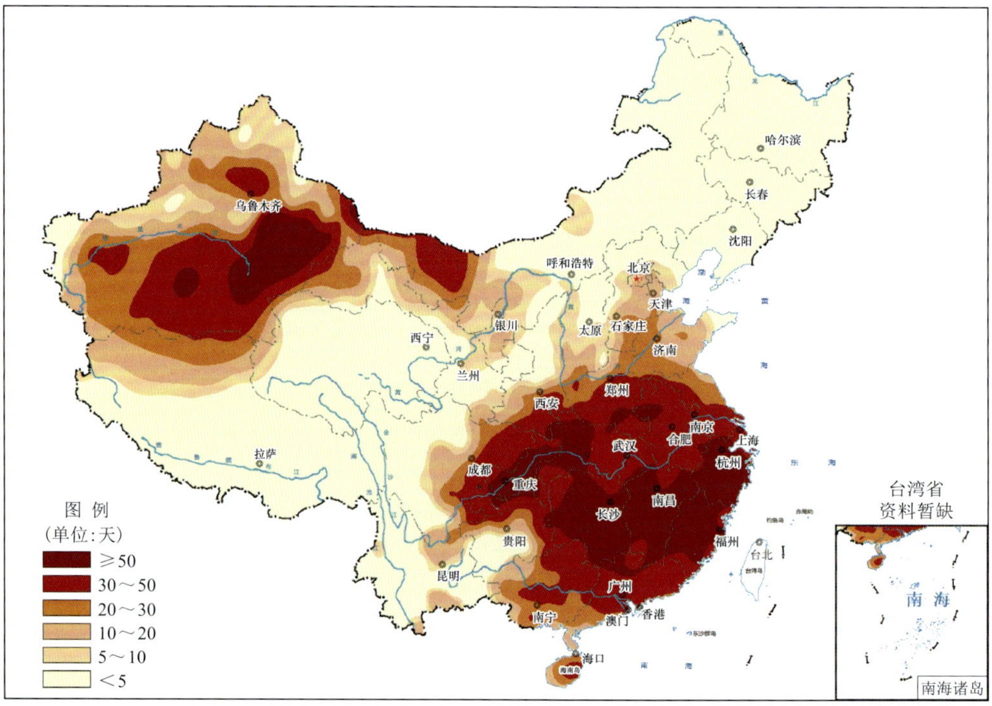

图 C.8　2022 年全国高温(日最高气温≥35 ℃)日数分布

Fig. C.8　Distribution of hot days (daily maximum temperature ≥35 ℃) over China in 2022

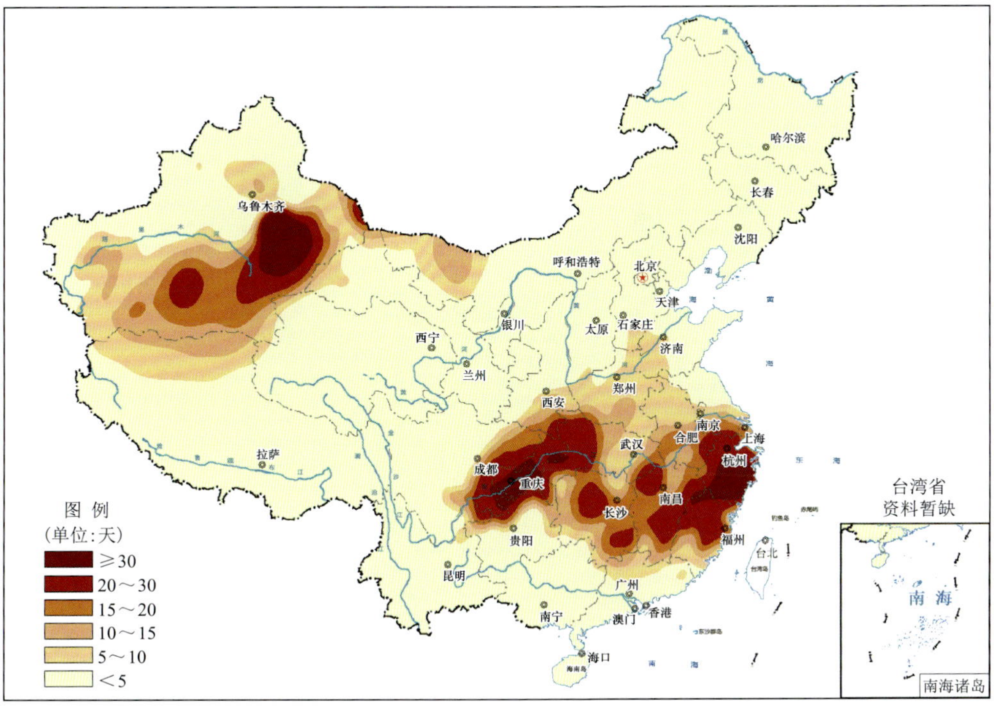

图 C. 9　2022 年全国高温(日最高气温≥38 ℃)日数分布

Fig. C. 9　Distribution of hot days (daily maximum temperature ≥38 ℃) over China in 2022

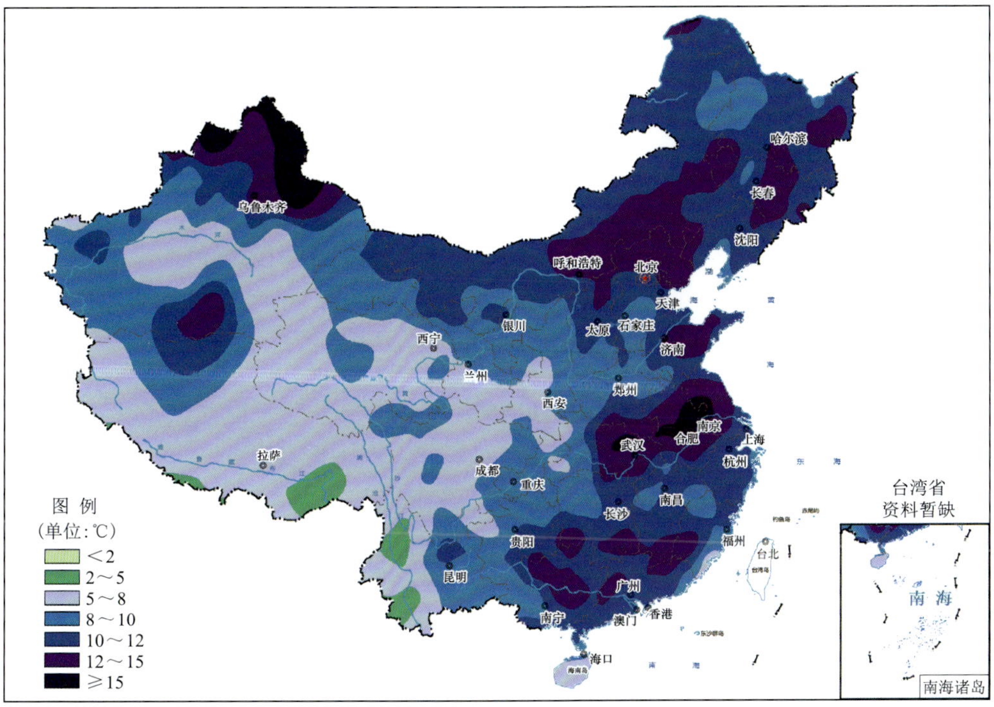

图 C. 10　2022 年全国日最大降温幅度分布

Fig. C. 10　Distribution of the maximum amplitude of daily temperature dropping over China in 2022

附录 D　降水特征分布图

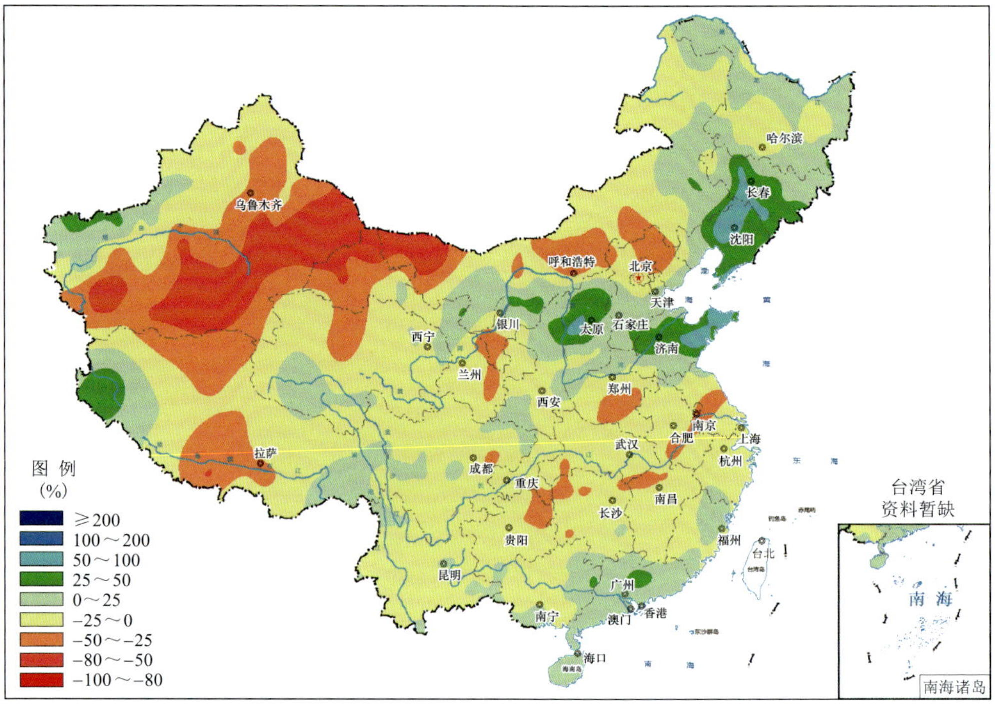

图 D.1　2022 年全国降水量距平百分率分布

Fig. D. 1　Distribution of annual precipitation anomalies over China in 2022

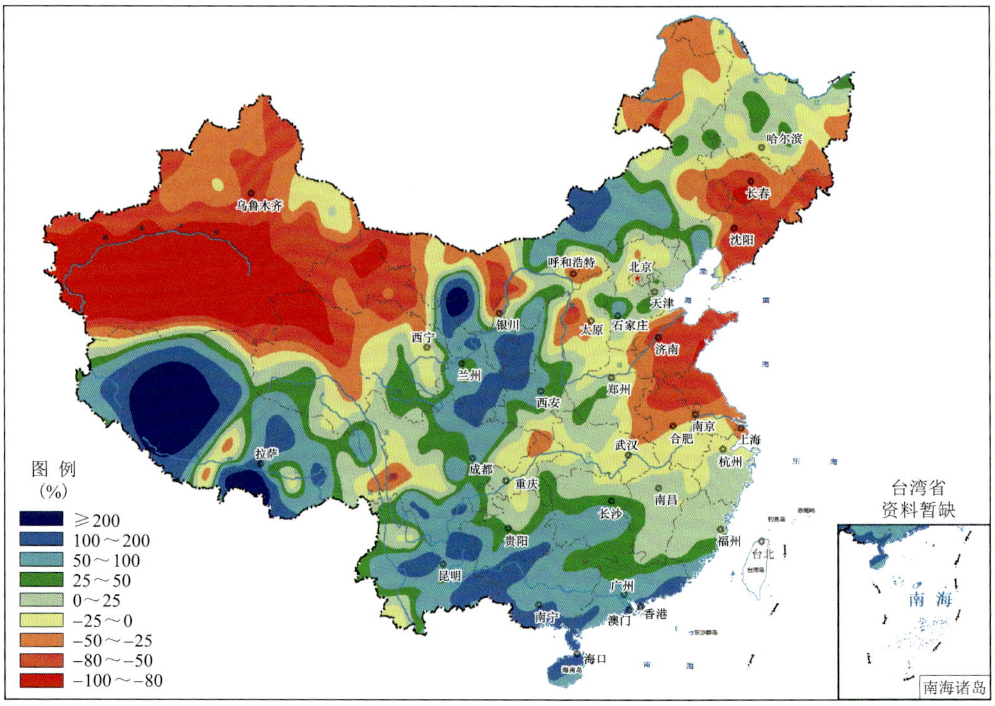

图 D.2　2022 年全国冬季降水量距平百分率分布

Fig. D. 2　Distribution of precipitation anomalies over China in winter of 2022

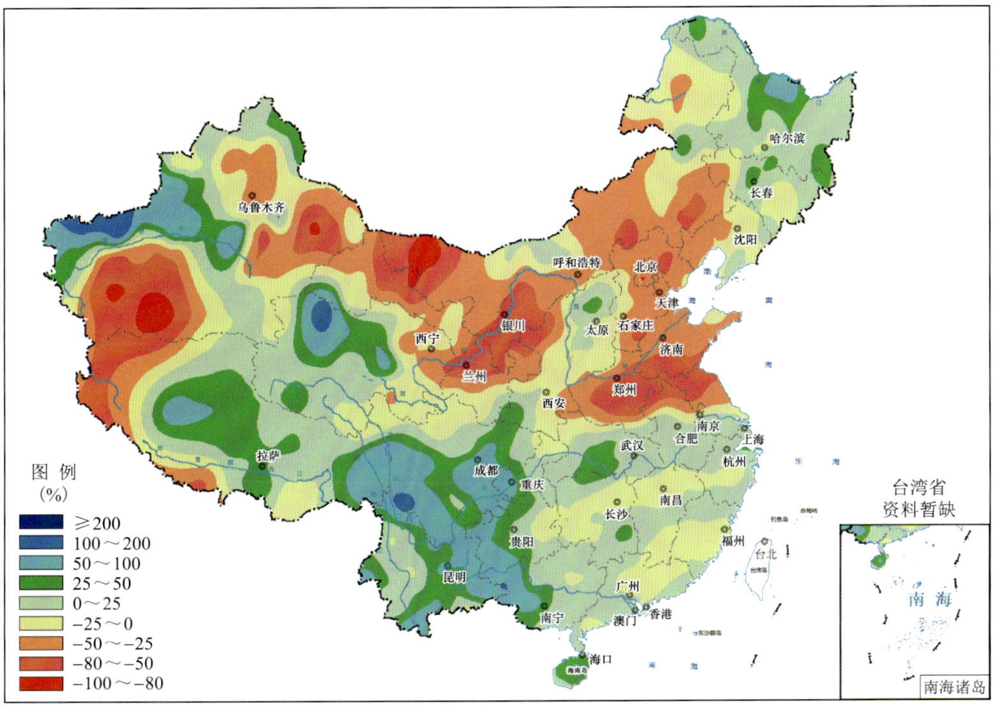

图 D.3　2022 年全国春季降水量距平百分率分布

Fig. D. 3　Distribution of precipitation anomalies over China in spring of 2022

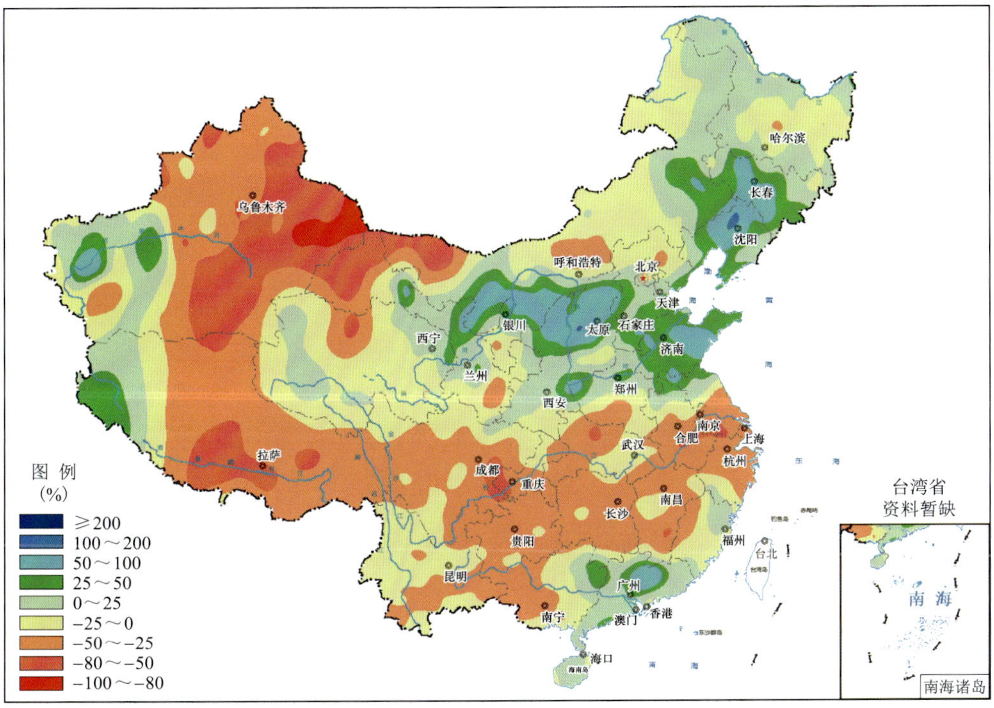

图 D.4　2022 年全国夏季降水量距平百分率分布

Fig. D. 4　Distribution of precipitation anomalies over China in summer of 2022

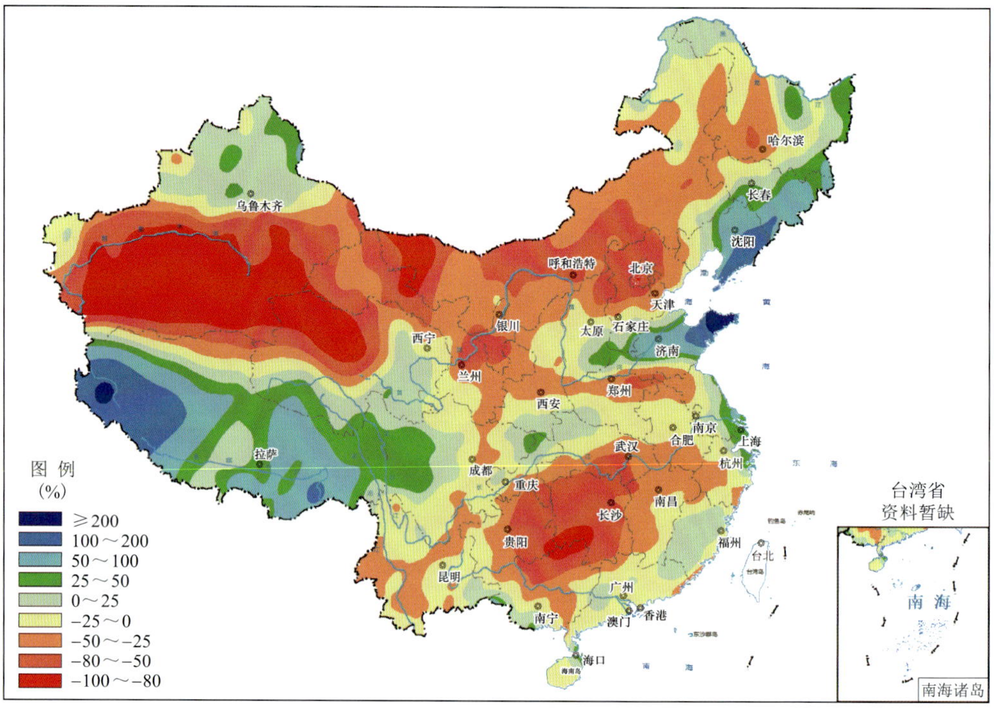

图 D.5　2022 年全国秋季降水量距平百分率分布

Fig. D.5　Distribution of precipitation anomalies over China in autumn of 2022

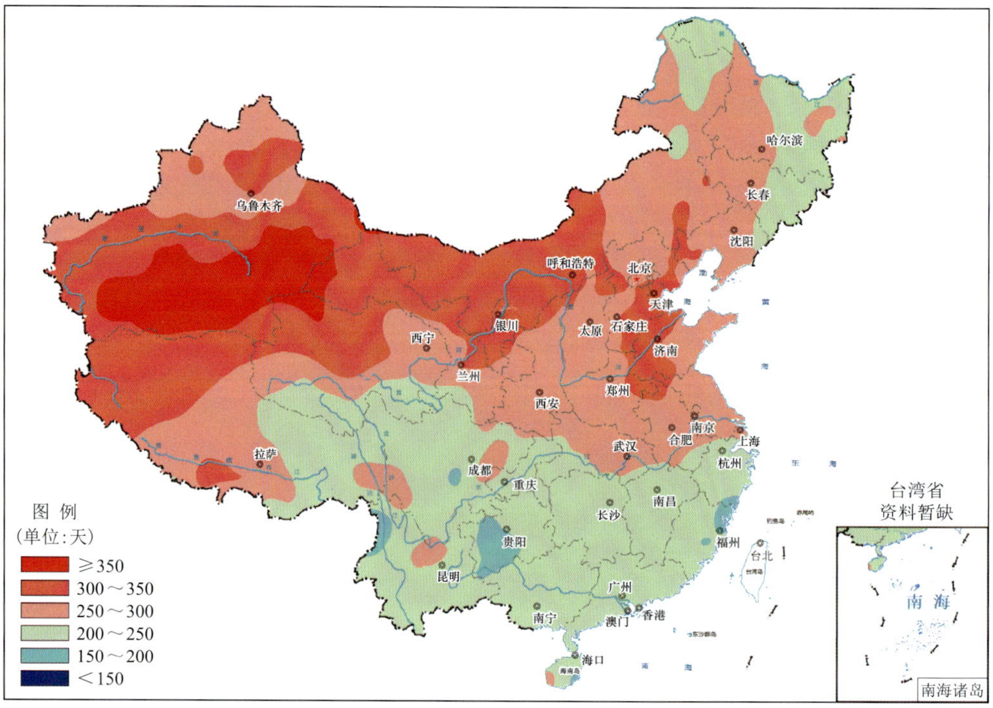

图 D.6　2022 年全国无降水日数分布

Fig. D.6　Distribution of non-precipitation days over China in 2022

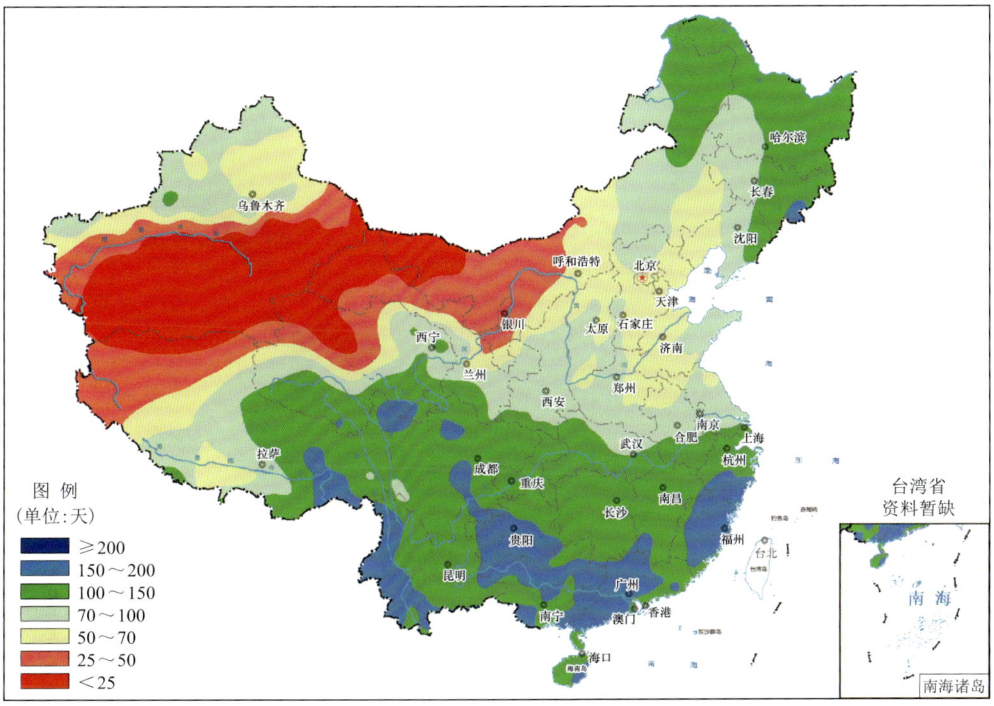

图 D.7　2022 年全国降水(日降水量≥0.1 毫米)日数分布图

Fig. D.7　Distribution of the number of days with daily precipitation ≥0.1 mm over China in 2022

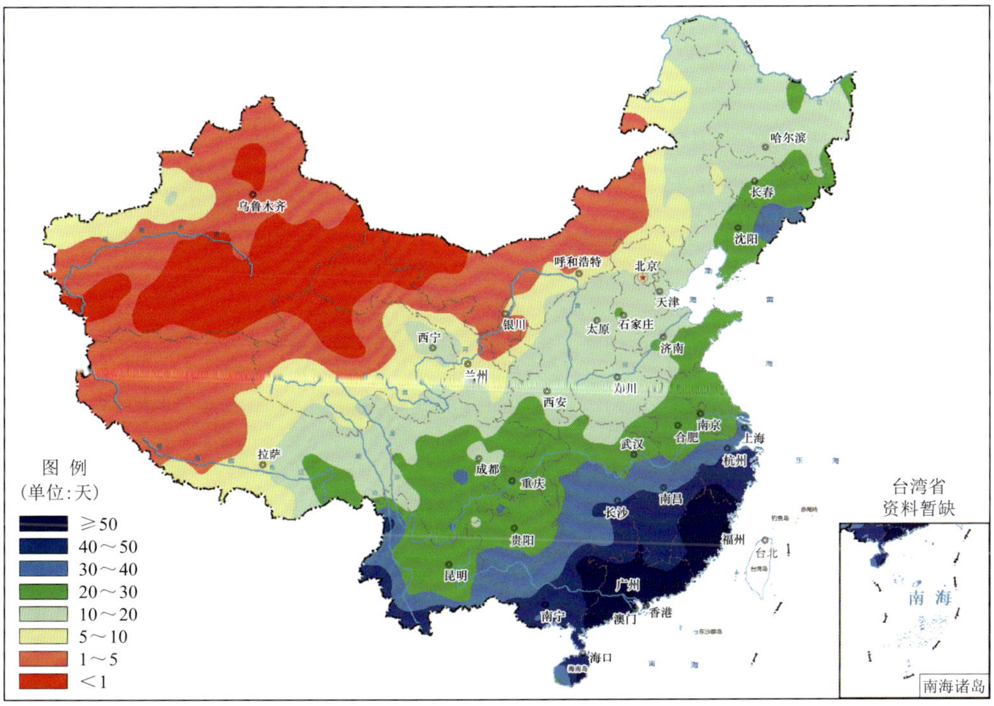

图 D.8　2022 年全国降水(日降水量≥10.0 毫米)日数分布

Fig. D.8　Distribution of the number of days with daily precipitation ≥10.0 mm over China in 2022

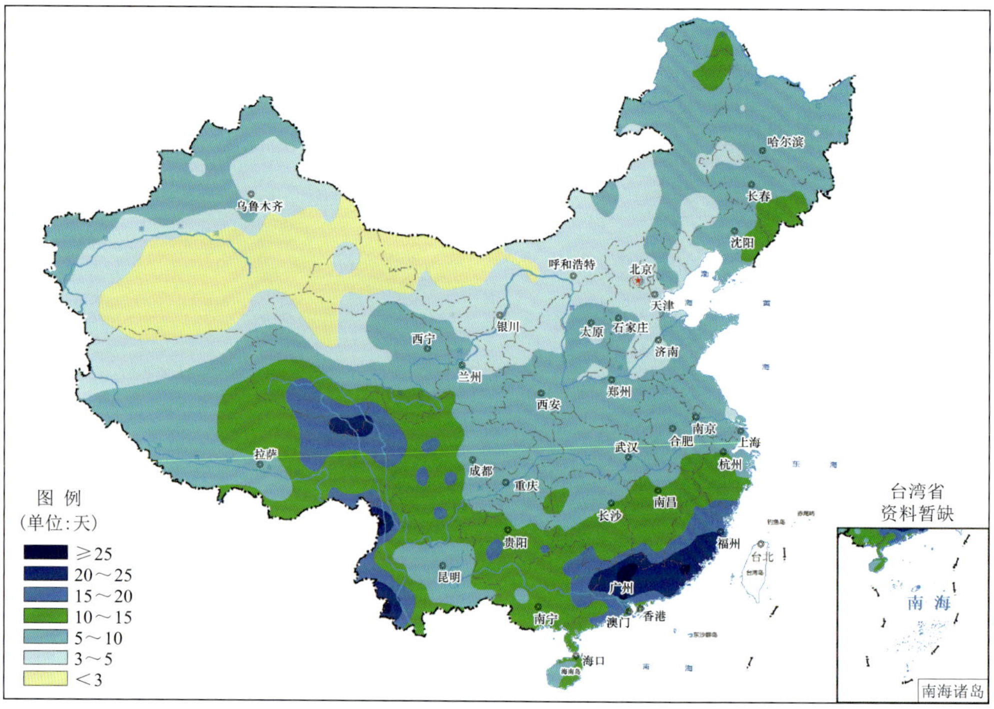

图 D. 13　2022 年全国最长连续降水日数分布

Fig. D. 13　Distribution of the maximum consecutive precipitation days over China in 2022

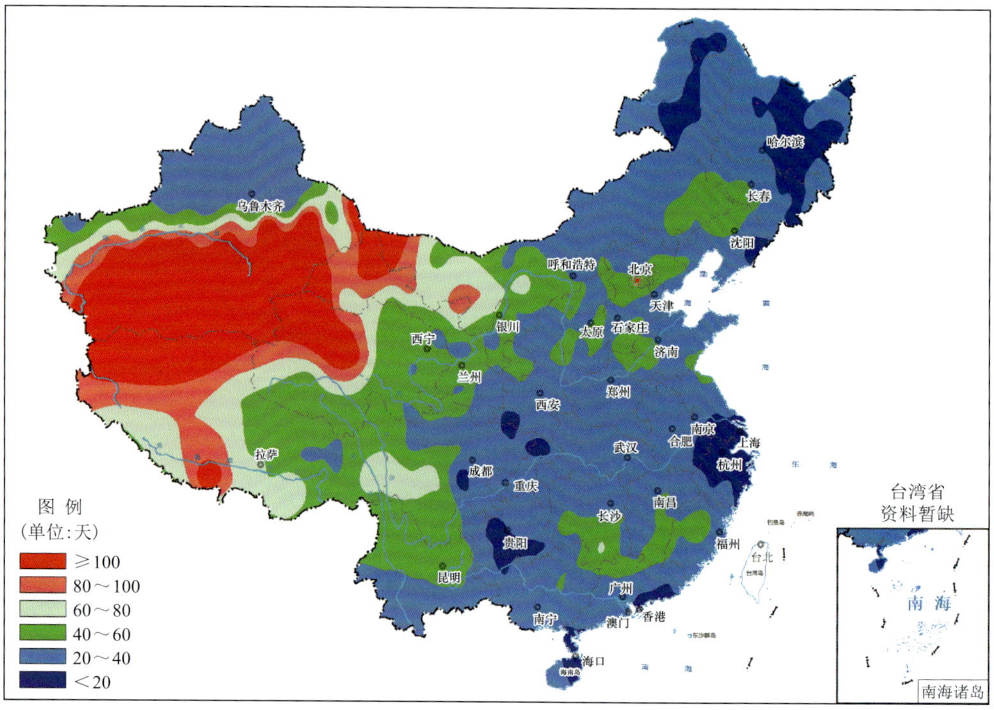

图 D. 14　2022 年全国最长连续无降水日数分布

Fig. D. 14　Distribution of the maximum consecutive non-precipitation days over China in 2022

附录 E　天气现象特征分布图

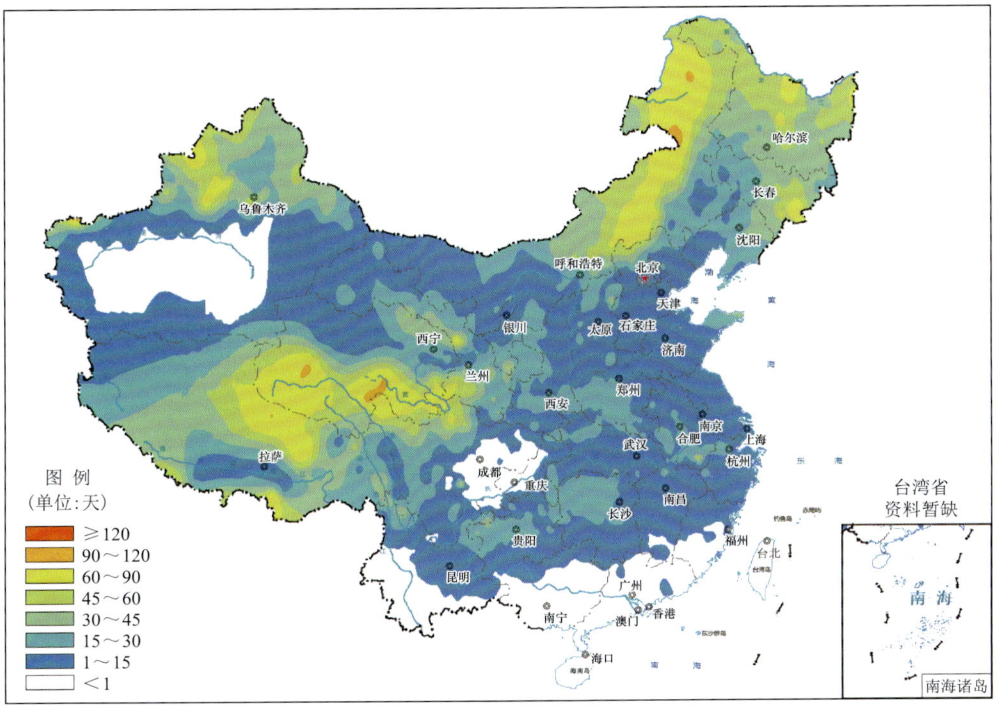

图 E. 1　2022 年全国降雪日数分布

Fig. E. 1　Distribution of snow days over China in 2022

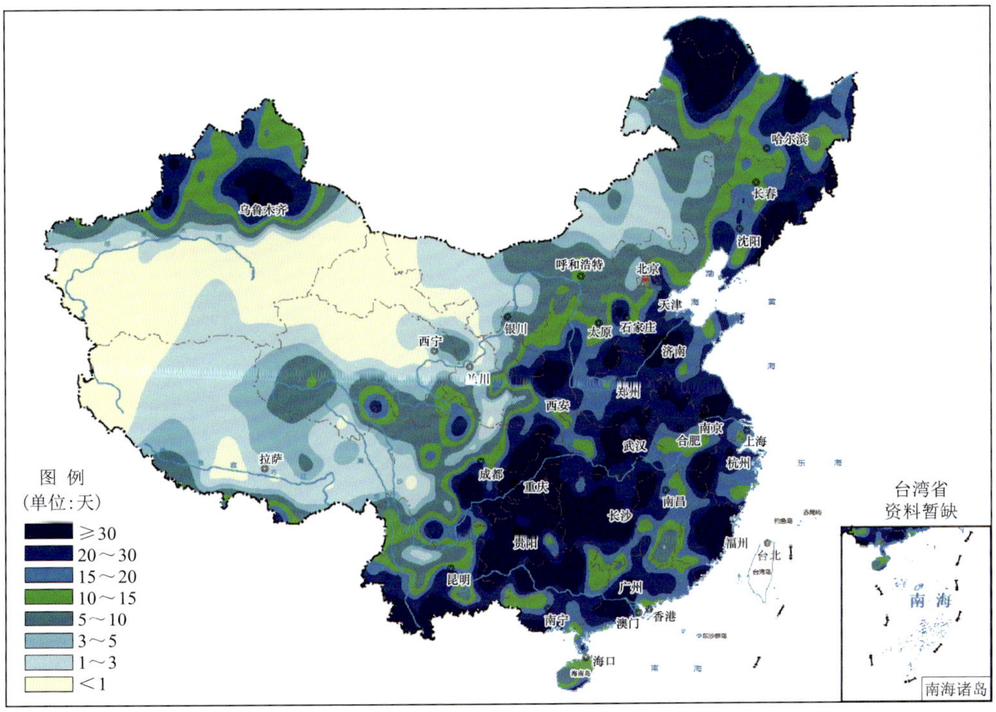

图 E. 2　2022 年全国雾日数分布

Fig. E. 2　Distribution of fog days over China in 2022

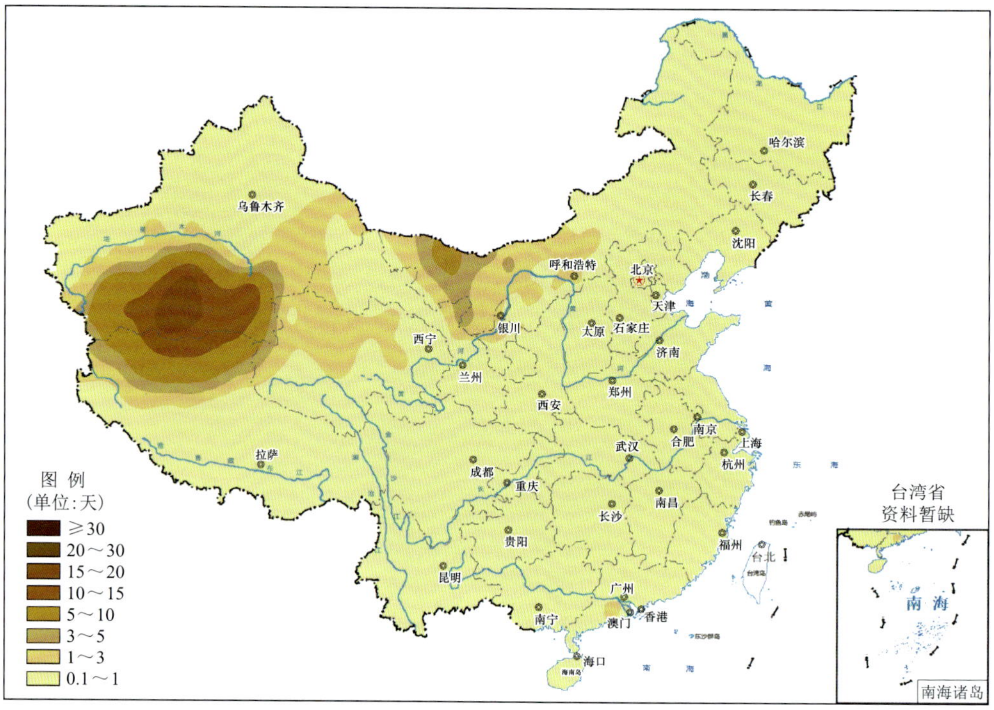

图 E.3　2022 年全国沙尘暴日数分布

Fig. E.3　Distribution of sand and dust storm days over China in 2022

附录 F　2021 年香港、澳门、台湾气象灾害选编

香港

●2022 年 4 月，受干燥东北季风及输送到华南沿岸的水汽偏少影响，香港雨水远较正常年份偏少。全月总雨量为 3.5 毫米，仅为正常值 153.0 毫米的 2%，是有记录以来降雨最少的 4 月。此外，4 月平均相对湿度为 73%，是自 1961 年以来 4 月的最低纪录。4 月香港总日照时数为 191.1 小时，较正常值 113.2 小时偏多约 69%，是有记录以来 4 月的第五高。

●5 月 10 日，华南北部活跃的低压槽向南移动，并在其后数日于广东沿岸徘徊。5 月 11—13 日受该低压槽影响，珠江口一带出现骤雨、狂风、雷暴。香港各区在 3 日普遍录得超过 300 毫米雨量，港岛部分地区更录得超过 400 毫米雨量。5 月 13 日香港天文台发出 2022 年首个红色暴雨警告信号。

●6 月下旬，热带气旋“暹芭”在南海中部形成并发展成台风，随后移向广东西部沿岸，并于 7 月 2 日在该区登陆。由于台风“暹芭”逼近，7 月 1 日香港风力明显增强，香港天文台发出八号烈风警报。7 月 2 日香港普遍出现强风至烈风。台风“暹芭”的外围雨带亦在 6 月 30 日至 7 月 3 日为香港带来狂风骤雨及雷暴，这 4 天香港普遍录得超过 150 毫米雨量，而港岛部分地区更录得超过 250 毫米雨量。

●由于副热带高压异常偏强，受此影响，香港 2022 年 7 月成为自 1884 年有记录以来最热的月份，打破了之前 2020 年 7 月的纪录。该月平均最高气温 33.3 ℃、月平均气温 30.3 ℃及平均最低气温 28.4 ℃，分别较正常值偏高 1.7 ℃、1.4 ℃及 1.5 ℃，均为有记录以来的最高值。2022 年 7 月香港天文台日最高气温为 35.0 ℃或以上共有 10 天，刷新了单月的最高纪录。2022 年 7 月的热夜数共 25 天，为有记录以来最多。此外，该月的酷热天气日数为 21 天，是有记录以来的单月最高。

●11 月 2 日，台风“尼格”靠近广东沿岸，11 月 2 日下午香港天文台发出八号烈风或暴风信号。台风“尼格”的外围雨带于 11 月 2—3 日带来狂风骤雨。这两天香港普遍录得超过 30 毫米雨量，而市区及东部地区的雨量更超过 80 毫米。

●9—11 月，香港经历了有记录以来最温暖的秋季。2022 年秋季平均最高气温 29.2 ℃、平均气温 26.4 ℃、平均最低气温为 24.4 ℃，均为有记录以来同期最高值。

澳门

●2022 年，共有 6 个热带气旋影响澳门，分别是台风“暹芭”(6 月 29 日至 7 月 3 日)、热带低压(8 月 3—4 日)、热带风暴“木兰”(8 月 8—11 日)、台风“马鞍”(8 月 23—25 日)、台风“纳沙”(10 月 16—18 日)及台风“尼格”(10 月 31 日至 11 月 3 日)。统计整年，其中，4 个需要发出八号风球，分别为台风“暹芭”、热带风暴“木兰”、台风“马鞍”及台风“尼格”。八号风球的发出次数与 1993 年和 2008 年并列第一。蓝色风暴潮警告共发出 4 次，分别由台风“暹芭”、热带风暴“木兰”、台风“马鞍”及台风“尼格”所引致；黄色风暴潮警告共发出 3 次，分别由台风“暹芭”、热带风暴“木兰”及台风“马鞍”所引致，其中，台风“马鞍”引致发出橙色风暴潮警告。

●2022 年，共发出暴雨警告信号 27 次，其中，黄色暴雨警告信号 21 次，红色暴雨警告信号 6 次。5 月 12 日的暴雨生效总时间为 16 小时 10 分钟，为近年来最长。

●雷暴警告信号方面，2022 年共发出 54 次雷暴警告信号，初雷发生在 3 月 20 日，最后一次雷暴警告信号在 10 月 7 日发出。

●强烈季候风信号(即黑球)于 2022 年共发出 17 次，较 2021 年发出强烈季候风信号次数多 2 次 。

台湾

●2022 年前期，台湾产茶区南投县出现干旱，农作物枯萎，灾损严重，有 844 公顷茶园及竹笋、香蕉、青梅及花卉等作物受损，总计达 990 公顷。

●3 月下旬出现连续阴雨天气，影响到农业生产。据台湾有关部门统计，农业损失 1.5 亿新台币，其中，云林县和台南市灾情较重。

●夏季，恒春半岛高温多雨的天气导致农作物炭疽病、紫斑病、黄萎病等病害齐发，其中，恒春半岛的洋葱产量约减 7 成，卖价创历年新高。

●因 4 月底的连日大雨，为金门酒厂提供酿酒原料的台南市学甲区、盐水区 532 公顷高粱种植农田受淹，影响作物生长，导致高粱歉收。

●2022 年，受到不利气候影响，高雄蜂蜜产量只有 2021 年的 3 成多，约 450 吨。

●2022 年，台中市龙眼主要产区雾峰区，因授粉时受雨水影响，龙眼结果率约为常年 5 成。

●2022 年，受极端气候影响，屏东莲雾果实变小、减产，导致莲雾价格翻倍。

●2022 年冬春多雨，造成荔枝花落、难结果，台湾部分地区荔枝产量不到正常年的 3 成。

●2022 年，云林县口湖乡出现连续降雨天气，导致水质盐度变淡，影响文蛤生长，许多文蛤死亡、受损。文蛤产量仅为常年的三分之一。

附录 G　2022 年国内外十大天气气候事件

国内十大天气气候事件

1. 低温雨雪袭扰北京冬奥，气象部门全力以赴保驾护航
2. 1961 年以来历史第二强“龙舟水”影响珠江流域
3. 松辽流域遭遇极端降雨，绕阳河盘锦段堤坝溃口
4. 盛夏局地短时强降雨致重大人员伤亡
5. 1961 年以来最强高温“炙烤”我国，中央气象台首次发布高温红色预警
6. 长江流域“汛期反枯”，人工增雨驰援旱区
7. 罕见秋台“梅花”四弄，创 1949 年以来秋台风登陆最北纪录
8. 秋季寒潮频袭，断崖式降温对公众出行和农牧业生产造成不利影响
9. 龙卷天气点散多发，气象部门首次成功发布预报预警
10. 太阳中等以上耀斑事件超前 3 年总和，全球空间天气中心及时响应保安全

说明：统计数据不包括香港特别行政区、澳门特别行政区、台湾省。

国外十大天气气候事件

1. 巴西频现严重暴雨洪涝灾害，灾损严重
2. 强风暴“尤尼斯”席卷西欧，英格兰阵风破纪录
3. 台风“鲇鱼”“尼格”重创菲律宾
4. 南非东部遭遇近 60 年来最强降水，人员伤亡惨重
5. 历史罕见！洪灾致巴基斯坦三分之一国土被淹
6. 韩国首都圈遭遇近百年来最强暴雨，引发严重内涝
7. 夏季极端高温“炙烤”北半球，多国出现严重干旱
8. “炸弹气旋”“史诗级寒潮”袭击美国
9. 汤加火山爆发，或助推极端天气气候事件
10. 21 世纪首次出现“三重”拉尼娜，影响全球多地气候

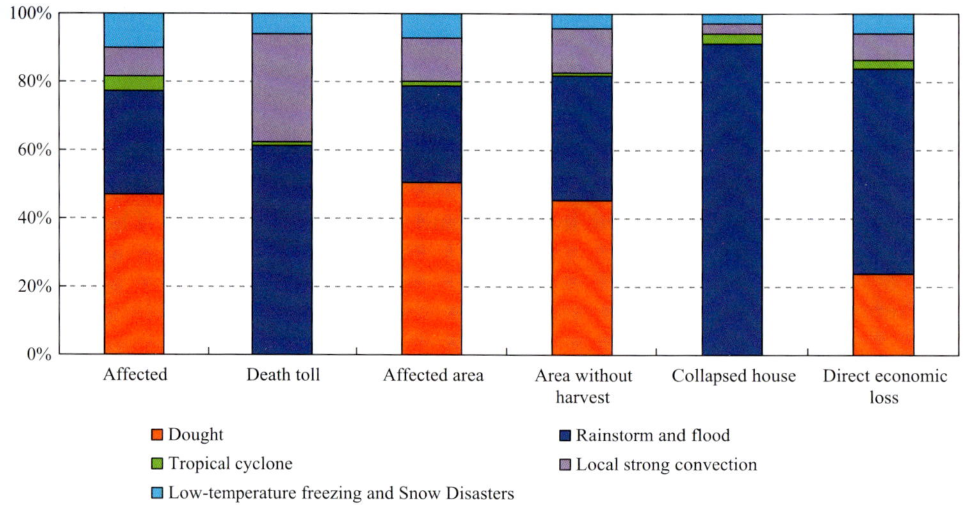

Fig. 4 Relative proportions of six loss indices for five major meteorological disasters in China in 2022

ferent types of disasters, the direct economic losses from all disasters except drought were lower in 2022 than in 2021 (left panel in Fig. 5). In terms of the number of deaths and missing persons, only the cold wave and snow disasters were slightly higher in 2022 compared to 2021 (right panel in Fig. 5).

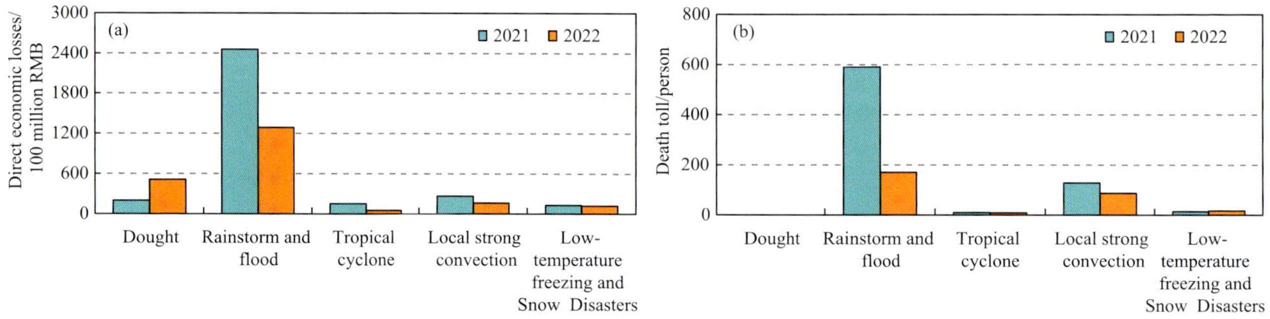

Fig. 5 Direct economic losses (a) and death toll (b) caused by five major meteorological disasters in China in 2021 and 2022

General Review of Main Meteorological Disasters in 2022

Drought In 2022, the area affected by drought in China was 6.09 million hectares, which was lower than the average from 1990—2021 but higher than in 2020 and 2021 (Fig. 6). In 2022, regional and episodic droughts were noticeable in China. Throughout the year, there were periods of spring and summer droughts in regions such as East China and Central China. Southern China experienced severe and prolonged droughts during the summer and autumn, which were extensive in scope, long-lasting, and impactful.

Rainstorms and floods In 2022, a total of 38 regional heavy rain events occurred nationwide. In late spring and early summer, heavy rains struck the Pearl River Basin, resulting in flooding. During June and July, the northeastern region experienced frequent rainy days and heavy rainfall, leading to flooding in the Songliao River Basin. In late August, short-duration heavy rainfall in local areas such as Sichuan and Qinghai triggered flash floods, resulting in significant disasters. The affected area by heavy rain and floods was 3.4 million hectares nationwide, with 171 deaths or miss-

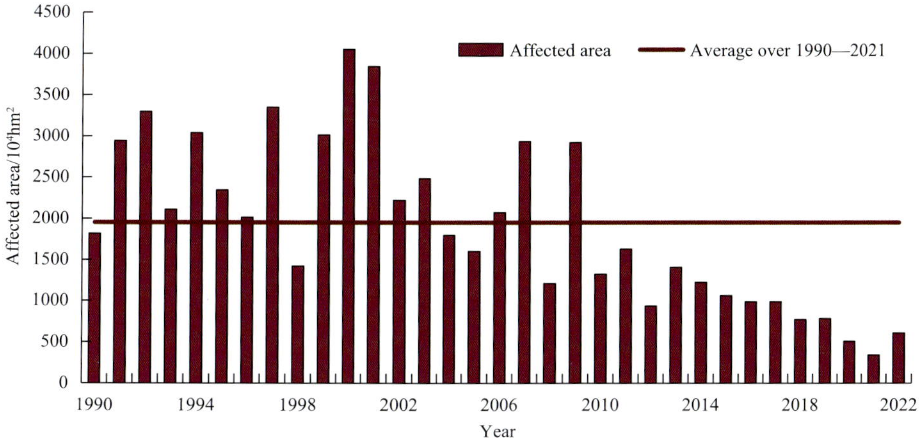

Fig. 6 Histogram of drought-affected areas in China during 1990—2022

ing persons and direct economic losses of 128.9 billion yuan. Compared to the average from 1990 to 2021, the affected area, number of deaths or missing persons, and direct economic losses were all lower (Fig. 7). Overall, 2022 was a relatively light year for heavy rain and flood disasters.

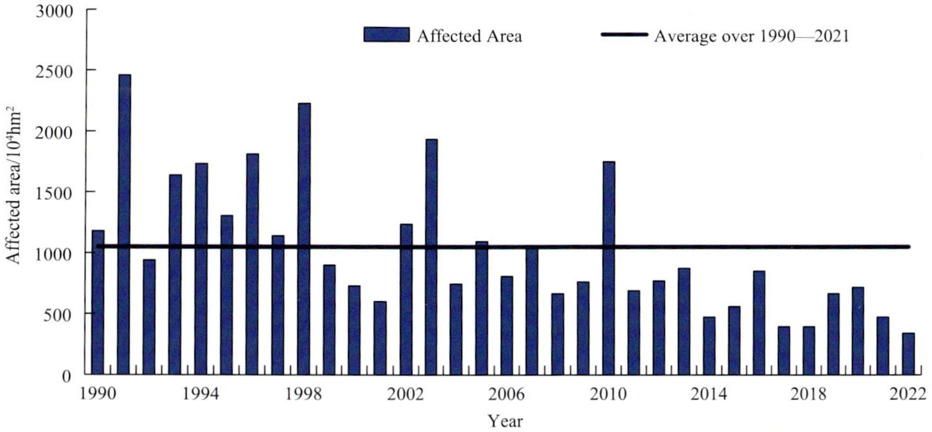

Fig. 7 Histogram of rainstorms and floods affected area in China during 1990—2022

Typhoons In 2022, there were 25 typhoons (the maximum sustained wind speed near the center exceeds 17.2m/s) generated in the Northwestern Pacific and South China Sea, close to the normal (25.1). Among them, 4 typhoons made landfall in China, which is 3.1 fewer than the long-term average (7.1), tying with the years 1982, 1997, and 1998 for the fewest since 1949. The average maximum wind speed of landfalling typhoons was 30.6 meters per second, slightly weaker than the long-term average (31.2 meters per second). The first landfalling typhoon Chaba had strong intensity, while Typhoon Muifa had multiple landfalls, strong intensity, and extensive impact. Throughout the year, typhoons caused 3 deaths and direct economic losses of 5.4 billion yuan. Compared to the average from 1990 to 2021, both the number of deaths and direct economic losses caused by typhoons in 2022 were lower (Fig. 8).

Local strong convections In 2022, local strong convective weather disasters (gale, hail, tornado, lightning stroke, etc.) affected a total of 9.3 million people, resulting in 88 deaths and direct economic losses of 16.7 billion yuan. Compared to the average of the past five years, the losses